航天科工出版基金资助出版

防空导弹贮存可靠性设计分析评估

顾问 王 冬　主编 孙立敏

中国宇航出版社
·北京·

图书在版编目（CIP）数据

防空导弹贮存可靠性设计分析评估 / 孙立敏主编
. -- 北京：中国宇航出版社，2023.3
ISBN 978 - 7 - 5159 - 2236 - 2

Ⅰ.①防… Ⅱ.①孙… Ⅲ.①防空导弹－系统可靠性
－工程设计 Ⅳ.①TJ761.1

中国国家版本馆 CIP 数据核字(2023)第 087284 号

责任编辑　侯丽平　　　封面设计　王晓武

| 出　版 | 中国宇航出版社 |
| 发　行 | |

社　址	北京市阜成路 8 号	邮　编	100830
	(010)68768548		
网　址	www.caphbook.com		
经　销	新华书店		
发行部	(010)68767386	(010)68371900	
	(010)68767382	(010)88100613(传真)	
零售店	读者服务部		
	(010)68371105		
承　印	北京中科印刷有限公司		
版　次	2023 年 3 月第 1 版	2023 年 3 月第 1 次印刷	
规　格	880×1230	开　本	1/32
印　张	10.5	字　数	302 千字
书　号	ISBN 978 - 7 - 5159 - 2236 - 2		
定　价	138.00 元		

《防空导弹贮存可靠性设计分析评估》
编委会名单

顾　问　王　冬

主　编　孙立敏

副主编　葛蒸蒸　刘　艺　张为雯

成　员　（以姓氏笔画排序）

　　　　王承红　王增凯　刘　艳

　　　　李玉伟　张生鹏　陈江攀

　　　　原艳斌　陶小创　黄　硕

序

"有矛必有盾。"防空导弹是我国武器装备的重要组成部分，是维护国家主权和领土完整的大国重器。随着用户对于实战化考核的要求越来越高，如何确保防空导弹战备完好性，提升防空导弹实战效能，延长防空导弹服役寿命，充分挖掘防空导弹技术潜力，大幅降低防空导弹服役费用已成为防空导弹领域的重中之重。国内外几十年的工程经验表明，贮存延寿是解决上述问题的有效途径之一。贮存延寿工作是系统工程方法论的具体实践，是可靠性工程理论的重要组成，是树立新时代质量观、践行"质量强国"战略的直接体现。

防空导弹的贮存可靠性是在研制过程中所赋予的，并在贮存、使用过程中体现出来的重要质量指标，也是衡量导弹武器水平的一项重要的战技指标。以美国和俄罗斯为代表的传统军事强国非常重视导弹武器系统贮存延寿工作的开展，20 世纪 50 年代，美国就针对民兵导弹进行贮存延寿工作；俄罗斯也先后对白杨、撒旦等多型导弹开展贮存延寿研究。我国导弹贮存延寿事业始于 20 世纪 60 年代末，但针对防空导弹的贮存延寿工作开展较晚，虽然迄今为止克服了研制经费有限、贮存试验周期短等现实困难，取得了一定的成果，但仍存在贮存可靠性正向设计的理念不足，缺乏复杂环境剖面贮存失效机理分析能力，自然贮存、加速贮存融合下的可靠寿命评价准确性有待提升，尚未形成完整的贮存可靠性理论体系，试验技术也存在诸多不足。

令人欣慰的是，为解决上述问题，《防空导弹贮存可靠性设计分析评估》一书适时出版，对于推动更加系统、规范地开展防空导弹贮存可靠性设计分析评估工作具有指导作用。本书内容对于科学有效评估导弹贮存寿命，准确预测导弹的寿命和服役时间，充分发挥其战备值班功能，降低导弹的研制费用、生产费用和使用保障费用具有很强的实践意义。本书结合防空导弹研制过程和特点，从管理和技术两方面入手，结合工程应用案例，全方位地论述了防空导弹开展贮存可靠性设计、分析、试验、评估工作的具体实施要求及方法，具有广泛的工程应用价值。

航天科工防御技术研究试验中心所长
航天科工集团质量和可靠性中心主任
国防科技工业环境试验与观测专业组副组长
航天工业质量协会可靠性专业技术委员会主任委员
中国现场统计研究会可靠性工程分会第九届理事会副理事长
航天科工集团公司可靠性专家组组长

前　言

　　防空导弹是一种用于拦截摧毁各类飞机、无人机、精确制导武器等气动目标的武器系统，在国土防空、野战防空、要地防空和舰艇防空等方面发挥着重要作用。防空导弹由弹体结构、动力系统、制导控制系统、电气系统和战斗部等组成，其研制过程涉及机械、控制、电子、通信、材料、能源、化学等多学科领域。作为现代战争中的防御中坚力量，防空导弹已有 60 余年的发展历史，在科技进步和军事需求的双重驱动下，防空导弹正朝着自主化、智能化、模块化的方向发展，以提高防空导弹多目标拦截效率。在防空导弹全寿命周期内，绝大部分的时间是处于贮存或不工作状态，具备"长期贮存、一次使用"的显著特征。近年来，周边局势的变化给我国防空事业提出了更高要求，必须确保能应对突发战争，持续保持导弹武器装备的战斗力，随时歼灭来犯之敌，即具备"拉出来就打"的能力。防空导弹贮存延寿工作对确保完成作战使命具有重要意义，是保证防空导弹具备"来之能战，战之能胜"的具体体现。

　　导弹贮存延寿是指在导弹全寿命周期内，以提升导弹贮存可靠性、延长导弹贮存寿命为要求，持续提升作战效能为最终目的，围绕立项论证、方案设计、鉴定定型、在役考核的具体要求，从管理、设计、分析、试验、评估和决策等多方面开展的系统工程。导弹武器装备建设实践表明：开展贮存延寿工作，对确保装备战备完好性、提高任务成功率、延长服役寿命和减少维修保障费用具有重要作用。贮存寿命和贮存可靠度是贮存延寿工作的重要指标。当前，我国防空导弹武器系统部署范围广、集成化程度高，其使用环境剖面和作战任务剖面更加复杂，导致导弹贮存失效机理更加复杂、贮存性能指标和贮存可靠度深度耦合、贮存数据收集的要求更高。与此同时，当前延寿工作存在过度依赖设计人员经验、贮存延寿规范化技术手册较少、数字化信息化支撑手段不足等问题。以上因素给防空导弹贮存延寿工作带来了新的挑战。因此，防空导弹在研制过程中要开展贮存可靠性设计分析和评估，这对于保证全寿命周期的安全性和可靠性具有重大军事意义。

本书针对当前型号贮存延寿的实际需求，从全寿命周期的角度出发，详细阐述了防空导弹贮存可靠性设计、分析和评估方法，为防空导弹贮存延寿的实施提供技术支撑。本书共分8章。第1章，介绍防空导弹的组成和特点以及贮存可靠性的重要性，明确贮存可靠性的相关术语和定义，并阐述了国内外贮存可靠性的研究现状；第2章，对防空导弹贮存可靠性的指标要求、工作项目、工作内容等进行介绍；第3章，介绍防空导弹贮存环境及影响分析、贮存失效模式、贮存可靠性设计要求，并给出了贮存可靠性设计核查内容；第4章，介绍防空导弹贮存寿命试验的实施方法，包括自然环境贮存试验方法、加速贮存试验方法；第5章，介绍防空导弹贮存数据收集的要求与方法；第6章，介绍防空导弹贮存寿命分析评估的方法；第7章，介绍防空导弹贮存延寿工程实施要点，并给出了应用案例；第8章，对贮存可靠性研究工作提出了建议。

本书主要面向从事防空导弹研制的工程技术人员及管理人员，内容紧密结合防空导弹研制特点，强调工程实用性，可促进型号贮存可靠性设计分析、试验验证的规范实施和系统开展；此外，本书也可以作为防空导弹订货方行使导弹贮存可靠性监管职能的参考资料与高等院校教学的参考书。

航天科工集团二院原可靠性专家组组长、航天科工集团二院二部原可靠性工程总体专业副总师、航天科工集团质量与可靠性中心专家、中国质量协会可靠性推进专家、IEC/TC56（国际电工委员会/可信性技术委员会）专家、全国电工电子产品可靠性与维修性标准化技术委员会第六届委员王冬研究员在防空领域深耕 40 余年，抓总多型防空导弹可靠性总体设计工作，形成了大量开创性的型号可靠性技术成果。她以扎实严谨的工作作风对本书的策划、编写、修改、定稿给予了全程把关，并结合型号研制的现实需求，向编写组无私分享了防空导弹研制中贮存可靠性设计、分析和评价的技术基础、工程经验和应用案例，提升了全书的理论高度和工程应用价值，为全书的编写工作奠定了坚实基础。

由衷感谢航天科工集团质量和可靠性中心主任李宏民研究员在百忙之中为本书作序。他从部队实战化能力提升需求和国家质量强国战略两个维度出发，高屋建瓴地指出贮存延寿是提升防空导弹实战效能的有力途径，更是践行"质量强国"战略的直接体现。他总结了国内外贮存延寿发展趋势和现存问题，指导编写组坚持需求导向、技术牵引、工程创新的写作理念，"致广大而尽精微"，建立防空导弹贮存可靠性理论体系和试验技术规范，全面提升了本书的写作高度。

向书稿写作过程中提供帮助指导的专家和编写组全体成员表达最诚挚谢意。你们的辛苦付出和专业精神是撰写本书的不竭动力。

由于作者水平有限，书中的不足与疏漏之处在所难免，敬请读者谅解和指正。

主　编
2023 年 1 月

目　录

第1章 概　述

1.1　防空导弹组成和特点

防空导弹是依靠自身动力装置推进，由制导系统控制飞行并导向目标，以其战斗部毁伤目标的武器。防空导弹组成复杂，涉及机械、控制、电子、通信、材料、能源、化学等多学科和领域。对于防空导弹这类装备，不仅需要关注射程、命中率等性能技术指标，贮存期的战备完好性也同样重要。确保导弹具备较高的贮存可靠性、保持较高的战备完好性，对遂行军事任务、保证导弹首发命中的政治任务、维护国家安全具有重大意义。防空导弹的贮存可靠性是在研发、鉴定及生产过程中所赋予的，并在贮存、使用过程中体现出来的重要质量指标，也是衡量导弹武器水平的一项重要的战术技术指标。

对于防空导弹而言，其主要特点是"长期贮存、一次使用"，长期处于非工作状态（包括库房贮存、运输、战备值班等），即贮存状态。导弹出厂交付部队使用后，在其寿命周期内绝大部分时间贮存于国防库房和简易库房，期间可能需要反复经历装卸、运输、存放、分解、再装、测试、检修等过程，经受振动、冲击、高温、低温、高湿、低气压、盐雾、霉菌等各种环境因素的作用。

防空导弹产品在贮存过程中受到各种环境应力作用时，材料、器件的性能或状态会随之产生变化，其失效机理一般为氧化、老化、性能退化等缓慢的化学、物理变化过程，经过一定的作用累积并达到某种量级时，会导致产品损伤的出现，可表现为产品输出参数的变化，当损伤达到某一极值时，产品就会发生故障。因此，导弹的贮存可靠性将随贮存时间延长而隐性下降。

1.2　防空导弹贮存可靠性内涵

1.2.1　导弹贮存寿命及贮存可靠度

贮存寿命是指产品在规定的贮存条件下能够满足规定要求的贮存期限（GJB 451B—2021《装备通用质量特性术语》），是导弹贮存可靠性的重要参数。决定导弹贮存寿命的主要因素是贮存环境下的产品老化或退化，由于产品老化使其规定的性能参数在寿命剖面内任一阶段（库房贮存、运输、战备值班）超出允许范围即为到达贮存寿命终点。

导弹的贮存寿命概念通常有设计寿命和服役寿命。导弹的设计寿命是由用户提出，设计人员根据产品选材与性能、工艺过程和服役可靠性参数等确定的理论寿命。导弹的服役寿命是指在服役条件下，产品的性能（功能）会逐渐退化，当其性能或核心功能退化到设计指标以下时，产品被视为失效，这期间的时间可称作服役寿命。

确定导弹的贮存寿命是指在研制阶段确定导弹的贮存寿命，以确保导弹在寿命期间维持较高的战备完好率。通常结合试验数据、相似导弹情况以及专家经验进行综合评判，以确定导弹的贮存寿命指标。确定导弹贮存薄弱环节、贮存失效机理，以此为依据进行贮存寿命评估（定寿）和贮存寿命延长（延寿）并指导免维护设计。

导弹贮存可靠性是指在规定的贮存条件下和规定的贮存时间内，产品保持规定功能的能力（GJB 451B—2021《装备通用质量特性术语》）。

1.2.2　导弹贮存寿命超期及延寿

防空导弹贮存寿命超期即意味着其整体性能的下降，意味着这批导弹整体战斗力的减退。但贮存寿命超期并不表示导弹所有的组成部件完全失效，通常产品可以通过修复继续保持使用状态。因此，有必要对到达贮存寿命期的导弹开展贮存寿命研究，评估其贮存寿命。

导弹延寿是指当服役时间超过研制阶段设定的寿命时，对导弹贮存状况进行再评估，并通过各种途径使导弹仍能满足规定贮存状态的活动，从而延长导弹服役年限，充分发挥效能。延寿途径分为两种情况：一是通过贮存失效机理、模型和预测的研究，充分挖掘导弹剩余寿命潜力，将导弹在研制阶段所定的寿命延长，可称为"指标延寿"；二是通过维修或者二次开发，消除寿命薄弱环节，使导弹仍能满足规定要求，从而延长寿命，可称为"维修延寿"。

1.3 防空导弹贮存可靠性研究需求

（1）适应现代高技术战争特点，贮存寿命评估需求迫切

现代高技术战争特点如战争的突发性、高强度和高效性，要求防空导弹必须保持和提高其战备完好性、任务成功性。然而，当今世界发生规模宏大、旷日持久战争的可能性日益降低，使得防空导弹具备"长期贮存、延长服役、一次使用"的显著特征。

随着技术的日益发展，防空导弹通常在研制完成的初期具有较高的可靠性，可以保证规定的战备完好性、任务成功性。但是，由于这类装备服役后并不是马上投入使用，而是进入长期的战备贮存。期间，除了固定的库房贮存外，还有临时的简易库房贮存，当贮存阵地需要转移时，还要考虑运输振动环境影响。因此，涉及的环境因素多样，如振动、温度、湿度、风、雨、冰雪、砂尘、盐雾等。这些环境因素长期作用于产品，引起的各种机械应力、化学应力、热应力将使导弹出现腐蚀、霉变和老化，进而使其性能退化或失效，导弹贮存可靠性将随贮存时间延长而隐性下降。如此，严重影响防空导弹战斗力的高效形成及战备完好性的有效保持，导致延误战机，甚至造成自身严重安全灾难。

因此，对于需长期贮存并要求高战备完好性的防空导弹，其贮存寿命的深入研究分析和准确评估预测需求迫切，对导弹开展贮存寿命分析和延寿研究，确保其在服役阶段可靠贮存，战备完好。研制阶段对导弹进行"免维护设计"并"准确定寿"，服役期间对导弹进行"科学延寿"，已成为关系装备建设乃至国家安全的重大工程问题。

（2）响应用户导弹免维护要求，贮存可靠性理论研究牵引强劲

近年来，在导弹立项论证、鉴定定型方面用户的认识和要求不断提高，"贴近实战""高可靠"已成为用户对装备的迫切需求。鉴于贮存寿命和贮存可靠性对导弹战备完好率的重要性，在各型导弹研制过程中已将贮存可靠性与贮存期（或可靠贮存寿命）作为战术指标，列入导弹研制任务书（合同）。

免维护、贮存寿命和贮存可靠性高指标、高要求的确定，一方面是用户"质量建军"战略思想与方针在防空导弹研制中的重要体现；另一方面，也为防空导弹研制部门指明了方向，提出了强劲牵引和深入引导，将贮存可靠性与导弹研制深入融合，将贮存可靠性设计到导弹装备中。

1）研制中贮存可靠性设计尚需理论和方法保证。

导弹武器的贮存可靠性是在设计中赋予，在生产制造中加以保证，并在贮存、使用过程中体现出来的重要质量指标，是衡量导弹武器水平的一项重要的战术技术指标。

目前，导弹在研制阶段主要根据工程经验和类似产品信息开展导弹贮存可靠性设计。例如，导弹主要依据类似产品的失效率进行贮存可靠性设计，由于采用的元器件、贮存环境、战备值班制度等与国外存在较大差异，加之贮存可靠性设计理论、方法的缺乏，可能存在过设计和欠设计问题，均不能有效保证导弹贮存寿命指标的可信度。

装备研制过程中为响应落实贮存寿命、贮存可靠性指标，确保贮存可靠性与导弹研制深入融合，将贮存可靠性设计到导弹装备中，

即设计保证，迫切需要以元器件、原材料级产品、设备整机乃至导弹全弹级一整套贮存可靠性理论方法为基础，开展导弹寿命预测技术研究，掌握寿命相关规律，确定导弹的贮存寿命和贮存可靠度。通过导弹寿命分析评估技术，进行防空导弹寿命设计，保证研制的导弹满足研制任务书（或合同）规定的贮存寿命、贮存可靠性指标。

2）导弹免维护设计保证亟需贮存可靠性理论支撑。

国际上对导弹的检测要求逐渐由检测、不出筒（箱）检测向寿命期内不测试发展，俄罗斯等国家在研制阶段已能够尽早把握贮存薄弱环节同时实施改进，实现寿命期免维护且能保证导弹具有较高的贮存可靠性水平，并降低对保障资源的依赖。

正是基于严谨、合理、客观的贮存可靠性理论和加速贮存试验技术，俄罗斯火炬设计局用 6 个月的加速贮存试验，得出 QC - 300 导弹贮存寿命为 10 年的结论，保证导弹在 10 年的贮存期内，不需要测试维护，甚至使用部队根本不配备导弹测试设备，并且能满足规定的开箱合格率（99.8%）和发射成功率要求。据报道，过去美国空军要求每 2 年对库存的导弹检测 1 次；后来，发现导弹的贮存可靠性并未在 2 年内发生变化。因此，要求将 2 次检测之间的间隔增加到 3 年，后来又增加到 5 年。目前，美国依靠可靠性与维修性的结合发展到导弹贮存"无维修"，从而达到费效的最佳结合。

随着服役导弹的增多，导弹使用保障工作压力的日益增大，用户对导弹服役期内不测试的需求也更加迫切，在导弹研制任务书（或合同）中明确提出导弹免维护设计的要求。由于对实际贮存寿命的不确定，防空导弹目前仍需要定期测试维护，使用部队需要配备导弹专用测试设备和人员，这给导弹使用和保障带来了诸多不便，既增加了装备保障投入，又影响了导弹作战效能的发挥。

国内研制单位虽然开展了一定的防护设计，但由于缺乏贮存可靠性理论支撑，对于导弹经历长期贮存后是否仍可以满足使用要求并不明确。对于在寿命周期中处于不可预知状态的导弹，可能无法可靠执行作战任务，如果投入战争，不能做到"能打仗、打胜仗"，若发生影响安全的故障还将导致致命后果。因此，导弹免维护设计保证是导弹装备发展面临的基础问题，需要通过贮存可靠性理论研究提供科学支撑。

3）贮存可靠性验证评估也需贮存可靠性理论指导。

目前，贮存寿命、贮存可靠性已是防空导弹研制任务书中一项明确的战术技术指标。当前，对导弹性能指标的考核方法相对成熟，但对于导弹长期在库房的贮存寿命、贮存可靠性等缓变指标，仍采用平行贮存和功能试验静态考核等方法。因此，预测提前量有限。

随着科学技术突飞猛进的发展，导弹装备更新换代逐步加快，装备研制周期逐渐缩短，贮存寿命指标日益提升。因此，导弹定型时，没有充足研制周期和足量样本采用现场贮存等平行贮存方法进行贮存可靠性的准确评估验证，即缺乏贮存可靠性理论基础和加速贮存试验技术方法，无法快速、准确预测导弹贮存寿命，难以客观、准确回答研制任务书中的贮存寿命指标，更是难以确保导弹服役期内的可用性。

美国、俄罗斯等国在导弹贮存寿命预测中深入研究贮存可靠性理论，广泛采用加速贮存试验技术。其中，美国铜斑蛇炮射导弹，经过为期 2 年的贮存试验，给出了可靠度为 0.89 的 10 年贮存期。美军标 MIL‐R‐23139B 规定，固体火箭发动机在规定的极限高、低温下分别贮存 6 个月后，如果静止试验的工作性能符合要求，则其最低贮存寿命为 5 年。俄罗斯通过 10 个月的加速试验，能够准确预测导弹 10 年以上贮存期的寿命。

因此，面对防空导弹研制定型时贮存可靠性指标的准确验证评估需要，有必要开展导弹贮存可靠性理论研究以及加速贮存试验技术和寿命预测技术研究，科学指导导弹合理定寿，确保导弹贮存可靠性水平准确可信，确保达到用户要求。

（3）在役装备批量到寿，贮存可靠性研究形势紧迫

对于服役年限达到寿命期的导弹如何进行评价和处理是长期困扰用户和研制单位的问题：直接退役会导致资源巨大浪费，但如果

不能充分找出到寿器件或贮存薄弱环节并采取有效延寿措施，继续服役又会面临巨大风险。

1) 到寿后原位服役尚需贮存可靠性理论指导。

由于贮存寿命评估预测技术和加速贮存试验技术等理论的不完备，一方面，导致在导弹设计中过于谨慎，造成过设计；另一方面，在导弹定型中对贮存寿命评估过于保守，可能造成估计值偏低。由于种种原因，导弹的贮存寿命在定型时一般都评定偏低，这在国内外都是如此，但实际情况是导弹贮存寿命远大于此。鉴于导弹的高杀伤力、高破坏性等特性，考虑到自身安全问题、作战效能问题，出于谨慎思维，一般都将所谓"数字到寿"导弹退出主战装备。

在此情况下，对"数字到寿"导弹的贮存寿命进行重新评估，确定其剩余寿命，使得在剩余寿命期内"原位服役"，必将是避免军事浪费，节省国防经费和资源的有效途径。因此，对于当前密集式"数字到寿"导弹，亟需贮存可靠性理论作为指导来重新评估贮存寿命，以期获得剩余寿命内的"原位服役"。

2) 延寿改进后服役亟需贮存可靠性理论方法支撑。

导弹的贮存寿命是设计时预估的可靠性定量指标。导弹寿命超期即意味着其整体性能下降，意味着这批导弹整体战斗力减退。但寿命超期并不表示导弹所有的组成部件完全失效，通常产品可以通过修复继续保持使用状态。美国民兵Ⅲ导弹，1970 年开始装备，基于有效的延寿计划，服役期有望达到 50 年，大大超过 10 年的贮存寿命设计指标。法国海军对其反舰导弹飞鱼开展延寿工作，并使其成功延寿 20 年。

导弹延寿技术的关键之处在于发掘各超期部件的潜能，寻找并解决因超期而影响导弹整体性能的薄弱环节，并以最小的费用、最简捷的手段，最大程度地恢复其战斗力。

准确预测导弹的真实贮存寿命，及时开展导弹的延寿工作，是当前在役导弹装备密集式到寿后充分挖掘和发挥其作战效能的必然需求。

（4）聚焦"能打仗、打胜仗"之效能，贮存可靠性应用前景广阔

1）寿命周期费用有效节约需贮存可靠性的研究应用。

随着现代化建设的不断推进，装备建设对导弹的研制和使用保障提出了更高要求。由于缺乏系统、完善的导弹贮存可靠性理论支撑，一方面，无法准确掌握导弹的贮存可靠度时变规律，难以为导弹鉴定定型与使用保障提供技术支持，从而造成贮存寿命指标保守，使用保障检测维护较为频繁，延寿多期迭代，给部队和相关工业部门带来较为沉重的负担，并且与当前导弹免维护设计趋势相违背；另一方面，防空导弹复杂庞大，造价昂贵，超过寿命期的武器装备因其性能和可靠性难以保证，为了保证武器装备的绝对可靠和安全，一般将超期武器装备降格为训练使用或作退役处理，若再生产新的武器装备，势必需要消耗庞大的军费开支和人力、物力资源，而这种做法从当前的国情和军情来看，显然不合时宜。

因此，立足于现有条件和在原设计的基础上，正确预测防空导弹的贮存寿命，研究出合理方案，挖掘到寿装备潜力，科学延寿，节省国防经费和资源，是世界各国对武器装备尤其是导弹等高科技武器的通常做法。

2）战时各级作战指挥决策需贮存寿命的准确预测。

防空导弹具有显著的"长期贮存、一次使用"的特点，对于处于长期贮存状态或已接近（或处于超期）服役状态的一些导弹，其在未来作战行动中战备完好性如何、任务成功性如何，能不能发挥其应有的打击效能、完成上级赋予的作战任务，确保准确把握战机，实现"能打仗、打胜仗"要求，均已成为各级作战指挥部门关注的急迫而重要的课题。

因此，对导弹贮存寿命的精准预测，是战时各级指挥员进行正确决策和树立敢打必胜信心的依据。

3）自身安全事故有效避免需贮存寿命的准确评估。

贮存寿命是防空导弹的重要质量特性，如果预估的贮存寿命大

于真实寿命，已经失效的发动机或战斗部在导弹发射过程中会发射失败，甚至导致灾难性的爆炸，危及发射平台和己方作战人员的安全。对于高技术战争，战场态势瞬息万变，即使是命中失败也会严重贻误战机，打乱既定战略部署，如若未发先爆，将造成自身惨重伤亡，甚至造成不战自败的局面。

现代高科技战争中，保证自身安全是前提。因此，对于高杀伤力、高破坏性的防空导弹，由于其贮存期间性能退化的隐性特征，加之目前的免维护要求，保证自身安全的前提则是贮存寿命、贮存可靠性的准确评估。

1.4　防空导弹贮存可靠性研究现状

贮存寿命评估是支撑导弹定寿、延寿和免维护设计的关键技术，其任务是对装备可靠服役的贮存期限及可靠度进行提前判断，以便采取主动措施保证其贮存可用。目前，贮存寿命预测主要有基于现场贮存试验和基于加速贮存试验两种方法。前者对现场贮存环境下的性能参数进行周期性检测，通过分析检测数据来预测贮存寿命。后者通过提高环境载荷进行试验以压缩性能退化过程，对试验数据进行建模分析来预测现场贮存寿命。传统的基于现场贮存的预测方法实际上是在寿命自然消耗基础上的评估，耗时长、预测提前量有限。针对这一问题，美国、俄罗斯等国率先研究和应用了基于加速试验的方法，增大了预测提前量，取得了良好成效。

1.4.1　国外研究现状及发展趋势

1.4.1.1　贮存寿命研究现状与发展趋势

国外以元器件、材料贮存寿命的基础研究为切入点，针对导弹的特殊要求，开展了导弹贮存可靠性技术的理论研究。其中，对导弹的元器件进行寿命预测的方法主要有失效率模型预测法、灰色系统理论法、人工神经网络预测法以及基于失效时间数据的预测方法。

这些方法大都以寿命数据为对象，通过对寿命数据进行统计，确定元器件的寿命分布类型，并以此预测其寿命。

在对导弹贮存寿命进行充分研究的基础上，国外对导弹开展延寿工作取得了很大成效，如俄罗斯 C-300、道尔等导弹的延长服役期为俄节省了大量资金；美国的"民兵Ⅲ"导弹服役期延长了 20 年，大大降低了全寿命周期的费效比。

（1）美国贮存寿命研究现状与发展趋势

美国的贮存试验以自然贮存试验为主、加速贮存试验为辅，飞行试验安排次数多，评估子样充足，结论真实。同时，在研制、生产部署初期制定贮存试验计划，通过执行贮存计划，从导弹交付后开展长期监测计划，进行跟踪监测，用监测结果确定导弹的贮存寿命，并在此基础上针对薄弱环节采用新技术实施技术改进，从而延长导弹寿命。

美国自 20 世纪 50 年代导弹研制成功以来，就非常重视导弹对国家利益的战略支撑作用，较早地认识到开展导弹贮存可靠性评估及寿命预测工作的重要性。在进行导弹贮存寿命和可靠性研究时，往往投入较多的导弹，有计划地进行元器件、部组件、整机、分系统、系统和全弹的贮存载荷试验，积累了较多的基础数据。

美国在 20 世纪 60 年代开始组织实施"导弹装备贮存可靠性计划"（SRMMP, the Storage Reliability of Missile Materiel Program）和"贮存可靠性研究计划"（SRRP, the Storage Reliability Research Program），其主要内容包括贮存于各地的导弹检测及数据收集，导弹材料、部组件的实验室试验（以加速试验为主），基于检测数据和实验室试验数据的贮存可靠性评估，导弹贮存可靠性数据库平台的构建。图 1-1 为 SRMMP 研究框架，通过加速试验和数据检测分析导弹各器件、材料、部组件在环境载荷下的寿命演化规律，并据此进行贮存寿命预测。

美国 SRMMP 和 SRRP 项目重点关注的导弹寿命关重件收录在 *Missile Materiel Reliability Prediction Handbook* 中，主要包括继

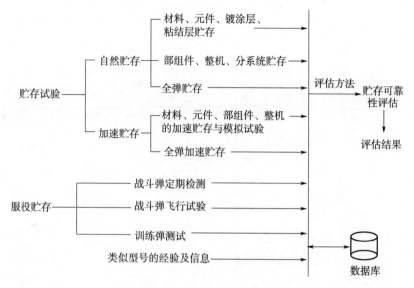

图 1-1 SRMMP 研究框架

电器、陀螺仪、加速度计、发动机、电池、同步器、解调器、液压装置、气压装置、阀门、泵、轴承、滤波器、垫圈、密封材料、火工品和引信等。

SRMMP 和 SRRP 项目的实施，使得美军对导弹的贮存可靠性有了全面细致的掌握，积累了导弹贮存寿命预测理论和方法，对美国导弹贮存寿命预测发挥了重要作用（表 1-1），同时为后续导弹设计和升级提供了丰富的数据支撑。据统计，SRMMP 项目共耗资 3.96 亿美元，但却避免了因提前报废造成的约 90 亿美元损失，效费比为 22：1。

表 1-1 美国 SRMMP 的研究成果

导弹	设计贮存寿命/年	延寿结果/年
霍克	5	20
爱国者 2	5	10
民兵Ⅲ	15	30

续表

导弹	设计贮存寿命/年	延寿结果/年
陶 2A	10	15
陶 2B	10	10
海尔法	10	13
橡木棍	5	28
龙	5	23
毒刺	10	16
火箭弹	10	15
丛林	10	20

与此同时，美国掌握了较为成熟的加速试验技术，积累了大量实施经验，通过加速试验可在研制阶段提前掌握导弹未来服役过程中的贮存可靠度时变规律。20 世纪 80 年代以后，美国提出了长期免维护的使用保障新思维，致力于实现导弹在服役期间减少甚至不进行检测维护。这样，一方面减轻部队和相关部门的使用保障负担，另一方面减少因人为因素造成的弹上产品失效。

（2）俄罗斯贮存寿命研究现状与发展趋势

俄罗斯研制的 C - 300、道尔等防空导弹交付部队后，不需要测试维护，甚至使用部队根本不配备导弹测试设备，但导弹寿命长达 10 年之久，可靠性还能保持较高的水平。

俄罗斯从 20 世纪 80 年代开始进行加速贮存寿命试验与加速运输试验研究，在对在役的 8 000 多发导弹及弹上设备失效情况进行统计的基础上，对导弹产品的贮存寿命薄弱环节进行仔细识别，对其失效机理进行判别。之后，对薄弱环节进行改进，并在实验室的条件下进行加速试验验证。在故障机理不变化的基础上，总结出一套加速因子，开发出导弹加速贮存试验方法，包含试验的原理、方法、设备和软件，并在国防工业及航空航天等领域广泛应用。该技术的特点有：

1）能够通过 6 个月或更短的试验时间，对长达 10 年的导弹贮存期进行评估。即在工程研制阶段开展实验室条件下的模拟贮存试验，就可能发现薄弱环节，分析产品在整个贮存期内所经受实际的环境条件影响或老化过程，并采取有效的改进措施，从而达到满足规定要求的产品贮存期。

2）采用了加速贮存试验技术的导弹，其战术技术指标满足要求后，导弹可以在长期贮存过程中不进行检测和维修，在规定的贮存期内满足要求的开箱检测合格率和发射成功率。

3）可模拟复现概括多个使用地区和有代表性实验室的环境条件，比不能反映环境条件多样性的常规贮存试验更加有效率，能节省大量经费。

4）由于试验技术的局限，有时试验结果需同现场贮存试验结果进行对比修正。

5）昂贵的导弹不可能提供加速试验所需要的试验件数量，往往投入试验的子样较少，加大了得到的贮存产品寿命分布不准确的风险。

（3）国外情况总结

美国为跟踪监测寻找老化迹象所考虑的试验环境条件和俄罗斯在加速贮存试验过程中所使用的环境条件，都包括库房贮存、转运运输、战备值班、发射与飞行等几项，在确定贮存寿命时双方所用的分析方法都是统计分析与工程分析相结合。

从目前掌握的情况看，俄罗斯导弹贮存可靠性技术的主要特色在于采用了全弹级加速贮存试验。俄罗斯是目前掌握全弹加速贮存试验技术相对成熟的国家。由于全弹存在多种贮存失效模式和失效机理，需要同时施加不同的加速应力，需要可供全弹级加速试验的试验设备，而且样本量往往很小，必须依赖大量的底层试验数据来提高贮存可靠度预测的置信度，因此，俄罗斯全弹级加速试验的核心仍然是大量基本单元级和设备级的试验积累，全弹级试验只起验证的作用。

从以上分析可以看出，加速试验已成为美、俄等军事强国开展导弹贮存可靠性研究的主要方法。由于掌握了较为成熟的加速试验技术，在研制阶段可对贮存可靠度指标进行充分验证，为后续的使用保障提供科学依据，进而减少导弹检测维护甚至实现长期免维护。

1.4.1.2　导弹贮存可靠性相关问题研究

（1）贮存退化机理

国外针对装备的失效机理分析，通常定位在基本单元级并分门别类地开展研究。美国国家航空航天局（NASA）在进入 21 世纪后采用加速试验方法对航天器进行可靠度预测，并重点对铝合金、钛合金、聚合物元件、陶瓷元件等基本元件开展机理分析研究。

含能材料的退化机理研究主要集中于 HTPB（端羟基聚丁二烯）、双基等固体发动机推进剂。国外主要通过自然贮存和加速贮存对含能材料的燃速、密度等物理性能以及抗拉强度、最大伸长率等力学性能的变化情况进行分析，并结合傅里叶红外光谱法、凝胶溶胶法等测试手段对退化机理开展研究。Bunyan、Niana 和 Jenaro 等人认为，推进剂的贮存退化机理主要是粘合剂网络结构的氧化交联和降解、组分迁移与挥发等。

在橡胶等非金属元件的贮存退化失效机理研究方面，绝大部分的研究认为，橡胶贮存退化失效机理主要为热氧老化，即橡胶材料裸露在大气中与氧气发生化学反应，而短波紫外光和温度能大大加速氧化作用；其次为分解及溶胀，即水、酒精等溶剂可使橡胶分子链间空隙增大，使橡胶的配合剂扩散损失。一般采用加速贮存试验结合红外光谱法、热分析法对其老化机理进行定量表征，如对橡胶的交联密度进行测定，揭示交联密度与环境条件、时间的相互关系。

在弹用弹簧、金属膜片等金属弹性元件的贮存退化失效机理研究方面，目前公认的失效机理为应力松弛。Maxwell 对应力松弛机理进行了研究，提出将蠕变理论作为弹性元件应力松弛的分析基础。Manjoine 等人认为，松弛过程是初始弹性应变随时间延长逐渐向非弹性应变转化的过程，只要施加足以使位错移动的应力就能发生应力松弛。Eugne 等人则认为，应力松弛与温度、预紧力等因素导致的位错有关，减少可动位错的数目是提高材料松弛性能的关键，并且提出松弛是通过位错的运动而产生的。

在电子组件的贮存退化失效机理研究方面，贮存失效机理主要集中于腐蚀失效、键合/贴装失效、密封失效、工艺缺陷等方面，Maryland 大学 CALCE 中心采用失效物理分析方法，结合加速湿热贮存试验，并借助扫描电子显微镜方法（SEM, Scanning Electron Microscopy），对其进行了深入研究。但对于各类电子组件间贮存退化失效交叉耦合、相互影响的规律，最终对电子设备产生的影响则有待进一步研究。

目前，国外对各类基本单元工作状态下的退化失效机理研究较多，而贮存状态的研究相对较少。由于加速试验具有时间压缩的优越性，目前的发展趋势是采用实验室加速试验，结合专用的定量分析方法对各类材料及产品的贮存退化失效机理进行定量研究。

（2）退化失效建模

退化故障模型认为，稳定的性能指标变化趋势总是单调的，这种现象也反映了退化过程的不可逆转性。如果能够对表征这种退化的退化量进行连续测量，获得退化数据，再利用退化数据实现产品的退化过程建模，就可以实现故障特征提取和可靠度预测。相对于 0/1 模型而言，退化模型考虑了产品故障的过程信息，因而可以为故障提供更加细致的描述，从而提高预测的准确性。1988 年，Technometrics 发表的题为 *Estimation of reliability in field - performance studies : discussion* 的论文指出，退化数据对于可靠性评估是丰富的信息源，认为产品退化以及利用退化的观点来研究产品故障过程是一个值得深入研究的课题，可能会为相关问题研究开辟一条新的途径。

由于导弹贮存处于非工作状态，应力量级非常小，其失效机理主要为各设备、组件的缓慢性能退化。因此，导弹贮存失效是典型的退化失效问题。

退化失效建模主要有两种途径：一是基于失效物理的方法（又

称为模型驱动方法），依据产品的失效机理，通过深入剖析产品失效的物理、化学变化规律来建立；另一种途径是基于退化数据的方法（又称为数据驱动方法），即直接对数据进行曲线拟合，获得退化模型。前者需要对机理进行全面分析，应用门槛高，但规律性强、模型准确；后者不需要进行机理分析，应用门槛低，但模型准确度对数据依赖性较大，与前者相比鲁棒性较低。

在基于失效物理的建模方面，目前研究较多的是 Paris 模型和 Power Law 模型。Paris 模型是疲劳失效中常用的模型，主要用于描述机械产品的微小裂缝随时间的增长过程。Place 等利用 Paris 模型研究了直升飞机传动装置的退化失效问题。Power Law 模型适用于描述电压对元器件的累积损伤，Takeda 和 Suzuki 用该模型研究了某电子元件阈值电压的退化情况。

在基于退化数据的建模方面，目前的拟合模型包括线性（或变化为线性）模型、混合效应模型、随机扩散过程模型、非参数化模型等。其中线性模型、随机扩散过程模型研究较多。

总体而言，国外的退化失效建模研究主要集中于数据驱动方法，基于失效物理的建模方法研究相对较少，且主要集中在工作状态上，不适用于描述导弹贮存非工作状态的退化规律。通过研究基于失效物理的贮存退化建模方法，可对导弹贮存的退化失效规律进行准确、有效的刻画和描述。

（3）基于退化的可靠度预测

美国 Wayne 州立大学利用主成分方法对多种性能退化过程进行了研究，主成分方法能够分析各性能退化过程对系统可靠度的影响程度，从而选择最重要的性能退化参数作为系统可靠性优化设计的依据，但研究中并没有涉及系统可靠度预测等问题。美国 Rutgers 大学根据多种性能退化过程的退化数据，研究了在多种性能退化过程相关和不相关情况下，估算系统可靠度的分析方法和详细流程。此后，美国 ReliaSoft 公司又分析了在考虑随机应力的情况下，多种性能退化过程的系统可靠性分析问题。

　　总的来说，目前国外对于多种性能退化过程的研究主要是基于性能退化理论的系统可靠性分析。而对于如何根据设备的多种性能退化过程来预测其可靠度，以及如何根据多种性能退化过程的多态性预测设备可靠度目前都还没有研究。而这些问题恰恰是导弹贮存可靠度预测需要解决的关键问题，即基于多种性能退化过程的设备贮存可靠度预测问题和多种性能阈值引起设备失效的判决问题。

1.4.1.3　导弹加速贮存试验研究

　　加速试验（AT，Accelerated Testing）是在进行合理工程及统计假设的基础上，利用与失效物理规律相关的统计模型对加速条件下获得的数据进行转换，得到产品在正常应力水平下可靠性特征的试验方法。加速试验应用于贮存可靠性研究时称为加速贮存试验。加速试验方法分为恒定应力试验、步进（步加）应力试验、步降（步退）应力试验和序进应力试验。

　　根据试验中产品的失效模式情况，加速试验又可分为加速寿命试验和加速退化试验。加速寿命试验（ALT，Accelerated Life Testing）主要针对产品失效模式为突发型失效模式的情况，在试验中得到的数据是产品的失效时间。加速退化试验（ADT，Accelerated Degradation Testing）主要针对产品失效模式为退化型失效模式的情况，在试验中得到的数据是产品的性能退化数据。由于导弹产品在贮存环境载荷的小量级长期作用下导致的损伤累积过程往往表现为贮存期间的性能退化，所以，在贮存可靠性研究中，一般采用加速退化试验。

　　国外对加速试验的研究始于 20 世纪 60 年代，主要包括统计分析方法、优化设计等。加速试验统计分析的研究主要围绕如何提高统计分析的精度。在加速试验的统计分析中，算法复杂性和非流程化是目前存在的主要问题，往往成为加速试验在工程中应用的主要障碍。加速试验的优化设计主要研究在给定条件（应力范围、试验代价等）下，如何进行加速试验以获得准确估计，降低试验风险，确保试验成功。

　　加速试验统计分析的核心问题是如何实现不同应力水平下可靠性信息的相互转换，从而通过对加速试验条件下获得的数据进行建模分析预测正常贮存可靠度。针对这一问题，Nelson 在 1980 年提出了累积失效模型（CEM，Cumulative Exposure Model），即产品的残存可靠度仅依赖于已累积的失效概率和当前的应力水平，而与累积方式无关。Nelson 的累积失效模型实际上是将累积失效概率 $F(t)$ 作为产品累积退化量的特征值，相应的退化量函数则为 $f(F)$。CEM 模型表明，只要产品的累积失效概率相同，则产品的可靠度消耗累积量相同，而与产品的应力加载历程和应力水平的作用时间无关。CEM 在加速试验的建模分析、优化设计中得到了广泛应用，但是 CEM 模型并未进行过系统的验证，正如 Nelson 自己的评价所说，CEM 模型大家都在使用，但并没有人深入研究它的适用性。

　　在加速试验研究中还存在优化设计问题，研究如何设计优化的加速试验方案，实现约束条件下对性能退化的最优建模分析。在优化设计研究方面，广泛采用基于解析的方法，该方法必须给出正向问题的解析解，而实际应用中往往难以得到，甚至不存在。

　　21 世纪以来，国外在加速试验的应用中逐渐意识到需要研究产品在加速试验中的机理以及是否符合实际工作情况。NASA 主要采用加速试验方法对航天器进行可靠度预测，重点对铝合金、钛合金、聚合物元件、陶瓷元件等基本元件开展了机理分析。与此同时，NASA 认为在实施加速试验时需重点保证失效机理与自然环境保持相符，但未给出相应的理论和方法。

　　从总体上看，加速试验的理论和方法目前还处于探索阶段，大多数的研究是针对具体应用问题提出的具体模型和方法，缺少一般性的指导理论和方法，比较深入的理论研究则更少。其中最为突出的问题在于如何确保加速贮存试验中产品的退化机理与自然贮存退化机理相符。

1.4.2　国内研究发展情况

（1）电子产品、光学仪器的贮存寿命研究

目前，国内对部件级产品的贮存寿命研究相继有了部分成果，国内专家学者相继发表了多篇研究论文，在电子产品、光学仪器的贮存寿命研究方面取得了一定进展。

相关研究以贮存性能变化规律为主要内容，以确定贮存寿命及检修期为目的，建立了相应的数据处理方法和数学模型，把库存产品的分级管理、检测和维修推进到了一个新的水平。但总体而言，这部分研究仍停留在经验总结层面，未对产品的失效机理进行深入分析。

（2）弹药贮存寿命研究

采用高温加速老化阿伦尼斯法对弹药贮存寿命进行整体预测，其原理是通过给出弹药贮存寿命的两步回归预测方法，采用修正的阿伦尼斯公式对各个温度下的加速老化反应速率进行回归分析，并分别采用指数模型和线性模型对弹药贮存试验数据进行线性回归，提高弹药寿命预测的精度。

（3）导弹贮存的失效模式及失效机理研究

国内有关学者从分析导弹在贮存中的普遍规律入手，通过研究装卸、运输、贮存等事件对其弹上设备施加长时间应力后所导致的腐蚀、霉变或老化等典型失效模式，总结出了弹上金属结构件的腐蚀机理，弹上非金属材料的老化机理，以及某些部件的霉变失效机理。

由于导弹的贮存失效涉及各类设备、原材料、元器件，以及涉及生产工艺、包装等多个环节，导弹的腐蚀、老化和霉变只是其贮存中最为常见的失效模式，有关导弹贮存失效模式和机理的研究还显得不够全面和深入。

（4）国内加速贮存试验情况

目前，加速贮存试验相关的标准规范见表1-2。从表1-2中可以看出，加速贮存（或加速老化）相关标准主要涉及的产品为非金属材料、火工品、推进剂、电子元器件等，仍停留在材料、器件级。

表 1-2　国内加速贮存试验相关的标准规范

序号	标准号	名称
1	HG/T 3087—2001	《静密封橡胶零件贮存期快速测定法》
2	GJB 92.1—86	《热空气老化法测定硫化橡胶贮存性能导则　第一部分：试验规程》
3	GJB 92.2—86	《热空气老化法测定硫化橡胶贮存性能导则　第二部分：统计方法》
4	GJB 736.8—90	《火工品试验方法　71℃试验法》
5	GJB 736.13—91	《火工品试验方法　加速寿命试验　恒定温度应力试验法》
6	GJB 770B—2005	《火药试验方法》(方法506.1：预估安全贮存寿命　热加速老化法)
7	GJB 5103—2004	《弹药元件加速寿命试验方法》
8	QJ 2407—92	《电子元器件寿命和加速寿命试验数据处理方法(用于对数正态分布)》

从材料、器件到整机、整弹，本节对国内加速贮存试验开展情况进行了梳理，目前已开展加速贮存试验的导弹相关产品如下。

1) 火工类产品：发动机、战斗部、燃气能源、电池；

2) 非金属材料：橡胶密封件、其他非金属材料（整流罩、易碎盖等）；

3) 电子、机电产品：舵机、引信等；

4) 电子、机电产品部组件：某弹上设备中的高频头组合（微波组件）和速调管（真空电子器件）。

以上产品开展加速贮存试验的主要情况见表 1-3。

从表 1-3 中可看出：

1) 材料、器件级。目前非金属材料、元器件、装药等加速贮存试验有较多工程实践，通过试验采用相应模型进行评估。

2) 整机级。部分整机产品开展了加速贮存试验，但目前延寿过程中的整机级试验加速因子是根据国外相关资料确定的，准确性有待研究，需要通过开展大量试验积累数据进行确定。

表 1 - 3 国内加速贮存试验应用情况

产品类型		加速贮存试验应力	评估模型	备注
非金属材料	橡胶密封件	恒定温度应力	采用阿伦尼斯模型	
	整流罩	恒定温度应力	采用阿伦尼斯模型	
	易碎盖	恒定温度应力	采用阿伦尼斯模型	
	绝缘材料	恒定温度应力	用最小二乘法建立失效与温度模型，外推常温寿命	
组件、部件	中高频组合（微波器件）	温度步进应力	采用线性回归模型对性能测试数据进行拟合	
	速调管（真空电子器件）	温度步进应力	采用线性回归模型对性能测试数据进行拟合	
	引信制冷器	温度步进应力	采用线性回归模型对性能测试数据进行拟合	
	引信高频组件	温度步进应力	采用线性回归模型对性能测试数据进行拟合	
	CMOS数字电路	恒定温度应力	采用对数正态分布和阿伦尼斯模型	
	电容	温度步进应力	采用指数分布 Weibull 分布模型进行试验数据分析	
	二极管	恒定温度应力	采用 Weibull 分布和阿伦尼斯模型进行试验数据分析	
	电阻器	恒定温度应力	采用 Weibull 分布和阿伦尼斯模型进行试验数据分析	

续表

产品类型		加速贮存试验应力	评估模型	备注
火工类产品	装药	恒定温度应力	利用对数正态分布和阿伦尼斯方程对试验数据进行分析	
	战斗部	恒定温度应力	跟踪测定主装药加速寿命加速试验前后组分、密度,采用标准方法确定加速因子,完成相应时间的加速试验后,测试安定性、5s爆发点、摩擦感度、撞击感度、爆速等性能参数	
	电池	恒定温度应力	确定加速因子,完成相应时间的加速试验后测试性能、分析性能随时间的变化规律	
	燃气能源系统	恒定温度应力	确定加速因子,完成相应时间的加速试验后测试性能、分析性能是否满足要求及性能的变化规律	
电子、机电整机产品	舵机	恒定温度应力	确定加速因子,完成相应时间的加速试验后测试性能、分析性能是否满足要求及性能的变化规律	
	引信	恒定温度应力	确定加速因子,完成相应时间的加速试验后测试性能、分析性能是否满足要求及性能的变化规律	
		温度步进应力	采用线性回归模型对性能测试数据进行拟合	

3) 整弹级、系统级。目前整弹的寿命评估根据薄弱环节寿命评估情况确定，由于材料、器件单独试验与整机情况下所处的边界条件不同，评估结果可能与整机状态下试验有较大差异。这从橡胶密封件单独加速试验和相应的整机加速试验结果有较大差异中可以看出。

综上所述，目前整机加速贮存试验刚进入初步研究阶段，有必要在材料、器件加速贮存试验的基础上继续开展整机与全弹的加速贮存试验研究。

(5) 国内情况总结

虽然国内贮存寿命研究工作起步较晚，但我国已认识到产品贮存寿命的重要性，并开展了大量工作，在贮存寿命的理论和方法研究方面也取得了一定的进展。尤其是在贮存失效数据处理、建立贮存寿命预测模型方面，取得较大的进展，如故障内插法、贮存可靠性分析法以及贮存失效数据处理方法，充实了贮存寿命预测理论和方法，在验证产品失效分布方面也做了一些工作。

同时也应看到，国内开展的相关研究工作尚未形成体系。虽然某些领域已开始研究，但实际达到的效果与国外仍存在较大差距，如对产品贮存寿命分布规律性还缺乏深入的研究，对贮存失效的机理等研究不够，还远未形成贮存寿命预测理论体系和试验技术。同时，由于国内目前还没有相关的标准和试验方法可以借鉴，对于部件以上产品的加速贮存试验方法还处于探索阶段。

1.4.3 国内外对比分析

美、俄等国对导弹的贮存可靠性问题十分关注，对导弹贮存数据的收集和贮存可靠度预测研究非常重视。由于其导弹研制较早，且经费相对充足，导弹贮存可靠性领域相关工作开展较为深入。由于核心技术控制等原因，国外在相关问题方面的具体研究情况目前无法获得。相比较而言，国内在相关问题的研究上存在以下差距。

（1）加速贮存试验机理研究差距

在自然贮存条件下，环境载荷长期累积作用导致的材料微观组织和结构变化，是造成导弹贮存退化失效的主要原因。目前，国外一般通过环境载荷试验，分析性能退化与环境载荷、构成设备的材料微观组织和结构之间的关系，揭示加速贮存试验机理。相比之下，国内对各类基本单元自然贮存中的失效机理虽然开展了研究，但是对各类基本单元在加速试验中的失效机理，特别是如何控制加速试验的约束条件，尚缺乏有效的理论和方法来保证加速试验的机理不发生改变，只能依靠工程经验来设计加速试验方案，因而可能造成失效机理改变，导致基于加速试验得出错误的预测结果。

（2）加速贮存试验建模分析研究差距

美、俄等国普遍采用加速试验方法，通过加速试验在有限的试验周期内获得弹上产品退化失效的全程数据，根据大量基础数据建立贮存退化失效模型，为导弹贮存可靠度预测提供科学根据。国内目前对加速试验建模方法的研究主要集中于数据驱动方法，基于失效物理的建模方法研究较少。由于数据量有限，难以对自然贮存中小损伤长期累积、缓慢退化的退化型失效规律进行准确描述。此外，国内加速试验建模研究大多局限于元器件、材料等较低层级的单退化过程，对较高层级的弹上设备主要依据单项指标进行粗略判断，从而使得由加速试验得出的寿命预测模型可能存在较大偏差，贮存可靠度预测的置信度偏低。

第2章 防空导弹贮存可靠性要求

2.1 贮存可靠性指标要求

防空导弹在具备构成拦截火力的同时，必须保证满足贮存寿命要求，且寿命期内保持高可靠性。用户对防空导弹贮存寿命一般有明确的年限要求，对贮存可靠性有明确的可靠度指标要求，有的型号还会提出导弹贮存期内免维修、免测试、防腐蚀、防老化等定性要求。

贮存寿命和贮存可靠度是导弹可靠性的重要组成部分，是将用户要求全面、系统、协调地转化为各分系统可设计因素的重要环节。导弹总体单位通过研制任务书或合同将贮存寿命和贮存可靠度指标分解到各弹上设备，作为其技术设计和验证评估的依据。

2.2 导弹寿命剖面和环境剖面

在提出防空导弹贮存可靠性要求时，应明确导弹预期经受的寿命剖面、任务剖面和环境剖面。

（1）导弹寿命剖面

防空导弹寿命剖面是指装备（产品）从交付到寿命终结或退出使用过程经历的全部事件和环境的时序描述。防空导弹的寿命剖面一般包括交付出厂、发货运输、贮存、作战使用、发射飞行等事件。

防空导弹典型的寿命剖面如图 2-1 所示。

（2）导弹任务剖面

防空导弹任务剖面是指由装备使用寿命期内执行任务期间所经

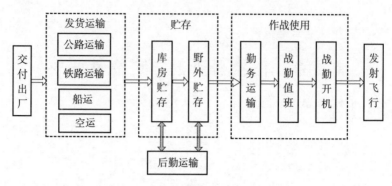

图 2-1　防空导弹典型的寿命剖面

历的事件及其时序描述构成的剖面。

　　防空导弹任务剖面内的事件与总体设计相关，如低空导弹一般要求在低空范围短时间内击中目标。因此，低空导弹任务剖面内一般包括导弹发射、快速转弯、发动机点火、导弹机动、发动机关机、启动战斗部摧毁目标等事件。中高空飞行的导弹一般飞行距离远、高度高，在低空范围内除了与低空导弹相类似的动作外，往往还有级间分离、整流罩分离等动作。因此，中高空导弹的任务剖面一般包括导弹发射、快速转弯、主发动机点火、导弹机动、主发动机关机、级间分离、整流罩分离、目标拦截等事件。

　　防空导弹典型的任务剖面如图 2-2 所示。

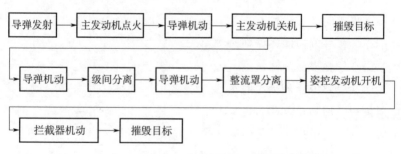

图 2-2　防空导弹典型的任务剖面

（3）导弹环境剖面

导弹环境剖面是指由装备经受的环境和环境组（综）合及其时序描述构成的剖面。

导弹在运输、贮存、发射和飞行过程中所处的环境十分复杂，既有自然环境因素，如湿度、温度、太阳辐射、低气压、风、雪、雨、冰雹、砂尘、盐雾、浓雾、霉菌、雷电、啮齿类动物和其他有害昆虫的侵害等；也有诱导环境因素，如装卸和运输中引起的冲击和振动，车辆发动机诱发的振动和噪声，导弹发射与机动加速度，导弹发射时发动机诱发的冲击和噪声，导弹飞行诱发的气动噪声和气动加热，开机加电引起的温升等。

防空导弹典型的环境剖面如图 2-3 所示。

2.3　贮存可靠性工作项目及内容

2.3.1　基本要求

开展贮存可靠性工作的目标是确保导弹达到规定的贮存可靠性定性定量要求。贮存可靠性工作的基本要求如下：

1）将贮存可靠性设计分析工作作为导弹可靠性工作的一个重要组成部分，纳入导弹的研制工作，统一规划，协调进行。

2）贮存可靠性设计分析工作应遵循早期投入、预防为主的方针，积极预防、发现和纠正设计、制造、元器件及原材料等方面的缺陷。

3）应分析已有类似产品在贮存可靠性方面的缺陷，采取有效的改进措施，以提高其贮存可靠性。

4）采用有效的方法和控制程序，减小制造过程对贮存可靠性带来的不利影响。

5）在工程研制阶段应进行贮存试验，贮存试验可持续到鉴定定型阶段及生产与使用阶段。

6）通过规范化的工程途径，利用有关标准或有效的工程经验，开展各项贮存可靠性工作。

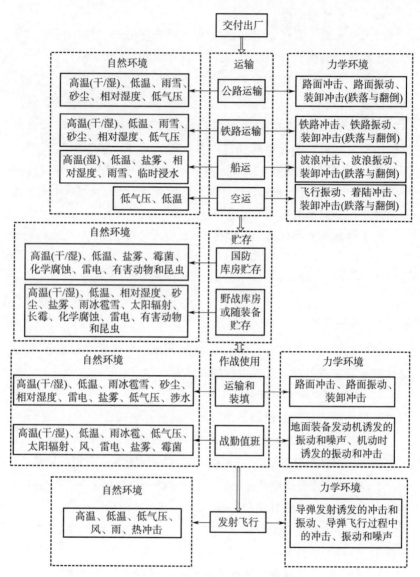

图 2-3　防空导弹典型的环境剖面

2.3.2　贮存可靠性要求

确定防空导弹贮存可靠性定量和定性要求，具体如下：

1）防空导弹及弹上设备贮存可靠性要求按合同或任务书要求执行。

2）在确定贮存可靠性要求时，应分析国内外同类产品的贮存可靠性水平，同时明确故障判据。

3）贮存可靠性定量要求一般包括贮存寿命和贮存可靠度。

4）贮存可靠性定性要求一般包括防腐蚀、防老化、防霉变等设计要求，原材料、元器件的选择与控制要求等。

2.3.3　贮存可靠性工作项目

选择并确定贮存可靠性工作项目，实现规定的贮存可靠性要求。贮存可靠性工作项目的选择取决于产品的具体情况，考虑的主要因素为产品要求的贮存可靠性水平、类型和特点、复杂程度、新技术对贮存可靠性的影响等。

贮存可靠性工作项目的选择可参照表 2-1 进行，具体包括：

1）确定贮存可靠性要求；

2）确定贮存可靠性工作项目；

3）制定贮存可靠性工作计划；

4）对承制方的监督和控制；

5）贮存可靠性评审；

6）建立贮存可靠性模型；

7）贮存可靠性分配；

8）贮存可靠性预计；

9）贮存可靠性故障模式、影响分析；

10）确定贮存可靠性薄弱环节；

11）贮存环境适应性分析；

12）元器件、原材料选择与控制；

13）贮存可靠性设计；

14）贮存寿命试验；

15）贮存可靠性数据信息收集；

16）贮存可靠性分析评估。

表 2 - 1　贮存可靠性工作项目

序号	工作项目类型	工作项目名称	方案阶段	工程研制阶段	鉴定定型阶段	生产与使用阶段
1	要求	确定贮存可靠性要求	√	×	×	×
2		确定贮存可靠性工作项目	√	×	×	×
3	管理	制定贮存可靠性工作计划	√	√	△	△
4		对承制方的监督和控制	△	√	△	△
5		贮存可靠性评审	√	√	○	△
6	分析与设计	建立贮存可靠性模型	√	√	○	×
7		贮存可靠性分配	√	√	○	○
8		贮存可靠性预计	√	√	○	○
9		贮存可靠性故障模式、影响分析	△	√	○	○
10		确定贮存可靠性薄弱环节	△	√	△	○
11		贮存环境适应性分析	√	√	○	○
12		元器件、原材料选择与控制	√	√	○	△
13		贮存可靠性设计	√	√	○	○
14	验证与评价	贮存寿命试验	△	√	○	○
15		贮存可靠性数据收集	△	√	√	√
16		贮存可靠性分析评估	×	√	○	△

注：√—适用；△—可选用；○—仅设计更改时适用；×—不适用

建立贮存可靠性模型，开展贮存可靠性分配、贮存可靠性预计工作可以参照 GJB/Z 299C—2006《电子设备可靠性预计手册》、GJB/Z108A—2006《电子设备非工作状态可靠性预计手册》，疏理贮存可靠性故障模式、影响分析可以参照 GJB/Z 1391—2006《故障模式、影响及危害性分析指南》，本节重点针对贮存可靠性设计、贮存寿命试验、贮存可靠性数据收集、贮存可靠性分析评估进行阐述。

2.3.4　贮存可靠性管理

2.3.4.1　制定贮存可靠性工作计划

制定并实施贮存可靠性工作计划，以确保防空导弹满足合同或任务书规定的贮存可靠性要求，具体要求如下。

1) 承制方根据合同或任务书要求，从方案阶段开始就应制定贮存可靠性工作计划，并纳入型号研制计划。

2) 贮存可靠性工作计划的内容一般包括：

• 贮存可靠性工作项目的实施途径、进度要求、保证条件、完成形式和考核办法；

• 贮存可靠性工作项目实施的组织、单位、人员、分工和职责；

• 贮存可靠性工作项目的检查点和评审点；

• 贮存可靠性信息的收集与传递要求；

• 贮存可靠性工作计划应随着研制的进展不断完善。

2.3.4.2　对承制方的监督和控制

任务提出方应对承制方的贮存可靠性工作进行监督和控制，以确保承制方交付的产品符合规定的贮存可靠性要求，具体要求如下。

1) 由任务提出方的可靠性工作系统负责对承制方的贮存可靠性工作进行监督和控制。

2) 监督和控制的内容一般包括：

• 贮存可靠性工作计划及其实施情况；

• 贮存试验方案及贮存试验情况；

• 产品技术状态的更改；

• 原材料、元器件清单和薄弱环节清单。

3) 任务提出方对承制方应安排并进行贮存可靠性要求和贮存可

靠性工作项目要求的评审，并主持或参与任务书要求的贮存可靠性评审。

2.3.4.3　贮存可靠性评审

按计划对贮存可靠性工作进行评审，以确保贮存可靠性工作按预定的技术与管理要求进行，使产品能达到贮存可靠性要求，具体要求如下。

1）应将贮存可靠性评审作为可靠性评审的内容之一，一般随方案评审、转阶段评审、鉴定定型评审进行，必要时也可单独进行。

2）方案阶段评审的内容一般包括：

· 贮存可靠性工作计划的完整性；

· 贮存可靠性模型、贮存可靠性分配及预计情况；

· 所采用的新技术、新材料和新器件等是否满足贮存可靠性要求等。

3）工程研制阶段评审的内容一般包括：

· 贮存可靠性设计技术在产品设计中的应用情况；

· 贮存可靠性模型、贮存可靠性分配及预计情况；

· 贮存试验大纲或计划等。

4）鉴定定型阶段评审的内容一般包括：

· 贮存试验执行情况；

· 贮存可靠性要求满足情况等。

2.3.5　贮存可靠性设计与分析

2.3.5.1　建立贮存可靠性模型

针对防空导弹及所属弹上设备，需要建立贮存可靠性模型，用于定量分配、预计和评价防空导弹及所属弹上设备的贮存可靠性。具体要求如下：

1）应在方案阶段就建立贮存可靠性模型，随着研制工作的进展，应不断修改完善贮存可靠性模型。

2) 可采用 GJB 813—90《可靠性模型的建立和可靠性预计》规定的程序和方法建立贮存可靠度模型，其模型应包括贮存可靠度框图和相应的数学模型。

2.3.5.2　贮存可靠性分配

将防空导弹及所属弹上设备的贮存可靠性定量要求分配到规定的产品层次，具体要求如下：

1) 贮存可靠性分配是将防空导弹及所属弹上设备的贮存可靠性定量要求逐级分解，是一个由整体到局部、由上到下的分解过程；

2) 应进行贮存可靠性分配，若技术状态发生变化，应修正贮存可靠性分配结果；

3) 贮存可靠度分配方法主要有等值分配法、利用相似产品贮存可靠性数据分配法等；

4) 必要时利用已有的贮存信息对贮存可靠性分配结果加以修正，使分配结果符合工程实际；

5) 贮存可靠性分配时应适当留有余量。

2.3.5.3　贮存可靠性预计

预计防空导弹及所属弹上设备的贮存可靠性，评价所提出的设计方案是否满足规定的贮存可靠性定量要求。具体要求如下：

1) 在方案阶段宜采用相似产品法进行贮存寿命和贮存可靠度预计；

2) 在工程研制阶段，电子产品宜采用 GJB/Z 108A—2006《电子设备非工作状态可靠性预计手册》中的元器件非工作计数可靠性预计法、元器件非工作可靠性详细预计法进行贮存可靠度预计；

3) 预计时应采用 GJB/Z 108A—2006《电子设备非工作状态可靠性预计手册》或其他数据，所采用的数据均需经任务提出方认可；

4) 根据预计结果评价产品设计是否满足贮存可靠性要求，确定需要采取的纠正措施，并随着设计更改和有关信息的增加反复进行。

2.3.5.4　贮存可靠性故障模式及影响分析（FMEA）

通过系统的分析，确定弹上设备在设计和制造过程中所有可能的贮存故障模式，以及每一故障模式的原因及影响，找出潜在的贮存薄弱环节，并提出改进措施。具体要求如下：

1）应在规定的产品层次上进行贮存失效模式与影响分析，应考虑在规定产品层次上所有可能的贮存故障模式，并确定其影响；

2）贮存失效模式与影响分析应全面考虑整个贮存期内的故障模式，分析对安全性、战备完好性、任务成功性以及对维修和保障资源要求的影响；

3）贮存失效模式与影响分析工作应与设计和制造工作协调进行，使设计和工艺能反映贮存失效模式与影响分析工作的结果和建议，例如关键件、重要件的确立应与分析结果相吻合，分析结果也可为设计的综合权衡、保障性分析、安全性、维修性、测试性等有关工作提供信息；

4）可参照 GJB/Z 1391—2006《故障模式、影响及危害性分析指南》提供的程序和方法，在不同阶段采用功能法、硬件法和工艺法进行贮存失效模式与影响分析。

2.3.5.5　确定贮存可靠性薄弱环节

确定贮存可靠性薄弱环节，提出并实施有效的控制或改进措施，具体要求如下。

1）确定贮存可靠性薄弱环节，需重点考虑以下几类产品。

• 装药：弹上火工品装药在长时间贮存过程中，老化是高聚合物发生缓慢质变的一种现象，表现为降解、聚合、相变、缓慢分解、扩散等一系列物理化学变化，导致装药失效或性能下降。

• 非金属材料：非金属材料长时间贮存会发生老化，可分为热氧老化、臭氧老化、疲劳老化和光氧老化等。热加速氧化反应，是引起老化的主要因素。

• 微波类元器件：微波类元器件在长时间贮存过程中，如果器件内部受到潮气影响会造成分布参数变化，进而引起微波参数漂移，这一现象在微波频率源等频率稳定度要求高的器件上尤为明显。

• 塑封元器件：塑封元器件由于封装形式和质量等级的限制，在有水汽、有害气体、温度等应力的长时间作用下贮存可靠性会逐渐降低。

• 机电组件：旋转变压器、电机等机电类器件，由于存在电刷、集电环结构，接触部分容易受到氧化腐蚀，同时这些器件轴承上的润滑油（脂）也容易挥发，长时间贮存后会造成器件性能下降。

• 电真空器件：真空电子器件，长时间贮存会导致真空度下降，通过定期加电维护可以提高真空度，避免阴极中毒。

• 贮存可靠性低的其他产品：橡胶减震垫、导热垫、吸波材料、电缆绝缘皮等有机材料由于容易氧化，长时间贮存后性能会逐渐下降。

2）对缺乏贮存信息的新技术、新材料和新器件等，可通过加速贮存试验等手段来确定是否为贮存可靠性薄弱环节。

3）应把确定的贮存可靠性薄弱环节列出清单，提出并实施有效的控制或改进措施。

2.3.5.6　贮存环境适应性分析

确定贮存环境对防空导弹及所属弹上设备贮存可靠性的影响，具体要求如下：

1）在方案阶段和工程研制阶段，设计人员应对防空导弹及所属弹上设备进行贮存环境适应性分析。

2）明确防空导弹及所属弹上设备贮存环境因素（包括大气环境、机械环境条件、化学活性物质、机械活性物质等自然环境因素和诱发环境因素），确定防空导弹及所属弹上设备贮存环境应力。

3）应在开展贮存环境适应性分析前，在元器件、零部件和原材料级开展贮存失效模式分析。

4）应根据贮存环境应力和产品贮存失效模式，分析贮存环境的累积影响，确定贮存期内是否明显降低产品性能和贮存可靠性。

5）产品贮存环境适应性分析不满足要求的，应首先对产品自身采取环境防护措施。仍不能满足要求的，可在上一级产品采取防护措施。

6）必要时可通过加速贮存试验分析新技术、新材料和新器件的贮存环境适应性。

2.3.5.7　元器件、原材料选择与控制

控制元器件、原材料的选择与使用，具体要求如下：

1）优选温度稳定性好的元器件；

2）优选耐振动、冲击等机械环境的元器件，避免使用脆性器件；

3）选用有良好贮存特性的元器件，避免选用易变质、退化的元器件等；

4）避免使用可变电阻、可变电容器或可变感应器，避免使用机电继电器，避免使用非气密性薄膜电容器；

5）避免使用塑料封装的元器件、无气密保障的半导体器件和微型电路等；

6）针对产品预期应用环境和贮存可靠性要求等，确定所需的材料品种，应选用非霉菌营养材料及吸水性小、抗蚀性强的材料，非金属材料应耐老化，产品的材料之间应具有相容性；

7）应严格控制工艺，防止微粒物质引起元器件失效。

2.3.5.8　贮存可靠性设计

应用贮存可靠性设计技术，进行防空导弹及所属弹上设备的贮存可靠性设计。具体要求如下：

1）在方案设计阶段和工程研制阶段，应参照 QJ 3153—2002《导弹贮存可靠性设计技术指南》等标准给出的贮存可靠性设计技术，进行防空导弹及所属弹上设备的贮存可靠性设计。

2）贮存可靠性设计一般包括以下方面：

• 选择贮存可靠性满足要求的元器件、零部件和原材料；

•防腐蚀、防老化、防霉变、防静电、防应力集中设计；

•贮存微环境设计；

•防护包装设计；

•运输与装卸防护设计。

2.3.6　贮存可靠性验证与评价

2.3.6.1　贮存寿命试验

贮存试验的目的如下：

1）验证防空导弹及所属弹上设备适应贮存环境的能力，暴露贮存薄弱环节并采取相应改进措施。

2）为研究防空导弹及所属弹上设备贮存性能变化规律、评价防空导弹及所属弹上设备贮存寿命和贮存可靠性提供信息。

贮存试验具体要求如下：

1）一般在工程研制阶段就应进行贮存试验，贮存试验可持续到鉴定定型阶段及生产与使用阶段。

2）试验前应根据防空导弹及所属弹上设备特点、贮存可靠性要求、已有的贮存信息、经费及周期要求等进行贮存试验方案设计。

•贮存试验可采取的方法：自然贮存试验、加速贮存试验或者两者同时进行。

•自然贮存试验件宜采取整机、组件与元器件相结合的方式；加速贮存试验主要试验对象为元器件、材料，必要时可利用组件、整机进行。

•在制定贮存试验方案时，应考虑防空导弹及所属弹上设备在贮存期内最严酷的环境。

•自然贮存试验时的检测项目应按弹上产品规范执行。

3）贮存试验结束后，必要时进行地面试验验证。

4）贮存试验后应形成试验总结报告。

2.3.6.2　贮存可靠性数据收集

贮存可靠性数据信息收集的目的如下：

1）通过防空导弹及所属弹上设备贮存数据信息的收集，为评价防空导弹及所属弹上设备贮存期、贮存可靠性提供依据。

2）发现并分析防空导弹及所属弹上设备贮存可靠性的薄弱环节，为及时改进产品提供依据。

贮存可靠性数据信息收集具体要求如下：

1）贮存数据信息收集的范围一般包括贮存试验信息、部队使用信息等。

2）贮存数据信息收集的内容包括贮存环境数据、产品基本信息、产品的外观检测和性能检测数据。

3）贮存数据信息记录要准确，要记录实测性能参数数据。

2.3.6.3　贮存可靠性分析评估

通过综合利用与贮存可靠性有关的各种信息，评估防空导弹及所属弹上设备是否满足规定的贮存寿命和贮存可靠性要求。具体要求如下：

1）一般在防空导弹及所属弹上设备鉴定定型阶段完成贮存可靠性初步评估，在生产与使用阶段继续完善贮存可靠性分析评估。

2）贮存可靠性分析评估的项目一般为贮存寿命和贮存可靠度。

3）贮存可靠性分析评估的信息来源包括贮存可靠性设计信息、贮存试验信息、鉴定定型交付后在部队的贮存使用信息等。

4）在利用加速贮存试验信息进行贮存可靠性分析评估时，应结合自然贮存信息进行对比。

5）形成产品贮存可靠性分析评估报告。

第 3 章　防空导弹贮存可靠性设计

3.1　贮存环境及影响分析

3.1.1　贮存环境因素

贮存环境是由各种环境因素及其严酷程度构成的。导弹的贮存环境要求一般在合同或研制任务书中具体规定。导弹及其各组成部分产品的承制单位应以此为依据，参照 GB/T 4798.1—2005《电工电子产品应用环境条件 第一部分：贮存》、GJB 2770—96《军用物资贮存环境条件》等标准进行耐环境能力和环境防护设计，以保证符合规定要求。贮存环境因素通常分为以下几类。

1) 自然环境因素，包括温度、湿度、大气压力、降水、太阳辐射、砂尘、霉菌、盐雾和风等。

2) 诱发环境因素，包括：

- 机械因素，如振动、冲击、加速度等；
- 大气污染，如酸性气体、二氧化硫、臭氧等；
- 核辐射、电磁辐射和静电等。

3) 组合环境因素，包括温度和湿度、温度和冲击、温度和振动、湿度和霉菌等。

表 3-1 列出了这些贮存环境因素及其重要性，对于采用密闭发射筒或发射箱的防空导弹，湿度、霉菌、盐雾、砂尘等环境因素主要影响发射筒或发射箱，导弹主要受温度环境的影响。

表 3 - 1　贮存环境因素

环境因素	自然环境因素											诱发环境因素				
	温度	湿度	大气压力	太阳辐射	雨	雪、雹等	雾	风	盐雾	霉菌	砂尘	大气污染	振动	冲击	加速度	电磁辐射	核辐射
库房贮存	A	A	C	0	0	0	0	0	C	B	C	C	C	B	0	0	0
野战贮存	A	A	C	C	C	0	0	C	B	A	B	C	C	B	0	0	C
装卸	B	B	C	0	C	0	C	B	B	0	C	0	C	A	C	0	0

注:A—最重要;B—重要;C—次要;0—不存在

3.1.1.1　自然环境因素

（1）温度

温度是导弹贮存可靠性设计必须考虑的因素之一。温度变化引起的不同膨胀在结构内引起应力;温度循环可引起周期性机械应力,导致器件疲劳失效;温度升高促进产品热退化,导致产品失效率增加,使其寿命缩短;温度影响高分子聚合材料老化、霉菌生长和对金属材料的腐蚀;同时,温度还会促进其他环境因素对贮存可靠性的影响。

1）高温使产品内产生机械应力或热应力,加速产品的物理和化学变化或膨胀变形,从而导致产品失效或加速其失效过程。

长期高温作用会引起铝或钽电容器短路;电器开关触点和接地之间的绝缘电阻随温度升高而降低,高温还会使触点和开关机构的腐蚀速度加快;高温造成电连接器绝缘破坏或导电性破坏而导致连接器失效;电缆/导线随着温度的升高绝缘体变软,抗剪强度降低,如果绝缘体被挤压,有可能发生塑变直至导体外露,最终导致短路;高温会引起机电装置绕组绝缘失效;高温促进其他环境因素对贮存可靠性的影响（如高温能提高湿气的浸透速度,增大盐雾所造成锈蚀的速度等）。

2）低温在产品内引起机械应力。

微电路因热膨胀系数差异形成的应力会激化材料的裂纹、孔隙,导致机械断裂、接头断开等；暴露于低温下的电器开关可以使某些材料发生收缩，造成裂纹，导致湿气或其他外界污染物进入开关，造成短路、电压击穿或电晕；电连接器金属和非金属以不同的速率变脆和收缩，使密封带开绽；低温下，如果导线或电缆受到剧烈弯曲或冲击，绝缘体就会破裂；低温也能促进其他因素对贮存可靠性的影响（如低温会造成湿气汽凝，出现霜冻和结冰；低温和低气压组合，会加速密封处的漏气等）。

（2）湿度

潮湿是影响产品贮存可靠性的重要因素，是产品耐环境设计的关键要素。例如，金属材料构件贮存主要失效模式是锈蚀，而导致金属锈蚀的主要环境因素就是湿度。同样导致电子电气设备贮存失效的主要环境因素也是湿度，如果相对湿度大于 90%，电阻器表面湿气会形成泄漏路径而降低阻值，也可能引起线绕电阻旁路、线圈间短路或造成线头腐蚀；电容器吸收潮气会引起性能参数变化，缩短工作寿命；潮湿会使继电器金属件出现腐蚀、导线及电缆绝缘体退化。

（3）低气压

产品在高海拔地区贮存会遇到低气压环境。低气压下电气设备的电压击穿是经常发生的危险情况；低气压会给接缝和端面密封造成附加压力，导致密封破裂；某些绝缘材料在低气压下会释放出气体，对其他部件带来不利影响；在低气压环境下，如果电器开关的间隙不够大，就可能产生飞弧或跳火。

（4）盐雾

盐雾对产品贮存可靠性的影响，主要是加速湿气对金属的腐蚀。微电路如果密封不良，会造成严重的腐蚀/污染。

（5）霉菌

霉菌与温度、相对湿度直接相关。霉菌的理想生长条件为温度 20~40 ℃，相对湿度 85%~100%，污染物会为霉菌提供营养。霉菌会引起电子器件短路和材料变质。

（6）砂尘

砂尘堵塞过滤器、小孔，在接触面或运动件聚积会降低产品战备完好性；砂尘与湿气综合作用时，会导致腐蚀或霉菌生长；砂尘会造成湿气集聚并引入污染物，从而加速腐蚀。

（7）太阳辐射

太阳辐射的红外光谱产生的热效应，主要引起产品短时间的高温和局部过热，造成一些对温度敏感的元器件失效、器材结构破坏和绝缘材料的过热损坏。太阳辐射热效应和仅在高温中的热效应不完全相同，太阳辐射加热时，试验样品吸收和反射的热量还取决于试验样品表面的粗糙度和颜色。因此，除造成材料之间的膨胀有差异外，太阳辐射强度的变化还可能导致各部件之间以不同速率膨胀或收缩，形成危险应力，可能使器材完整性受到破坏。

环境因素的影响及典型诱发失效见表 3-2。

表 3-2　环境因素的影响及典型诱发失效

环境因素	主要影响	典型诱发失效
高温	热老化	绝缘失效
	金属氧化	接点接触电阻增大,金属表面材料锈蚀
	结构变化	橡胶、塑料产生裂纹、断裂、膨胀
	设备过热	元件损坏,焊缝开裂,焊点脱开
	粘度下降、蒸发	丧失润滑特性
	物理膨胀	结构失效,机械应力增大,运动部件磨损增大
	材料膨胀	零件咬合,包装变形/损坏,密封/密封垫失效/永久变形,电路不稳定
低温	粘度增加和固化	失去润滑特性
	结冰	电气机械性能变化
	脆化	机械强度减弱、裂纹、破裂、龟裂、硬化,电缆损坏,橡胶、玻璃器件变脆,受约束的减震装置硬化
	物理	结构失效,运动部件磨损增大,密封性失效,引起泄漏
	元件性能改变	铝电解电容器损坏,蓄电池容量降低

续表

环境因素	主要影响	典型诱发失效
高湿度	吸收潮气	物理性能下降,电强度降低,绝缘电阻降低,电介常数增大,包装箱膨胀、破裂
	腐蚀	电性能下降
	电解	绝缘器件的导电率增大,有机覆盖层损坏,通过玻璃或塑料元件的传输图像减弱
	氧化	生物活性加速干燥剂变质
低湿度	干燥	机械强度降低
	脆化	结构毁坏
	粉碎	电性能变化,"粉化"
高气压	压缩	结构毁坏,密封穿透,干扰功能
低气压	膨胀	容器破裂,爆裂性膨胀,气体或燃料泄漏,低密度材料的物理/化学性能变化,润滑剂挥发干燥
	漏气	电性能变化,机械强度下降
	空气绝缘强度下降	绝缘击穿及电弧放电,电晕放电和形成臭氧
	散热不良	设备温度升高
盐雾	化学反应	磨损增大,机械强度下降,电性能变化
	锈蚀和腐蚀	干扰功能,绝缘材料腐蚀
	电解	电化腐蚀,结构强度降低,表面变质,导电性增大,生成导电覆盖层
霉菌	直接侵蚀	霉菌能分解材料并将它们作为自己的养分,这导致装备物理性能的劣化
	间接侵蚀	霉菌分泌的代谢产物(如有机酸)会导致金属腐蚀、玻璃蚀刻、塑料和其他材料着色或降解
砂尘	磨损	磨损增大,表面磨蚀,机械卡死,轴承损坏
	堵塞	干扰功能,电特性变化,通道和空气过滤器堵塞
	化学反应	吸附水分,降低绝缘性能,腐蚀

续表

环境因素	主要影响	典型诱发失效
太阳辐射	光化学和物理化学反应	表面特性损坏、膨胀、龟裂、折皱,橡胶和塑料变质,机械强度下降,电性能变化
	脆化	绝缘失效,密封失效,材料失色,产生臭氧
	粘结/焊缝削弱	强度和弹性变化,密封完整性下降
	合成橡胶和聚合物特性变化	密封性下降,灌封化合物变软

3.1.1.2　诱发环境因素

诱发环境因素主要是指振动、冲击和加速度。一是来源于贮存阶段搬运过程中的装卸、运输,二是在贮存过程中因地震引起,三是在战争期间核爆炸冲击引起。

（1）振动

贮存阶段遇到的振动是在运输和装卸过程中产生的。振动可以是周期性的,也可以是随机的。振动对导弹系统产品的影响一般可归入下列的一种或几种方式:

1）灵敏的电气、电子及机械装置发生故障;

2）对静止的和运动的结构产生机械的和/或结构的损坏;

3）容器中的液体产生泡沫或晃动而造成危害。

（2）冲击

冲击是振动的一种特殊情况。运输行进间的颠簸、急刹车和启动,装卸中可能遇到的跌落,以及堆码操作中,由于叉车移动和由其他包装件碰撞而产生。冲击对产品的影响与振动对产品的影响相同。

（3）加速度

产品贮存状态长时间承受加速度作用,将会产生与其在冲击和振动环境中同样的损坏,只是损坏频数和严重程度要低得多。

3.1.1.3　组合环境因素

处于贮存状态的产品所遇到的环境因素大多是以组合形式出现的，比如温度和湿度、温度和冲击或振动、湿度和霉菌等。这里仅举例说明若干环境因素之间的相互影响。

1）高温和湿度：高温将提高湿气浸透速度，提高湿度的锈蚀影响；

2）高温和低气压：这两种环境因素互相依赖，将有相互强化影响的作用（例如当压力降低时，材料的脱气现象增强，当温度升高时，脱气速度增大）；

3）高温和盐雾：高温将增大盐雾所造成锈蚀的速度；

4）高温和霉化：霉化或生长微生物需要一定程度的高温，但是在 71 ℃以上，霉菌和微生物有机物反而不能生存；

5）高温和冲击及振动：由于这两种环境因素会影响相同的材料性能，所以，它们之间相互强化对方的影响，被强化的程度，取决于该因素在组合中的大小，塑料和聚合物要比金属更加易受这种组合的影响；

6）低温和湿度：低温会造成湿气汽凝，如果温度更低，还会出现霜冻和结冰现象；

7）低温和低气压：这种组合会加速密封等漏气；

8）低温和盐雾：低温可以减小盐雾的侵蚀速度；

9）低温和冲击及振动：非常低的温度下会强化冲击和振动影响；

10）湿度和低气压：湿度可以增大低气压影响，特别对电子或电气设备更是如此，这种组合的实际效能在很大程度上由温度决定；

11）湿度和盐雾：高湿度可以冲淡盐雾浓度，但是它对盐的侵蚀作用没有影响；

12）湿度和霉化：湿度有助于霉化和微生物的生长，但对它们的影响无促进作用；

13）湿度和振动：这种组合将增大电气材料的分解速度；

14）湿度和臭氧：臭氧与湿气反应生成过氧化氢，后者对塑料和弹性材料的侵蚀作用比湿度和臭氧的叠加影响要大；

15）低气压和振动：这种组合对所有设备都会起到强化影响的作用，对电子和电气设备的影响最为明显。

组合环境因素的影响见表 3 - 3。

表 3 - 3　环境因素组合

综合环境因素		组合影响趋势
高温	湿度	提高湿气浸透速度，加速湿气的锈蚀影响
	低气压	强化低气压因素的影响
	盐雾	增大盐雾所造成的锈蚀速度
	霉化	温度能促进霉化或微生物的生长，但温度高于 +71 ℃，反而使其不能发展
	冲击或振动	强化冲击或振动的影响
低温	湿度	造成湿气汽凝，甚至出现霜冻或结冰
	低气压	加速因低气压造成的密封等的漏气
	盐雾	减小盐雾的侵蚀速度
	冲击或振动	强化冲击或振动的影响
湿度	低气压	增大低气压的影响
	盐雾	高湿度可以冲淡盐雾浓度
	霉化	有助于霉化和微生物的生长
	臭氧	加大对塑料和弹性材料的侵蚀性作用

3.1.2　贮存环境应力及其影响分析

3.1.2.1　贮存环境应力

贮存环境对产品引起的环境应力主要包括机械应力、化学应力和热应力三种。

（1）机械应力

机械应力主要是热机械应力、周期性机械应力和惯性力。

热机械应力是由于温度变化导致结构内部不同膨胀引起的应力。如对有约束的结构，在不同材料的界面上，由于材料的热胀系数不同，可产生热机械应力。在微电路结构中，由于元件密集，空间窄小，易受约束，而且使用材料的线胀系数差别较大，即使在较低的、均匀的温度变化下，也可能产生较大的热机械应力。

周期性的机械应力由温度循环引起，可使器件疲劳失效。长期在无防护或无控制的环境中贮存，可能产生这种应力。

惯性力由振动产生的周期性加速度和冲击产生的瞬时加速度引起。在产品贮存状态，冲击来自倒库或运输时的振动和跌落、碰撞。

此外，微电路结构还可能产生如下机械应力：

1）由于在薄沉积层生长时各向膨胀不一致，或位错、点缺陷等导致的薄沉积层内的机械应力；

2）由于晶格参数错配、杂质和粘合不完全而导致的界面微应力。

（2）化学应力

化学应力是产品结构中潜在的相互化学作用引起的应力。

外界污染物（指周围的氯离子、碱金属离子或残余的加工化合物、氢、氧以及各种大气污染物和水分等）引起电化和化学腐蚀加剧，从而导致器件失效。化学应力腐蚀源有：

1）微电路结构内的浓度差；

2）制造过程留下的化学物质；

3）器件材料放出的气体；

4）包括水气在内的污染物；

5）通过封装缺陷进入的气体；

6）加速化学反应应力；

7）原电池。

固-固相的传质作用：在固-固相结构中，由于两相的化学势不同，物质必然从化学势较大的一相向化学势较小一相传递，直至两相化学势相等，达到平衡；由于微电路的结构尺寸很小，固-固相的传质作用显得特别重要。

（3）热应力

热应力是由于温度变化产生的产品内力。当环境温度提高时，外界热量使产品温度升高，热应力增大，从而加速产品退化、失效的化学反应和物理变化过程，诸如腐蚀、老化等物化过程。

3.1.2.2　环境应力影响分析

在分析产品失效机理时，应进行环境应力影响分析，以便控制环境应力，降低产品失效率，提高贮存可靠性。

（1）机械失效过程

在机械应力或机械应力与化学、热应力共同作用下产生机械性失效过程，包括以下几个方面。

1）高温环境下热机械应力可能引起的失效：

• 不同材料膨胀不一致致使零件粘在一起；

• 润滑剂粘度降低，润滑剂外流使连接处损失润滑能力；

• 构件全部或局部变形；

• 构件的包装、衬垫、密封、轴承和轴发生变形、粘结和失效，引起机械性的故障或破坏其完整性；

• 衬垫出现永久性变形；

• 充填物和密封条损坏；

• 固定电阻阻值变化；

• 可能使变压器和机电组件过热；

• 浇铸的固体装药在其壳体内膨胀；

• 有机材料褪色、裂开或出现裂纹。

2）低温环境下热机械应力可能引起的失效：

• 构件材料发硬发脆，在振动或冲击条件下易出现裂纹或断裂；

• 在温度瞬变过程中，会因各种材料收缩不一和不同零件膨胀率的差异使零件互相咬死；

• 润滑剂粘度增加，流动能力降低，润滑作用减小；

• 电子元器件（晶体管、电容器等）的性能发生变化；

- 变压器和机电组件的性能变坏；
- 减震支架刚性增加，影响其减震性能；
- 固体装药产生裂纹；
- 构件产生开裂、脆裂和冲击强度改变、强度降低；
- 玻璃产生静疲劳；
- 水冷凝和结冰，导致构件变形或破裂；
- 固体推进剂装药燃烧率发生变化。

3) 温度冲击产生的热机械应力可能引起的失效：

- 玻璃、玻璃器皿和光学设备碎裂；
- 运动部件粘结或运动减慢；
- 电子零部件性能发生变化；
- 产品中的水汽快速凝水或结霜导致机械故障；
- 爆炸物中固体药球或药柱产生裂纹；
- 零部件变形或破裂；
- 表面涂层开裂；
- 密封部件泄漏。

4) 惯性力对机械结构件可能造成的失效：

- 结构变形从而影响设备的正常运行；
- 产生永久性变形和破坏，导致设备失灵或破坏；
- 执行机构或其他活动构件卡死；
- 紧固件松动；
- 构件加速疲劳，从而导致裂纹和断裂；
- 配合面和表面处理层擦伤；
- 密封泄漏；
- 粘接缝或焊缝裂开等。

5) 惯性力对电子和电气器件可能造成的失效：

- 电路板短路和电路断开；
- 灯丝或线圈折断；
- 焊点脱开导致开路；

- 常闭触点被打开，反之常开触点闭合；
- 间距小的两元件造成短路等。

6) 惯性力对电磁器件可能造成的失效：

- 铰接件暂时啮合或脱开；
- 绕组和铁芯变位；
- 磁场和静电场强变化。

7) 惯性力对电热器件可能造成的失效：

- 加热丝折断；
- 双金属片变形弯曲从而导致精度下降。

8) 周期性机械应力可能造成的失效：

- 导致部件疲劳损伤，对大多数金属和高聚物材料来说，应力越大疲劳失效周期越短，疲劳失效对微结构更具有重要意义；
- 构件暴露在化学腐蚀环境疲劳失效会产生所谓的"应力蚀断裂"；
- 使塑料件更容易变形，疲劳寿命更短；
- 引起封装裂纹生长，导致封装局部失封，以致潮气和污物侵入，产生退化腐蚀过程；
- 使脆性材料如陶瓷、硅芯片、玻璃覆盖层、氧化层、氮化层等存在的微裂纹扩大，导致破裂；
- 对集成电路或其他器件的引线键合有较大的影响，有些器件有相当数量的键合失效；
- 在长时间的振动情况下会产生疲劳损伤，从而引起焊接开裂、封装失封，也可能引起固体推进剂裂纹和防护层脱粘；对于发动机装置和控制系统的可卸连接、焊接和胶合处，振动可能引起失封、电路接点破坏和个别仪器的损坏。

（2）化学失效过程

化学失效过程包括由水分、有害气体和其他化学污染物的化学应力影响和由固-固相传质作用引起的失效过程，包括以下几个方面。

1) 水分的影响。水分对产品的影响最为突出，能够引起材料变质所需的水分量很小，甚至小到单分子层；水分能引起和加速金属件的电化腐蚀和化学腐蚀，非金属的水解、霉变和热分解，使火炸药/火工品吸湿、潮解，丧失其功能。在微电路封装中，即使是微量的水分也是极其有害的，可能导致下述失效。

· 在封装内形成腐蚀电池，引起不同类型的电化腐蚀，使金属涂层产生凹坑，大规模集成电路电极反向，生长各种金属晶须，使金属间的焊接变质，产生电迁移过程。

· 水分能与玻璃钝化层中的磷化物生成磷酸，导致铅薄膜相当快地被磷酸腐蚀变质；不含磷的玻璃钝化层虽无磷酸腐蚀问题，但易生成裂纹，使裂纹下的铝薄膜受到潮气腐蚀。

· 由于在接点边缘层的氧化物上的离子漂移，使半导体器件表面污染和吸附水分，会影响器件的稳定性、性能和可靠性；在热氧化和扩散的硅接点上会缓慢引起反向电流。

· 潮气能诱发金迁移失效过程，导致邻接金涂层条的电阻短路。

· 水分能降低氧化层表面的强度，使氧化层易产生裂纹并加速扩展。

2）大气对金属腐蚀的影响。大气中的水分和化合物对金属产生电化学腐蚀，是金属腐蚀的主要形式。大气中有害气体成分，特别是氯离子、硫化氢、硫的氧化物等，也对金属产生化学腐蚀。暴露于大气环境中的金属材料产生的腐蚀主要受如下因素影响：

· 润湿时间（年相对湿度＞80％的时数）；

· 气温；

· 有害气体成分浓度；

· 降尘量，落在产品上的尘粒会增大表面吸湿性，与尘埃中的化学腐蚀性物质一起加剧腐蚀过程；

· 盐雾，使金属腐蚀加快，因为雾促进污垢凝结，金属材料表面的水膜增厚，这些会增强电化腐蚀和化学腐蚀的过程；

· 霉菌，有极强的吸收水分的能力，会使电子元器件表面生成导电层，降低绝缘电阻，增大电流，加快腐蚀，降低元器件性能；

霉还能分离出有机物（乙酸、柠檬酸）引起防护层的腐蚀破坏，使透镜或玻璃制品昏暗和产生斑点。

3）化学和物理作用对非金属材料腐蚀的影响。非金属材料一般不产生电化学腐蚀，而是产生化学和物理作用。化学作用主要是指化学药剂酸、碱、盐等对非金属的腐蚀作用；物理作用主要是指溶剂（包括水）对非金属的溶解和溶胀作用。

• 对塑料的影响见表 3-4。

表 3-4　塑料耐腐蚀性

塑料名称	耐酸、碱、盐性	耐溶剂性	耐热性
酚醛树脂	对非氧化性酸（盐酸、稀硫酸、磷酸等）盐类溶液有良好的耐蚀性；不耐碱和氧化性酸（硝酸、铬酸）腐蚀	耐水性良好,对一些有机溶剂的抗蚀力不好	最高耐+120 ℃～+150 ℃
环氧树脂	对稀酸、碱、盐溶液稳定,不耐强氧化剂如硝酸、浓硫酸等的腐蚀	耐水性很好,对多种有机溶剂都稳定	最高应用温度+90 ℃～+100 ℃,耐热型为+150 ℃
聚酯树脂	对稀的非氧化性和有机酸、盐溶液、油类有良好的耐蚀性,不耐氧化性酸腐蚀,一般型和异酞型不耐碱,双酚 A 型对碱较稳定	不耐多种有机溶剂卤代烃、酮、醛等的腐蚀	最高应用温度＜+150 ℃(一般型),+177 ℃(耐热型)
聚乙烯	对非氧化性酸、稀硝酸、碱和盐溶液都有良好的耐蚀性,但不耐浓硫酸和其他强氧化剂的腐蚀	常温下对有机溶剂耐蚀性良好,高密度更好些,但有些溶液能使其溶胀,有些挥发性液体或蒸汽可使其产生应力腐蚀破裂,耐水性很好	长期使用一般不超过+65 ℃
聚丙烯	耐蚀性较聚乙烯稍优,除浓硝酸发烟硫酸、氯磺酸和强氧化性酸外,能耐大多数有机和无机酸、碱和盐,抗应力腐蚀破裂	易被某些强有机溶液破坏,耐水性良好	应用温度范围-14 ℃～+120 ℃

续表

塑料名称	耐酸、碱、盐性	耐溶剂性	耐热性
聚氯乙烯	耐酸、碱、盐腐蚀,只有浓硝酸、发烟硫酸对其有腐蚀作用	耐水和溶剂,但醋酐、酮、醚、卤代烃、芳胺对之有腐蚀作用	应用温度一般不超过+60 ℃～+65 ℃,作设备和管子衬里可高到+80 ℃～+100 ℃
氯化聚氯乙烯	与聚氯乙烯相似	比聚氯乙烯更易溶于酯、酮、芳烃等溶剂,具有良好的耐候、防霉、抗盐雾性能	最高应用温度+100 ℃
聚四氟乙烯	耐蚀性优良,除熔融的锂、钾、钠、三氟化氯、高温下的三氟化氧、高流速的液氟外,几乎可抗所有的化学介质	耐溶剂性优良	应用温度范围-200 ℃～+260 ℃,分解温度+415 ℃
聚苯乙烯	耐稀酸、碱、盐的腐蚀,但不耐强氧化性酸的腐蚀	耐水和醇,但不耐有机溶剂如烃、卤代烃、酮、酯,能使之软化或溶解	最高应用温度+70 ℃～+75 ℃
有机玻璃	对稀的无机酸、碱、盐都有良好的抗力	耐水和大气,但不耐酯、芳烃、卤代烃和其他强有机溶剂的腐蚀	最高应用温度+65 ℃～+80 ℃
尼龙(聚酰胺)	对稀酸、碱和盐耐蚀,但不耐强酸和氧化性酸的腐蚀,对烃、酮、醚酯、油类抗蚀能力良好,不耐酚和甲酸的腐蚀	耐水和溶剂,无腐蚀	最高应用温度+80 ℃～+120 ℃,最低应用温度-60 ℃～-50 ℃
聚碳酸酯	耐稀酸、盐,不耐碱、浓硫酸、浓硝酸的腐蚀	耐水和醇,但酮、酯、芳烃等溶剂能使之溶胀破坏	应用温度范围-50 ℃～+130 ℃

●对橡胶的影响。天然橡胶的耐蚀能力较好,对非氧化性酸、碱、盐的抗蚀能力很好,但不耐氧化性酸(如硝酸、铬酸、浓硫酸)的腐蚀,也不耐石油产品和多种有机溶剂的腐蚀;合成橡胶中的丁苯橡胶和顺丁橡胶与天然橡胶的耐蚀性基本相同,但耐热性较好;氯丁、丁腈和丁基橡胶的耐蚀性较天然橡胶好,抗氧化腐蚀能力较

强，能耐稀硝酸、铬酸和臭氧的腐蚀。氟和氟硅橡胶、氯磺化聚乙烯橡胶的耐蚀性能优良。橡胶的一个共同弱点是不耐有机溶剂的腐蚀。

•对火、炸药的影响。火、炸药普遍不耐酸、碱，微量的酸能使火、炸药加速分解，稀酸能使其水解，碱能使其皂化分解，起爆药雷管遇浓硫酸则爆炸。炸药一般吸湿性很小，也不与水作用。但含碳基的炸药易与水作用发生水解，含铝炸药也不耐水，因为铝粉能与水作用生成氧化铝和氢氧化铝。黑火药因含有大量硝酸钾极易吸湿潮解，吸湿大于2％时，就会出现点火困难，燃速下降；吸湿达15％时，可能完全丧失燃烧性能。炸药一般耐热性较好，但含雷汞的药剂，热安定性较差，在长期贮存过程中容易发生瞎火失效。

4）其他污染物的影响。许多污染物可引起电子器件的失效。这些污染物有的来自加工残留物，如芯片和导线碎片，熔、焊料热溅微粒等，有的来自环境中的有害气体和微粒，如氯化物、硫化物、氮氧化物等，有的来自人为污物，如皮屑等。这些污物附着在电子器件上，会产生以下后果。

•腐蚀性污物（氯化物、氮氧化物、硫化物）加速器件的腐蚀，可能造成键合互连和金属涂层的破坏，从而导致开路失效。

•导电性污物（焊料小球，金属化键合、硅片、导线的碎片等）附着在绝缘部位，可能引起短路失效，附着在源、极之间，引起漏电失效。

•非导电性污物（高聚物、玻璃化残片、焊药、三氧化二铝等）可引起接触不良，造成开路失效。

5）固-固相传质作用的影响，如：

•开路存在两相界面，如电极与引线的接合处，由于固-固相传质作用，沿传质方向，一端形成小丘和晶须，一端则形成空洞，在空洞处导致开路失效。

•短路发生在金属堆积的一端，堆积形成的小丘和晶须使相邻电极短路，超高频器件、集成电路由于金属电极间距离很小容易出现短路。

• 除了上述极端情况外，固–固相传质作用还可以在两相之间引起变化，如在 Si–Al 界面上向铝中扩散，留下的空位则由铝填充，硅的扩散沿铝的晶界较快，由此在硅面形成大小不同的充铝蚀坑，改变了界面的结构，造成性能退化，如果蚀坑较深而穿透 PN 结，则会造成失效，这个过程还会被温度循环加速。

（3）热退化过程

热退化过程是指由热应力引起的退化过程。热应力主要是协同应力，提高化学反应和原子扩散过程的速率。以数字电路为例，温度升高，热退化过程加强，从而导致失效率增加，缩短贮存寿命。表 3–5 列出了微电路不工作失效率温度因子随温度的变化。

高分子聚合物材料老化是贮存失效的主要失效模式之一。影响老化的环境因素主要是温度、湿度和负载。其中：

1）高温会加速材料的老化过程，特别是与湿度组合情况下聚合物水解，更加速老化。所以，热湿影响聚合物材料贮存可靠性。

2）在负载条件下，聚合物老化较快；高聚物老化后，一般都失去弹性，伸长率和机械强度降低，随后出现裂纹或裂断。

表 3–5　微电路的不工作温度因子

微电路	温度因子	
	25 ℃	35 ℃
TTL,HTTL,DTL,ECL	1	1.062
LTTL,STTL	1	1.077
LSTTL	1	1.095
IIL	1	1.148
NMOS	1	1.411
PMOS	1	1.276
NMOS,CCD	1	1.335
CMOS,CMOS/SOS	1	1.486

3）低温会使防热层和由塑料制成的绝缘材料丧失弹性，增大金属零件（弹簧）的脆性，冷缩会降低结合处的密封性，导致活动部分卡住等；润滑油可能凝结而丧失性能。

3.2　贮存失效模式

3.2.1　贮存失效或故障

产品在长期贮存过程中，由于贮存环境应力作用的结果，可能全部丧失或部分丧失其规定的功能，这种现象称为贮存失效或故障。

一般来说，任何一个产品对应其规定的功能，必然存在相应的失效模式。只要确定了产品的功能，其不能工作状态即为可能出现的失效模式。产品贮存失效模式是指产品贮存失效的表现形式。

对长期贮存、一次性使用的导弹而言，贮存中的一些失效现象能够在贮存状态下表现出来，如产品生锈、变形等；而另一些失效现象则需要通过使用或性能检测才能发现或确定，如产品性能参数变化，火工品的早炸、瞎火等。对同一产品功能而言，由于引起失效的环境应力类型及作用方式不同，可能会对应多种贮存失效模式。这些情况说明了确定长期贮存、一次性使用产品贮存失效模式的复杂性。

3.2.2　金属件贮存失效模式

金属件主要的贮存失效模式是腐蚀，包括由大气腐蚀、化学腐蚀、电化学腐蚀引起的腐蚀，以及晶间腐蚀、应力腐蚀引起的裂纹与断裂。

腐蚀造成金属件本身损伤，导致性能退化，产生强度降低、活动性变差、导电性减弱等现象。发展到一定程度，就产生断裂或破坏、活动件不能活动、电路短路等失效模式。金属件腐蚀是一种耗损性失效，随着贮存时间增长，腐蚀加剧，失效率上升。

当产品包装密封不良、防护油失效时，金属件就会发生腐蚀。

在恶劣的贮存环境中，特别是湿度大的潮湿环境中，金属件会严重腐蚀。

3.2.3　非金属件贮存失效模式

非金属件贮存失效模式主要为老化和变质。非金属件贮存失效都属于耗损性失效，失效率随贮存时间延长而递增。

老化可分为热氧老化、臭氧老化、疲劳老化和光氧老化等。热、光、臭氧、水分、机械应力、有害气体、微生物等是导致老化的主要原因。热加速氧化反应，是引起老化的主要因素。

橡胶件是防空导弹常用的非金属件，其自然老化是一个缓慢的变质过程，可以用威布尔函数描述。橡胶件随着贮存时间增长，表面会出现不同程度的龟裂、变硬、丧失弹性。

3.2.4　装药贮存失效模式

装药（固体火箭发动机装药等）贮存失效模式主要是老化、不相容和物质迁徙。

装药老化是高聚合物发生缓慢质变的一种现象。表现为降解、聚合、相变、缓慢分解、扩散等一系列物理化学变化，导致装药失效。

装药物质迁徙表现为挥发、渗出、晶析、扩散，使装药成分分离，性能恶化。装药贮存失效都属于耗损性失效，失效率随贮存时间延长而递增。

3.2.5　电子元器件贮存失效模式

电子元器件种类繁多，失效模式各异。本节给出电子元器件常见贮存失效模式。

1）电阻器贮存失效模式。电阻器贮存失效模式包括：阻值变小，此故障模式因环境潮湿所致；薄膜电阻、线绕电阻开路，此故障模式因环境潮湿和污染使绕线断裂所致；线绕电阻短路，此故障模式因环境潮湿使绝缘破坏所致。

2）电容器贮存失效模式。电容器贮存失效模式包括：双电金属变质；固体钽电容氧化，丧失性能，此故障模式因环境潮湿和温度循环所致；云母电容漏电，此故障模式因环境潮湿所致。

3）电感器贮存失效模式。电感器贮存失效模式包括：短路，此故障模式因环境潮湿和高温使绝缘破坏所致；开路，此故障模式因环境潮湿和高温使线圈弯曲后断裂所致。

4）电气连接器贮存失效模式。电气连接器贮存失效模式为接触不良，此故障模式因环境潮湿和温度循环引起疲劳所致。

5）电位器贮存失效模式。电位器贮存失效模式为接触不良，此故障模式因环境潮湿引起锈蚀和温度循环引起疲劳所致。

6）变压器贮存失效模式。变压器贮存失效模式为层间击穿，此故障模式因环境潮湿所致。

7）继电器贮存失效模式。继电器贮存失效模式为接触不良，此故障模式因环境潮湿引起接点氧化所致。

8）小电机贮存失效模式。小电机贮存失效模式为接触不良，此故障模式因环境潮湿引起接点氧化所致。

9）电子管贮存失效模式。电子管贮存失效模式包括：漏气，此故障模式因环境潮湿和温度循环所致；阴极老化，此故障模式因材料老化所致；开路，此故障模式因灯丝老化、腐蚀断裂所致。

10）微电路贮存失效模式。微电路贮存失效模式包括：开路，此故障模式因引线焊接缺陷、腐蚀断裂所致；芯片键合空穴，此故障模式因热循环应力使芯片和封装分离，顶盖和芯片之间形成空穴所致；芯片位错、裂纹，此故障模式因芯片制造缺陷和高温热应力所致；封装失封，此故障模式因腐蚀所致。

11）分立半导体器件贮存失效模式。分立半导体器件贮存失效模式包括：衰变，此故障模式因老化所致；开路，此故障模式因热循环使引线接触不良所致；短路，此故障模式因潮湿和污染所致。

电子元器件贮存失效模式及失效机理见表 3-6。

表 3 - 6   电子元器件贮存失效模式

产品名称	失效模式	失效机理
单片微型器件	导线连接缺陷	连接不良、过连接、连接不重合及磨损等
	断路	腐蚀
	短路	绝缘损坏
混合集成电路	超出公差	电阻器破损,电阻器超出公差,粘结失效,电容耦合,电参数漂移
	电阻器断线,电容器断路短路	元件裂纹或断线
	短路	电容器短路
分立半导体	击穿、漏电、增益失效	结晶不完善
	晶体管失效	模片和导线焊接缺陷,材料污染
电子真空管	真空度下降	漏气
	内部短路	栅控管异常
	灯丝断开	腐蚀和脆化
电阻器	阻值增加	吸湿
	断路	腐蚀或电解
	短路	不绝缘
电容	绝缘材料或介质变质	存在水分
	裂纹	非密封,贮存环境应力
电感器	短路	不绝缘
	开路	细绕组导线折断
连接器	锈蚀	电化学腐蚀
	接触元件损坏	插/拔应力疲劳
电缆/导线	断裂	机械应力,制造缺陷
	短路	不绝缘
光纤元件	碎裂	严重振动或机械冲击

3.2.6 整机产品贮存失效模式

整机产品的结构复杂,功能各异。分析整机产品贮存失效模式和机理是一项非常复杂的可靠性工程工作。作为整机贮存失效模式示例，本节给出部分贮存失效模式。

1）功能失效型失效模式。功能失效型失效模式包括：接不通，打不开，不启动，无输出，不工作。

2）功能失常型失效模式。功能失常型失效模式包括：零位漂移/参数漂移/性能指标超出规定值，绝缘电阻下降/绝缘不良，接触不良，功率不足。

3）损坏损伤型失效模式。损坏损伤型失效模式包括：变形、断裂、龟裂、开裂、破裂、裂纹、剥落、胶合（粘附）。

4）退化变质型失效模式。退化变质型失效模式包括：老化、霉变、锈蚀、腐蚀、脏污、变质。

5）松、脱、漏、堵型失效模式。松、脱、漏、堵型失效模式包括：堵塞，脱落，松动，泄漏，不密封，脱粘。

导弹机电装置、液压和气动装置、固体推进剂发动机等产品贮存失效模式及失效机理见表 3-7。

表 3-7　导弹产品典型贮存失效模式

产品名称	失效模式（故障现象）	失效机理（原因）
速率陀螺	焊点脱开	湿热和盐雾造成的电化学腐蚀
	轴承滞塞	润滑剂干涸、氧化
	扭矩装置线圈松动	机械应力损伤
加速度计	热敏电阻失效	电流过载
	线性加速度计失效	硅梁连接不良
开关	安全惯性开关失效	轴锈蚀，摆轮机构打滑
	保险和解脱保险开关失效	盖板制造缺陷
	触点与金属面锈蚀	电化学腐蚀
	弹簧弹性下降	应力疲劳
	"O"型环与包装老化	热老化

续表

产品名称	失效模式(故障现象)	失效机理(原因)
继电器	锈蚀	电化学腐蚀
	长霉	霉菌生长
	衔铁变形	机械应力疲劳
机电旋转装置	短路制动	脱气
	锈蚀	电化学腐蚀
阀门	内部泄漏	阀座损坏
	开或关失效	提升阀不重合或螺线管失效
	外部泄漏	有关部位泄漏
贮能器	内部泄漏	器件污染、"O"型环老化、材料膨胀
	膨胀和弯曲	材料污染、不均匀、膨胀、老化
	外部泄漏	有关部位泄漏
作动器	内部泄漏	活塞密封失效
	迟滞	润滑不良
	外部泄漏	密封圈老化
泵、压缩机	扭矩过大	润滑变差
	外部泄漏	构件制造缺陷
气缸	内部泄漏	活塞座质量缺陷
	膨胀与弯曲	材料污染、不均匀,老化
	外部泄漏	本体制造缺陷
过滤器	阻塞	污垢
垫片、密封圈	泄漏	沾污、老化
轴承	滚珠轴承功率损失	腐蚀
	滑动轴承功率损失	润滑剂损失
调节器	活门/座内部泄漏	污染,密封损失
	调节器开路失效	阀失效
	调节器闭路失效	弹簧松弛
	壳体外部泄漏	有关部位泄漏

续表

产品名称	失效模式(故障现象)	失效机理(原因)
复合推进剂	裂纹	热膨胀
	空隙	拉应力
	脱粘	低温影响
	药质变坏	高低温周期性变化,老化
双基推进剂	裂纹、气泡	硝化棉分解
	脱粘	低温影响
	装药变质	高低温周期性变化,老化
	工作时间增加	推进剂分解
金属构件	锈蚀	电化学腐蚀
点火器	不发火	处理损伤,腐蚀
	点火压力下降	装药老化
	点火延期增长	装药受潮
保险与解脱保险装置	开关失效	接点和簧片变形、断裂和松弛,污染、腐蚀,焊接或导线损伤
	解保时间缩短	滑动面和密封缺陷
固推进剂气体发生器	裂纹、空隙、撕裂	极端温度,机械应力
	包覆层老化	增塑剂迁移、挥发
	燃烧时间不够	装药异常
	最小压力不够	安全活门低压力打开

3.3　贮存可靠性设计要求

从增强导弹自身的耐环境能力及改善贮存环境等方面开展导弹贮存可靠性设计,主要包括材料、元器件的选择与控制,防腐蚀、防老化与防霉变设计,贮存微环境设计,防护包装,存放要求与贮存环境工程设计,运输与装卸,制造缺陷对贮存产品的不利影响及预防等。

3.3.1 材料的选择与控制

3.3.1.1 基本要求

在导弹设计过程中，应从保证产品贮存可靠性的目标出发，对所使用的各种金属与非金属材料，进行认真选择和控制。材料选用应依据产品结构、贮存环境、使用要求、投入经费、供货周期以及满足可靠性要求、国家或行业有关标准推荐或已经定型等技术与管理约束条件。

材料的选择与控制基本要求是：优先选用符合国家标准及专业标准，防腐蚀、防老化、防霉变性能好的材料；材料应立足国内，选择品种应尽量少；所用材料应有检验合格证，并实行入厂复验制度；关键材料必须进行复验；新材料必须是定型的，或者经过试验鉴定有专门技术条件；材料的物化性能和工艺性能应满足设计技术要求，不允许有影响功能的缺陷；非金属材料贮存寿命满足要求；针对产品功能和预期的应用环境（工作与贮存），确定所需要的材料品种，如选用的粘结剂、清漆、涂料，应考虑与其邻近材料的适应性及相容性，是否具有低的吸潮性，并有抗霉菌和细菌的能力。

（1）防潮、防霉和滞燃性

保证材料防潮、防霉和滞燃性能的选择与控制准则有：

1）应选用非霉菌营养材料及吸水性小、抗蚀性强的材料；

2）应选用不易燃烧或阻燃性材料，在材料中添加阻燃剂时，不应对材料的基本性能产生有害的影响；

3）在清漆和塑料内放入杀菌剂；

4）热固性塑料具有不受霉菌的影响和受热不熔化的优点，选择热塑性塑料时，应考虑聚氯乙烯挥发的酸性气体可能造成的危害。

（2）金属材料耐腐蚀性

保证金属材料耐腐蚀性的选择与控制准则有：

1）金属材料的耐腐蚀性与接触的介质有密切关系，应根据腐蚀介质的种类、腐蚀强度、pH 值及影响腐蚀的环境温度、湿度变化情况等因素，选择适当的耐腐蚀材料，或选用经过耐腐蚀处理的材料；

2）硝酸和肼类的贮存容器应优先选用防锈铝；

3）关键性零部件和维护成本相对高的部位，应选用比较耐用的材料；

4）有应力腐蚀破裂倾向的材料，应避免接触会导致这种破坏的介质；

5）在不能修理的部件中，寿命短的材料和寿命长的材料不应混在一起使用；

6）设计上未采取防破裂保护措施的脆性材料，不应用于易腐蚀的地方；

7）对于电气设备，应避免使用吸湿的材料和干燥剂，当必须使用干燥剂时，不应和未加保护的金属部分相接触；

8）紧固件应是精心挑选的耐蚀材料。

（3）相容性

保证材料相容性的选择与控制准则有：

1）用于腐蚀性介质或导电介质中的材料，不应产生有害的影响，包括不应对产品的性能及镀层产生有害影响；

2）石棉绳不得与不锈钢接触；

3）红油不得与不锈钢接触；

4）聚砜材料不得与甲基硅油接触；

5）动密封腻子不得与"O"形橡胶密封圈接触；

6）与银层接触的橡胶材料，应选用无硫或少硫的橡胶制品；

7）天然橡胶和早期合成橡胶易受气候环境因素的影响，长期与铜、铁、锰接触，会破裂损坏；在低温时变脆，受热时失去强度，在汽油中会变软；在湿热条件下，霉菌和微生物生成也较快。目前，产品使用的氟橡胶和硅橡胶性能较好。

（4）低毒性

保证材料低毒性的选择与控制准则有：

1）禁止使用能释放出与大气中某些成分化合形成酸盐的有腐蚀

性的物质；

2）禁止使用能释放易爆气体及能危害设备性能或人员健康的有害物质；

3）所选用的各种炸药、燃烧剂、电池及其他化工药品的配方，应符合国家有关法规和条例的规定，不应污染环境和危害人员健康。

（5）耐热性

对需要经受较恶劣热环境的产品或产品部位应优先选用物理性能随温度变化小、耐高温或绝热性能满足要求的材料。

（6）绝缘材料

绝缘材料的选择与控制准则有：

1）未经防潮剂浸渍处理的高吸水性材料，不能作为绝缘材料；

2）可能产生电弧的产品，电路绝缘应选用抗电弧材料；

3）应优先采用云母、玻璃纤维为绝缘材料；

4）绝缘材料不应疏松，以免吸收水分或产生别的电介质，接通双金属连接物；

5）可能严重受潮的部位，应采用绝缘石棉或别的具有绝缘作用的吸水性差的垫片，而不用多孔石棉类垫片；

6）绝缘材料应适合指定的介质，要考虑对介质、污染和燃料、油品、烟气等溢出物的耐力；

7）绝缘材料的化学成分和结构，对连接物材料应无害；

8）潮湿条件下不同金属之间不能用油漆涂层代替绝缘层。

（7）脆性材料

除特殊情况外，不允许使用易碎、脆性材料。

（8）应力松弛材料

应力松弛材料用于减少或消除相邻构件间产生的应力。要求这类材料拉伸变形大、回弹力好、永久变形小、与相邻材料相容性好。

（9）密封材料

要求密封材料弹性好，压缩永久变形小，密封可靠，加工方便，使用寿命长，并具有耐高低温、耐振动冲击、耐燃气及耐腐蚀等良好的物理和力学性能。

（10）限制使用的材料

应尽量不采用下列材料：毛毡、羊毛、黄麻、亚麻布、纸、木材、软木、塑料、有机纤维板、石棉电绝缘纤维板、醋酸盐纤维素、再生纤维素、硝酸盐纤维素、镁或镁合金、胶纸板、胶布板、棉线、黄蜡绸布、黄蜡绸套管。

（11）禁止使用的材料

禁止使用水银、放射性材料，必须使用时，应有防护措施。

3.3.1.2　弹体结构材料选用

（1）耐腐蚀

由于推进剂中的氧化剂（硝酸、四氧化二氮等）和燃料（混肼、偏二甲肼）均对金属材料有腐蚀作用。在选用弹体结构金属材料时，应考虑其对介质的相容性。因此，一般选用铝合金或铝镁合金。

根据弹体结构不同组件的功能及所处的位置来选择材料，例如：

1）不锈钢系列材料（在空气、盐的水溶液、酸及其他腐蚀介质中具有高化学稳定性）、钛（耐蚀性与铝相似，抗点蚀的能力优于不锈钢）、镍（耐碱腐蚀）、镁（在氢氟酸中形成难溶的 MgF_2，可以保护镁不再受腐蚀，在铬酸盐中也较稳定）等材料。

2）高分子材料易分解、老化，温度和微生物的影响尤为突出，选材时应加以考虑。

3）碳-环氧复合材料是理想的新型结构材料。

某型号弹体结构选用的非金属材料见表 3-8。

表 3-8　某型号弹体结构选用的非金属材料（示例）

序号	材料名称	所属组件
1	橡胶（6103）	仪器舱窗口
2	丁腈橡胶（P219）	弹体对接密封圈
3	硅橡胶（GD414）	尾段、级间段、仪器舱电缆安装

续表

序号	材料名称	所属组件
4	粘合剂(XY401)	尾段、仪器舱仪器电缆安装
5	平纹无碱玻璃布	玻璃钢电缆罩
6	硅橡胶玻璃布	柔性防热套
7	玻璃布酚醛层压板	Ⅱ级防热板
8	XM－21A胶模	级间段
9	粘合剂(101)	聚能炸药索
10	密封剂(HJ－1)	尾罩
11	密封胶(GY－340)	尾罩、螺栓
12	丁腈橡胶(417)	聚能炸药索药套

（2）密封材料

选用的密封材料应具耐特种介质的性能，贮存寿命长，高可靠；不污染介质或使介质不分解、变质，从而不影响介质的使用性能；材质密实，有抗流体渗透性及良好的弹性。例如，为了解决氧化剂系统的密封问题，采用两种高聚物复合结构，即用橡胶做结构的内层提供回弹性，用F－4、FS－46塑料做包皮提供耐介质的性能。

高分子弹性密封件易老化，是薄弱环节。通常使用的密封材料分为三类。

1）金属材料：不锈钢、铝、铅、铟等。

2）非金属材料：橡胶、塑料等高分子材料。

3）复合材料：橡胶石棉板、增强塑料等。

6103硫化橡胶具有良好的抗油雾、盐雾、霉菌和核辐射的性能，可模压成各种形状的密封件。它与其他硅橡胶相比，有较高的撕断强度和撕裂强度（撕断强度在9 MPa以上，撕裂强度大于30 KN/m，撕断伸长率大于40%，撕断永久变形小于10%）、良好的耐低温性能

（在－70 ℃下不碎裂）。

在非金属材料中，聚四氟乙烯的耐热性、耐寒性、耐老化性、耐各种介质腐蚀的性能，均比其他塑料优异，故被称之为"塑料之王"。除受氟素气体、熔融碱金属侵蚀之外，其他化学品，包括酸、碱、盐、油脂及各种气体对它均无腐蚀作用。可用作固体火箭发动机氧化剂及燃烧剂系统密封件。

氟塑料 FS-46 可用作氧化系统与燃料系统密封件。聚三氟氯乙烯可用作耐氧化剂红发烟硝酸和四氧化二氮系统密封件。

常用硫化橡胶密封材料见表 3-9。

表 3-9　常用硫化橡胶密封材料

项目		天然橡胶	丁腈橡胶	乙丙橡胶	聚氨酯橡胶	硅橡胶	氟橡胶
抗拉强度/MPa		25～35	15～30	15～25	20～35	4～10	20～22
延伸率/(%)		650～900	300～800	400～800	300～800	50～500	100～500
最高使用温度	短时间	120	170	150	80	315	315
	长时间	70～80	120	150	—	200	200
抗撕裂性		优	良	良～优	良	劣～合格	良
耐磨性		优	优	良～优	优	合格～良	优
回弹性		优	良	良	良	劣	合格
耐冲击性		优	合格	良	优	劣～合格	劣～合格
耐水性		优	优	优	合格	良	优
耐老化性		良	合格～良	优	良	优	优
耐燃性		劣	劣～合格	劣	劣～合格	合格～良	优
气密性		良	良～优	良～优	良	—	优
耐辐射		合格～良	合格～良	劣	良	合格～优	合格～良

3.3.1.3　弹头材料

（1）常用金属材料

弹头结构中常用的金属材料为铝合金、钛合金和结构钢；硬铝一般指铝铜镁锰合金，抗腐蚀性能不好，制成零件后需进行表面处理；不锈钢多用于防锈困难之处，如带螺母罩的螺母等。

（2）常用非金属材料

满足贮存要求的密封材料、表面保护漆、胶接剂、缓冲材料、天线窗口材料等。

弹头所用非金属材料见表 3-10。

表 3-10　弹头所用非金属材料

序号	材料名称	所属组件
1	重叠缠绕高硅氧玻璃钢	上壳体防热套
2	重叠缠绕酚醛玻璃钢	裙部壳体防热套
3	高硅氧布增强氟四板	天线窗口防热盖板
4	聚氨酯泡沫塑料	弹头隔热层
5	烧蚀隔热涂层	裙部底盖内表面防热涂层
6	点焊密封胶	裙部底盖和壳体点焊缝密封
7	天线窗口胶	天线窗
8	套装胶	防热套与铝合金壳体套装
9	胶粘剂	胶接橡胶密封圈
10	胶粘剂	胶接金属零件
11	涂层	弹头外表面涂层
12	橡胶	模塑密封圈

3.3.1.4　固体发动机材料

（1）密封材料

常用密封材料为硅橡胶、氟橡胶和氟硅橡胶与塑料制成的垫片和"O"型环，固化和不固化的硅橡胶腻子，柔性石墨、玻璃钢-天然橡胶复合的柔性接头和填充材料。

（2）粘接剂材料

用于燃烧室内绝热层与壳体、连接裙-弹性衬层-壳体、喷管烧蚀层-绝热层-结构外壳之间大面积粘接。

（3）应力松弛材料

这类材料用来减少或消除相邻构件间产生的应力和脱粘。主要用在裙部与燃烧室壳体之间，壳体封头内绝热层与推进剂药柱之间。常用材料为二氧化硅-丁腈。其特点是拉伸变形大，回弹性好，永久变形小；与相邻材料的相容性好，固化时能与绝热层同步硫化，粘接强度较大；结构稳定，抗压性好；工艺性好，使用方便。

3.3.1.5　控制系统材料

（1）伺服机构

伺服机构对机械加工、密封、装配要求十分严格，整体装配要求解决漏气、漏油等问题。关键是密封件材料的选择和密封件结构设计。选用丁腈胶加聚醚改性橡胶，改进密封件，既能耐腐蚀，又能满足工作温度要求。

氟利昂对碳钢、镁铝合金和密封圈腐蚀严重，不宜作为工质。用 10 号航空汽油作工质，能够解决腐蚀问题。

（2）惯性器件

惯性器件要求材料同时具有高的比强度、比刚度、比热和热导率，线膨胀系数小，良好的耐磨性和在各种环境下的尺寸稳定性等。

铍材的密度、弹性模量、比热、热导率等参量均比铝、镁、不锈钢等材料优越。铍材经表面处理，能够得到足够低的表面粗糙度和所需要的尺寸公差，可用于制造惯性平台、陀螺仪、加速度表等。

金属基复合材料有可能代替铬、钴、钛和铍。由高模量的石墨纤维增强镁合金组成的复合材料，其硬度、强度和尺寸稳定性等指标等于或超过铍。

3.3.2　元器件的选择与控制

3.3.2.1　基本要求

要将贮存可靠性设计到导弹产品中去，就要求对所采用的元器件进行认真的选择和控制，以使元器件在其所应用的设备设计寿命内可靠地执行任务，并且费用最低。

元器件选择与控制计划的核心，是掌握备选元器件在给定设备中的应用特性及在预定环境中的失效模式和机理。只有全面地了解它们的优点和缺点之后，才能根据给定的应用条件，对各个备选件作出性能和可靠性最佳且是费用最低的综合权衡。

元器件的选择与控制除应全面执行 GJB 3404—98《电子元器件选用管理要求》、QJ 3057—98《航天用电气、电子和机电（EEE）元器件保证要求》等相关标准的规定外，还应同时遵循下述原则。

1）优选温度稳定性好的元器件。

2）优选耐振动、冲击的元器件，尽量避免使用脆性元件。

3）当元器件的性能易受电磁环境影响时，应选用屏蔽封装元器件。

4）一般情况下，被选元器件技术条件规定的环境条件应高于设备技术条件要求。

5）使用超过贮存期的元器件应符合有关规定。

6）选用有良好贮存特性的元器件，避免选用易变质、退化的元器件。

7）不要使用无气密保障的半导体器件和微型电路，不要使用塑料（有机的或聚合的）封装或密封的元器件。

8）不要使用含有镍铬沉积电阻器的半导体器件和微型电路。

9）选用具有单一金属喷涂层的元器件，避免出现原电池腐蚀和其他与腐蚀有关的问题。

10）任何电路元件或组件内部不能封留氯气或其他含卤素的物质，因为氯离子和其他卤离子遇到湿气，就会迅速使电子装置退化。所用聚合物应为单一的碳氢化合物或碳、氢和氧的化合物，来自固化环氧树脂的氨和胺会与离子起反应，生成络合物，并能和酸或水起反应生成阳离子，硫化橡胶和增塑塑料会产生挥发性硫和塑化剂化合物，不仅腐蚀塑料和橡胶本身，而且腐蚀某些金属零部件（如银和铜接触体）。

11）不要使用液态电解电容器。

12）避免使用可变电阻、可变电容器或可变感应器。

13）避免使用机电继电器。

14）采用模制电缆以减轻各根导线上的应力并减小吸湿受潮面积和其他污染物的吸收。

15）不要使用非气密性薄膜电容器。

16）必要时应选用适当的老炼或其他筛选方法以改进和提高元器件的贮存可靠性。

17）应严格控制工艺，防止微粒物质引起元器件贮存失效。

18）对于长期贮存的气密装置，不应采用热冲击作为筛选试验应力，热冲击诱发产生的应力，事后会造成包装密封失效。

19）工艺条件采用前应认真评定潜在的贮存故障模式和机理，如果得不到足够的现场经验数据，则应进行加速贮存寿命试验和材料兼容性研究。

3.3.2.2　电阻器

在贮存状态下，潮气是电阻最重要的退化因素。这是因为多数电阻采用模压塑料盒封装，或在表面采用保护涂覆。由于塑料不气密，所以容易受到潮气侵蚀。

冲击、振动是可变电阻退化的重要因素，它可使电阻值明显改变。

用于长期贮存的设备，应选用满足可靠性要求的电阻。电阻值应考虑容差值、电压系数、温度系数及时间漂移，并考虑极端环境条件。应优先选用金属膜电阻器，线绕电阻器应有防护涂层。

固定电阻在贮存或工作状态下，均属于最稳定的电子元件，固定电阻选用应考虑如下因素。

1）固定组合电阻。酚醛外壳不能完全抵抗湿气，因此，固定组合电阻外表面模压的酚醛塑料层会因长时间受湿气和温度影响而发生阻值变化，进而很少发生断路、短路。

2）固定薄膜电阻。

· 固定薄膜电阻由模压塑料壳提供密封，杂质或由表面污染引起的腐蚀或电解作用是薄膜内或薄膜和帽罩之间的连接发生断路的一个原因。

· 制造缺陷是薄膜电阻贮存失效的主要原因，最常见的失效模式是电阻增大、绝缘电阻减小、密封开裂、湿气使粘结剂膨胀、终端接线腐蚀和金属氧化。

· 严格的筛选可用来查明那些能造成贮存失效的工艺缺陷。

· 薄膜电阻比组合电阻稳定，接近线绕电阻那样良好的性能，建议选用固定薄膜电阻。

3）固定线绕电阻。一般来说，线绕电阻是稳定的电阻，贮存失效是由制造缺陷所致。严格的筛选能够发现那些引起贮存失效的制造缺陷。鉴于其在极端环境下也具有的稳定性，故优先推荐线绕电阻用于贮存产品设计。选用时应遵循下述原则。

· 线绕电阻由模压外壳密封，可以在高湿度环境下使用。

· 线绕电阻中的湿气会造成圈与圈之间、层与层之间绝缘失效而发生短路，腐蚀和电解作用会导致电阻丝和盖帽线端之间的断路，不良的导线或线端亦可导致线绕电阻断路，湿气进入电阻（因密封不良或涂层孔隙）造成的腐蚀同样是断路的原因。

· 高电阻值线绕电阻受到振动、冲击和压力而造成机械损伤，原因在于线绕的结构及其尺寸，线绕电阻为塑料陶瓷芯轴缠绕多层导线结构，体积较大，由于芯体脆弱且重量大，所以易受机械损伤。

可变电阻属不稳定器件，不推荐用于贮存状态。可变电阻的容差反映其不稳定性。为保证产品的贮存可靠性，选用时应遵循下述原则。

· 为了确保可变电阻始终处于规定的电阻值范围以内，需作定期检查。这一点将影响到设备贮存状态维修方案。

· 可变电阻对湿气、温度、冲击、振动和污染物高度敏感，性能退化是可变电阻的一个失效模式。由于可变电阻不能用全封闭壳体密封，这就为湿气和污染提供了侵入点。当需要将可变电阻用于贮存状态设备时，应将它们装在封闭的装置内，以保护电阻机构内部免受降质性环境影响。

· 在贮存状态，可变电阻不应用液态润滑剂，因为油料润滑剂会吸附灰尘和其他潜在的腐蚀性、降质性污染物。

· 低精度可变组合电阻的构造与固定组合电阻类似，在大气条件下贮存，每年电阻变化平均达 20%，设计人员必须保证其设计贮存期能够容许这种变化，这类电阻的最高贮存温度为 70 ℃，一般容差为 12%。

· 线绕中等功率 RA 式可变电阻的壳体和芯轴为酚醛或其他塑料制成，在高热作用下可能碳化或变形，或在热冲击下产生裂纹，RA 式有一定程度的吸湿性，比 RR 式或 RP 式对湿气都更加敏感，潮湿环境不推荐使用。

· 精密线绕可变电阻稳定性较好，另一种是非线绕型的，线绕型贮存状态的稳定性更好一些，这两种电阻都适合贮存环境。

· 非线绕微调可变电阻有数种不同的构造类型和样式，其稳定性与相应的线绕微调电阻相当。

· 线绕微调可变电阻在贮存状态稳定性良好。

固定薄膜网络电阻对时间、温度和湿度均稳定。其最高贮存环境温度为 125 ℃，一般容差为 0.5%，超过额定温度，会引起暂时的电阻变化。

网络电阻稳定性好，寿命长，精确。对于需要微型化的场合，以及在电路中需要使用许多同样电阻时特别适用。用网络电阻代替多个等值电阻布局可以减少电阻之间产生湿气和形成污染物。

3.3.2.3 电容器

电容器一般在贮存状态下稳定，但可变电容器对环境诱发的降解高度敏感，因而不推荐贮存状态使用。电解电容的使用也应予以控制。温度和湿气是导致电容器退化的主要因素。低温会导致电容器电容改变，设计人员应确定电容漂移。电容器对湿气敏感，即使是气密装置加工过程中带进的湿气也会导致绝缘材料或电介质退化。有密封裂缝的电容器应当筛选去除。电容器选用原则如下。

1）从选用目录中选用电容器，推荐使用有规定贮存可靠性的电容器。

2）选用电容容差时需要考虑贮存期间电容器老化。

3）可能因环境应力发生数值改变，在极端环境条件下，应考虑增加"缓冲容差"，以保证长寿可靠。

4）对于那些可能发生间隙故障和噪音的线路，采用具有自恢复特性电容器应予严格监控，以保证长寿可靠。

5）油液充填电容器不应承受危险的机械应力（即冲击、振动、低气压等），油液泄漏会毁坏电容器及相邻元件。

6）电容器介质中的湿气会降低介质强度、寿命和绝缘电阻，同时增大电容器的功率因数，湿气对非气密的压力触点会导致高电阻或接触断开，在高湿度条件一般应选气密型电容器。

7）线路中紧贴着安装在一起的电容器，会导致湿气和污物积聚，形成腐蚀物质，损坏电容器和其他电子元器件，要求贮存环境相对湿度范围为 40%～70%，如果要经受潮湿贮存环境，必须具备充分的防护措施（如涂层）。

固定电容器无论是工作状态或是贮存状态都非常稳定，但电解电容器会出现贮存退化。如果贮存时间少于 4 年，电解装置的自复特性会补偿贮存过程导致的退化。不过，即使短期贮存，也要进行定期监控，以保证可靠性。

镀金属纸介电容器的绝缘电阻低，易发生电介质击穿；塑料介质电容器有潮湿特性，少量湿气即可加剧电容器材料内部的化学反应，因此，所有组件均应气密；镀金属塑料电容器不应用于定时或记忆（存贮）电路，亦不应用于任何不允许瞬时介电击穿的场合，还不能应用于高阻抗或低能量的电路中。

云母是极少数能够直接作为电容器介电物质的天然材料，是理想的电容器介电材料，它在尺寸和电气方面都具有稳定性，其温度系数特性优异，老化轻微；玻璃介质电容器的电气特性与云母电容器十分类似，具有极为长久的稳定性，温度系数低，可靠性高。

石蜡浸渍保形涂层的电容器在贮存状态下可能吸附灰尘和污染物，如果环境长期潮湿，绝缘电阻就会减小，贮存应避免出现过量湿气，由于壳体材料吸湿，且当电容器投入使用时，会产生银离子迁移，因此，可能造成短时间短路。

铝电解电容器不推荐选用，若已用于贮存状态且超过五年贮存，则应作泄漏检查；此外，应注意杂质导致固态钽电容器的失效及电解质泄漏引起液态钽电容器失效等贮存问题，为防止低气压时释出气体，应采用气密电容器。

可变电容器一般属于不稳定器件，不推荐用于贮存状态。可变电容器的容差反映其不稳定性，为了保证其始终处在电容值范围之内，可变电容器应作定期检查，这将影响贮存状态维修方案。

可变电容器对湿气、温度、冲击、振动和污染高度敏感。退化是可变电容器的一种失效模式。可变电容器不能用在完全密封的外壳内。

贮存状态的可变电容器不能用液态润滑剂，因为油质润滑剂可能集聚灰尘和其他可能存在的腐蚀性污染物。

可变电容器应当置于密封的器件内，以保护电容器不受降解性环境的影响；或者采用空气微调电容器，它是稳定性最高的可变电容器。

3.3.2.4　微电路

微电路器件按其封装方式（气密或非气密）和试验、筛选方式进行分类。筛选规范规定器件分级质量水平。贮存失效机理与制造缺陷、腐蚀过程及机械断裂有关。大多数质量良好的微电路在干燥和常规低温环境下贮存，可以数十年保持不变。

虽然微电路的工作环境和贮存环境相同，但贮存失效与工作失效种类基本相同，都与制造缺陷有关。甚至连腐蚀和机械断裂这样的失效也能追溯到潜在的缺陷。化学污染物影响微电路器件长期贮存。湿气也影响微电子器件长期贮存，它引发腐蚀，还会激活诸如氯离子一类的残余物。因此，推荐采用气密性器件。塑料封装器件不气密，不能用于贮存状态。

微电路封装中的湿气可引起腐蚀、离子漂移，与渗磷钝化玻璃起反应及形成迁移性阻抗短路。为了将加工过程带入的湿气量减少到最低限度，所有气密性封装的微电路均应在 150 ℃ 的真空中烘烤至少 4 h，并在干燥氮气环境中进行密封。氮气密闭舱内的湿气含量必须低于 100 cm³/m³。

选用气密性单片微电路时应注意：

1）不要使用包含镍沉积电阻器的电路和带金-铝系统的微电路；

2）在金属镀覆的接触面和相互连接的界面上，应使用单一金属；

3）不要把氧化物或其他卤素材料密封到微电路中；

4）微电路中使用的聚合物应当是单一的碳氢化合物或者是碳、氢和氧的化合物。

非气密性微电路是封装在不气密的壳体中的器件。它不能保护微电路免受大气湿气的影响。一般而言，非气密性微电路不用于贮存状态设计。

塑料封装器件通过传递模塑或其他封装方法将器件完全封装在某种绝缘材料内（线头不封进去），常用的封装材料包括环氧树脂、硅树脂和酚醛塑料。塑料封装的优点是成本低、耐机械冲击和振动，无游离微粒以及封装体积较小；缺点是所有的塑料均含有水分（湿气）和不同程度的透湿性。选用时应考虑如下因素：

1）除了封装材料传入的湿气外，湿气还可以通过不完善的塑料/线头接头处侵入；

2）环氧树脂和硅树脂的热特性限制塑料封装器件使用；

3）在封装器件中，整个器件（即芯片、引线、焊点等）都封在塑料中，只有最严重的外部机械应力，才会对它有不利影响。因此，塑料封装可以在剧烈的机械冲击和振动场合应用。

聚合物封装的器件采用聚合物密封，它不能防止大气污染物（如湿气）的影响。它既有塑料封装器件对湿气和大气污染敏感的缺点，又不具备塑料封装器件抗机械冲击和振动及不受游离颗粒污染方面的优点。选用时应考虑如下因素：

1）聚合物密封和金属封装混合电路只能用于低湿度环境；

2）聚合物密封在潮湿环境下会变坏，试验中产生的密封缝恶化，导致在例行的搬运和测试过程中器件盖帽脱落；

3）在潮湿环境，传递模塑的器件要比聚合物密封器件的生存能力强。

3.3.2.5　半导体

分立半导体的失效机理和失效模式与微电路相同。分立半导体贮存失效与工作失效种类相同，都是制造缺陷（筛选期间未检出者）所致。小硅片和导线的焊接缺陷，在晶体管失效中占很大比例。污染物也是晶体管失效的一个主要原因。半导体器件的选用准则如下。

1）按下列优先顺序选用半导体器件：大规模数字集成电路，中规模数字集成电路，小规模数字集成电路，混合集成电路，模拟集成电路，分立半导体器件。

2）优先选用双列直插陶瓷封装集成电路，限制使用扁平陶瓷封装集成电路。

3）二极管、三极管等分立器件应优先选用金属封装产品，限制使用塑料封装产品。

4）二极管、三极管等应优先选用硅管。

3.3.2.6　电感（磁）器件

电感器件种类繁多，包括变压器、感应线圈和感应滤波器。

选择变压器、感应器和感应线圈应考虑包括功能、结构、应用场合、工作温度、安装方式、环境条件、尺寸和重量、寿命期望值及可靠性等多方面的因素。

短路通常是绝缘损坏的结果。在贮存状态，绝缘损坏是由于化

学变化以及温度、湿度及周围气体恶化的结果。因此，绝缘材料的
选择头等重要。绝缘寿命试验表明，振动对变压器寿命并不是重要
的影响因素，潮湿也不是主要因素，热循环才是降低寿命期望值的
主要原因。

3.3.2.7　继电器

固态继电器适用于贮存状态应用。这类器件一般完全密封，受
环境影响极小。

机电继电器包括任何带机械零件的继电器，在潮湿环境中其金
属会出现腐蚀。如果触点保护不良，就会为砂、尘或其他污染物所
损伤、卡死或触点恶化。线圈长霉则会降低其性能。机械冲击会造
成衔铁变形，不能保持定位。

固态继电器能够满足使用要求时，不要使用机电继电器。确需
使用机电继电器的，应设有冗余。并联冗余是常用的方法，它可以
防止颗粒污染造成的开路失效。如果可能出现金属污染，就必须采
用回路冗余，即两个线圈（两个继电器）每个继电器有两个触点。

应根据技术要求与性能参数优先选用密封型和光电继电器。

3.3.2.8　开关

开关分为旋转型、非旋转型和传感器开关。开关的主要问题是
污染，包括颗粒污染和触点上的污染膜。开关的壳体类别分为开敞
的、封装的、密封的及气密的。

开敞式结构没有任何措施进行环境保护，在严酷的环境中贮存
时，会造成触点恶化，设备一旦工作，就会出现故障。因此，不推
荐用于贮存状态的设备。

封装式开关将触点封装在密封壳体内，壳体可以用塑料或金属
制成。由于金属和塑料制品会因湿气和低气压而降质。因此，不推
荐金属和塑料密封开关用于经受潮湿环境的设备。

环境密封（弹性材料）开关完全密封在壳体内，其密封带的任
何部位都是一种弹性材料，如密封垫或衬套密封。推荐这种开关用

于潮湿或砂、尘环境，但在低气压环境，密封垫会退化。

气密开关不透气，通过熔结或钎焊之类的密封工艺使之气密，它不使用密封垫。这种密封对湿气和其他污染物的防护效果好，并可避免塑料材料在低气压环境中潜在的释气。为减轻湿气凝结的影响，开关应气密。

3.3.2.9　连接器

连接器在贮存状态的主要失效机理是插/拔循环和绝缘及接触材料的退化。

影响连接器失效率的主要因素是接插材料、接触电流、工作触点数、插/拔循环及应用环境。插/拔循环是连接器接触件的主要机械性恶化因素。这种循环造成的故障是接触元件损坏和接触不良。

环境因素是贮存状态连接器的又一失效机理。贮存状态所有未插接的连接器应加上防湿气或蒸汽的保护罩，可以采用塑料或金属帽罩。选用金属帽罩时，应注意湿气的腐蚀性，而塑料帽罩在低气压环境会发生释气现象。选用塑料帽罩应注意与连接器的热匹配。湿气是贮存状态连接器的主要退化机理，湿气是诱发腐蚀的因素，并且是其他腐蚀性污染物的粘附剂。

连接器接触件失效是由接触点上污物膜层增生引起的。已经插接上的连接器，应存放在密封而没有湿气的容器内，以减缓湿气侵入接触元件。维护和测试期间，应特别小心防止连接器插/拔时湿气进入，以减少失效。对低气压应用场合，连接器应采用无机（金属）材料构成，以减少释气的可能性。

3.3.2.10　电缆/导线

贮存状态的电缆和导线有两种主要的失效模式，即绝缘退化和导线断裂。绝缘退化甚至破坏，与贮存环境有关。导线断裂是机械应力或受其他额外感生的机械因素作用造成的。最常见的原因是加工工艺不良和组装不当。

湿气是导线和电缆绝缘体腐蚀的因素。凡可行之处，电缆均应置于密封的无湿气的保护套内。聚合物绝缘体在高温环境下会加速退化。热固性塑料绝缘材料，如酚醛塑料比 ABS、聚碳酸酯等性能好。

采用模压电缆/导线要比成束电缆好，可以缩小湿气和其他污染物的粘附面积。用聚氯乙烯作绝缘材料的电缆/导线不能应用于低气压场合。

3.3.2.11　电池

防空导弹电池通常选用一次性电池。一次性电池的优点是贮存寿命长，在低至中等的放电率时，能量密度高，几乎不用维修。蓄电池可再充电，一般功率密度大，放电率高，放电曲线平稳，低温性能好。蓄电池的能量密度低于一次性电池，电荷保持能力不如一次性电池。防空导弹一般应选用一次性电池。

电池是一种易受腐蚀的产品，会因贮存期间的化学作用而恶化。低温可以延长电池的贮存寿命。电池的主要贮存失效模式是自行放电，并因高温而加剧。在低温下，自行放电率降低。电池应保存在阴凉干燥的环境中，以延长其贮存寿命。采用气密性密封电池，可以避免贮存期间电解质泄漏而恶化。

3.3.2.12　光纤元件

光纤维的主要失效模式是碎裂。强度是影响光缆保持长寿命期内可靠性的重要因素。光纤系统在贮存状态下是十分可靠的器件。

必须选择耐湿气的纤维涂料，以保护纤维不受潮湿的影响。同时，采用模压光缆而不要用导线束敷设。

3.3.3　防腐蚀老化和霉变设计

3.3.3.1　防腐蚀设计

防腐蚀设计的一般原则是：

1）了解腐蚀的类型及破坏形式；

2）选择防腐蚀措施既要考虑材料的防腐蚀性，又要考虑防腐蚀措施的适应性；

　　3）力求方法简单、可靠、经济美观、施工方便。

　　应针对特定的环境，考虑选择适用性较好的材料，正确拟定技术条件。不同金属适用于不同的介质环境，如：

- 铝适用于非污染性大气；

- 含铬合金适用于氧化性溶液；

- 铜及其合金适用于还原性和非氧化性的介质；

- 耐盐酸的镍基合金适用于热盐酸；

- 铅适用于稀硫酸；

- 蒙乃尔合金适用于氢氟酸；

- 镍及其合金适用于碱性介质，即还原性和非氧化的介质；

- 不锈钢适用于硝酸；

- 钢适用于浓硫酸；

- 锡适用于蒸馏水；

- 钛适用于热的强氧化性溶液；

- 钽极其耐蚀。

　　有应力腐蚀破裂倾向的材料，应避免用于会导致这种破坏的介质中。当腐蚀可估计时，应使结构或管线的壁厚增加，设计余量应和结构或管线期望的寿命一致，确保材料经受腐蚀（包括点蚀）不会使结构或管线的厚度减至产品机械稳定所需的厚度［按机械要求而言，壁厚应为理想寿命所需厚度的二倍，硝酸对防锈铝和不锈钢的腐蚀速度为平均每年 $0.000\,5 \sim 0.007$ mm，此值远远小于构件（导管、活门）的壁厚］，在不允许加厚时，应选用耐蚀合金或作较好的保护。

　　在不能修理的部件中，寿命短的材料和寿命长的材料不应混在一起使用。会生成厚鳞皮（氧化皮）的材料，不应用在传热部位。脆性材料未采取防破裂保护措施不应用于易腐蚀的地方。当材料产生的腐蚀产物对所贮存的介质产生有害影响时，不宜使用这种材料，尤其是介质的价值超过容器的价值时，更不宜使用。

电气设备应注意下列的问题：

1）避免使用吸湿的材料和干燥剂，当必须使用干燥剂时，不应和未加保护的金属接触；

2）紧固件应耐蚀，或者比与它们连接在一起的零件保护得更好；

3）对于腐蚀会引起导电率降低、产生干扰、短路或断路的部位，可采用涂料防腐；

4）所用绝缘材料应不易受潮；

5）不锈钢或弥散硬化不锈钢应进行钝化；

6）选用非金属材料来满足吸水性低、耐霉菌腐蚀、易于脱气和抗风化等要求。

选用含铜钢来满足耐大气腐蚀的要求。选用低碳钢来满足耐应力腐蚀的要求，防止氢脆发生。选用含铬不锈钢来满足耐酸液腐蚀的要求。硝酸在不锈钢（1Cr18Ni9Ti）容器灼烧残渣含量约为铝容器的 2 倍，故其贮存容器应优先选用铝材（防锈铝 LF3）。

产品构件中不同金属接触，会引起电偶腐蚀。为了避免电偶腐蚀，应采取相应的措施。

1）避免不同金属相接触。

2）如果必须把不同的金属材料装配在一起，可以采用下列手段。

• 从电位序表中选择相近的金属；

• 使一种金属与另一种金属间完全绝缘，同时要选择适用的绝缘材料；

• 在两种金属上均镀同一镀层。

3）避免阳极小阴极大。

4）加大导电介质中不同金属之间的距离。

5）采用容易拆换的阳极件，或者把阳极件加厚。

6）电化次序中电位差较大的材料之间不应采用螺纹连接，而优先采用钎焊、熔融或者焊接连接。

7）不要在多孔的吸湿性物体里成对插入不同金属。

8）选择合适的焊接材料和钎焊材料。

9）不同金属连接不能采用导电涂料。

10）采用阴极保护。

11）防止空气和水进入两种金属的连接处。

12）在腐蚀条件下，紧固件不应使二个被连接的金属变为阳极，要使被连接件为阴极，紧固件为阳极，紧固件应用铝、锌或镉这样的阳极金属，或者用其他类似的保护方法。

13）不要用氢脆、应力腐蚀破裂等原因而会突然破坏的材料去固定关键的连接结构。

14）避免结构低洼积水。

15）不要在导电介质中把碳钢或石墨零部件与别的金属对接。

改善环境而减轻腐蚀，可以采用下列措施：

1）降低介质温度；

2）减小应力（包括外力和残余应力）；

3）降低介质流速，减少或增加通风；

4）降低介质湿度，使易腐蚀表面保持干燥；

5）在化学成分介质中添加缓蚀剂，如在燃料、工作液体、冷却水、涂料、合成橡胶中使用缓蚀剂。典型的缓蚀剂有铬酸盐、氮化物、磷酸盐、硅酸盐、硼酸盐、碘酸盐、钼酸盐、钨酸盐、钒酸盐、钙、三价铁、二价铜、五价砷锑等。如红烟硝酸在金属容器中，只能存放几个星期；添加磷酸或氢氟酸后，可以贮存 10 年；在四氧化二氮中添加一氧化氮，可抑制钛合金应力腐蚀破裂倾向。

电化学防蚀分为阴极保护和阳极保护。阴极保护是向金属构件提供电子，抑制金属的氧化。阳极保护是把外部电源的正极和金属构件相连接，电源的负极与一辅助阴极连接，通入适量的电流，使金属表面形成钝化膜，从而达到降低腐蚀速率的目的。如对磷青铜和铍青铜的钝化。

涂层防护是使金属表面与介质相隔离的一种预防腐蚀的方法，

这是金属防蚀的有效方法。如在钢材表面涂敷一层有机涂料，使钢材与周围介质隔开，既防蚀又美观。防蚀涂层种类较多，是目前应用最广的防蚀方法。钢铁防蚀涂层可分为金属涂层和非金属涂层。

金属涂层分为阳极防蚀涂层和阴极防蚀涂层。镀锌是一种阳极防蚀涂层，壳体采用整体阳极化既提高了金属防蚀能力，又增加了表面涂层的结合力。在电化学腐蚀过程中，镀锌层的电位比铁低，成为腐蚀电池的阳极，因此受到腐蚀；而铁是阴极，只起传递电子的作用，受到保护。这类涂层即使存在空隙也不影响防蚀作用。阴极防蚀涂层则不然，例如，镀锡层在大气中发生电化学腐蚀时，它的电位比铁高，因此是腐蚀电池的阴极。这类涂层若存在空隙，露出小面积的铁和大面积的锡构成电池，将加速露铁点的腐蚀，并造成穿孔。金属涂层的制造方法有热镀、电镀、电泳、渗镀与包覆等几种，可根据需要进行选择。

1) 热镀：把被镀的材料浸入熔化的涂层金属液中，保持一段时间取出，使表面沾上一层涂层金属，也称热浸法，一般应用于镀锌、锡、铝。

2) 电镀：把被镀的材料浸入含有涂层金属离子的溶液中，然后以被镀材料为阴极，以另一种合适的材料为阳极，通入直流电，使金属离子在被镀材料上放电，并以电结晶的形式沉积在被镀材料表面，其优点是容易控制涂层厚度，涂层厚度比较均匀，电镀法用于镀锌、锡、锰、铬和铅等金属涂层。

3) 电泳：把被镀材料侵入涂层金属微粒的液体介质中，然后在被镀材料和另一电极之间通入电流，使金属微粒沉积在被镀材料表面。此种涂层本身的强度以及与钢基的结合力都较弱，要进行压实与烧结等处理。

4) 渗镀：此法是把被镀材料或部件，放进含镀层金属或其化合物的粉末混合物、熔盐浴或蒸气等环境中，使由于热分解或还原等反应析出的金属原子，在高温下扩散入被镀材料之中，形成合金化涂层。常用于镀铬、锌、铝、硅和钛。

5）包覆：包覆是把耐蚀的金属或合金薄板与较厚的钢板轧制在一起，使两者不能机械分开，以此使钢板获得耐蚀表层。包覆不仅用于制造耐蚀钢材，而且广泛用于制造金属装饰板和隔音板等。用于包覆钢材的金属有不锈钢、镍、铝、铅、铜、铜-锌合金、铜-镍合金等。

非金属涂层绝大多数是隔离性涂层，主要作用是把金属材料和腐蚀介质隔开，防止金属材料因接触介质而遭到腐蚀。因此，要求涂层无孔、均匀，并与金属材料的结合力强。近年来发展的富锌涂料，兼有隔离性涂层和阳极防蚀涂层的特性。不论哪一种涂层，都必须与金属基材有较强的结合力。非金属涂层可分为无机涂层和有机涂层，可根据产品的使用要求选择合适的涂层。

1）无机涂层（化学转化涂层、珐琅、玻璃等）：应用较广的是化学转化涂层。化学转化涂层是钢铁表面的原子通过化学或电化学反应，与介质中的阴离子或原子结合，形成与基材结合力较强且有防蚀能力的薄层（用于钢材防蚀的化学转化涂层包括铬酸盐处理膜、磷酸盐处理膜以及在溶液、熔盐或热气流中形成的氧化膜）。化学转化涂层是多孔的，可通过封闭处理提高耐磨性和预防腐蚀的效果。

2）有机涂层防护应注意：

• 塑料涂层在常温下无塑性，但在一定的温度和压力下，具有可塑性，可任意加工成形（分为热塑性和热固性两类）。热塑性塑料成形之后加热，还可软化变形，如聚苯乙烯、聚氯乙烯等；热固性塑料成形之后受热，不再变形，如酚醛树脂、脲醛树脂等。塑料具有优良的抗湿、抗电、抗酸碱腐蚀性能，其中以聚四氟乙烯尤为突出，常见的钢铁制品塑料涂层有塑料层压板和塑料衬里钢铁容器等。

• 涂料是油类、树脂或两者与其他一些有机物、无机物等的混合物，把它们涂在钢铁材料表面，经过适当处理后可形成牢固的保护膜，将钢铁材料与周围介质隔离开来，从而达到防蚀的目的。涂料中可加入适当的缓蚀剂提高防蚀效果。涂料品种较多，经常用于防蚀的有油性涂料、醇酸树脂涂料、聚氨酯涂料、酚醛涂料和环氧树脂涂料。还可用可剥性薄膜对零件进行防护。

• 钢铁材料在贮存过程中，为了防止腐蚀，常涂一层防锈油，如机油就是最简单、最常见的防锈油。

为了防止腐蚀，除精密配合面和摩擦面外，所有会受到腐蚀的金属表面，均应有防护层。常用防护层有涂料涂敷、化学处理、金属镀层、油封等。

涂料涂敷包括：

1) 对电子产品喷涂三防漆，可以防潮、防霉、防盐雾；

2) 零部件喷涂磁漆，可以起到防护和装饰作用；

3) 变压器、接线板浸绝缘漆，可以提高绝缘性能。

对铝阳极化，可以提高金属的抗腐蚀性；塑料表面进行化学镀层，在大气条件下具有良好的防护性能，可以用于装饰性镀层、氧化膜层、镀膜导线及电缆的屏蔽层。

金属镀层如：

1) 镀镍、镀铬，既起防蚀又起装饰作用；

2) 镀金、镀银，可以提高导电性；镀铬可以提高硬度与耐磨性；

3) 绝缘阳极化，可以提高零部件的绝缘性能；镀锌、镀镉，可以提高零件在工业大气和海洋气候环境中的耐腐蚀性；

4) 锌镀层钝化处理后，可以提高防蚀能力；镀锡、镀锡合金可以提高可焊性。

对于一些需要短期防腐蚀的金属部件，可以采用油封，即以机油、锭子油或凡士林（加有缓蚀剂）涂在表面。以上防护层，除了必须在介质中有足够的稳定性外，还应满足下列要求：

1) 结构紧密，完整无孔，不透过介质；

2) 与底层金属（基体）粘结力强；

3) 硬度高；

4) 均匀分布在被保护的表面上。

油漆涂层与金属镀层相比，化学稳定性好，在水及腐蚀介质中使用尤为适宜，其装饰作用超过金属镀层。对于大面积构件及非金属材料，使用油漆相当方便。但使用油漆涂层有如下条件：

1）不会受到很大机械作用；

2）没有摩擦及滑动；

3）不要求准确的公差与配合；

4）不要求导电；

5）不进行焊接；

6）使用温度低于＋200 ℃。

为了防止环境因素对电子设备非金属材料的腐蚀，设计产品应考虑下列因素：

1）热固性塑料不受霉菌影响，受热不熔化；

2）热塑性塑料受热变软、易于发脆、强度降低、风化，在潮湿、昆虫作用下易变质；

3）橡胶为弹性体，可以在电子设备中作为绝缘体、密封件，氟橡胶和硅橡胶性能较好，天然橡胶和早期合成橡胶易受气候环境的影响：

• 长期与铜、铁、锰接触，会发生破裂损坏；

• 在低温时变脆，受热时失去强度；

• 在汽油中变软；

• 在湿热条件下，霉菌和微生物生长较快。

印制电路板组件防蚀加固，通常采用下列措施：

1）利用三防涂料对产品进行防潮、防霉菌、防盐雾处理（常用的三防涂料有聚氨酯清漆（如 S01 - 1、S31 - 1、7385），硅氧烷聚合清漆（如 7405、7405 - 1），有机硅改性聚氨酯清漆 PPS 等），将印制线、元器件引线和腐蚀因素隔离开来，使这些金属不受侵蚀。

2）采用硅橡胶封装，提高产品耐低温、耐冲击和耐振动性。常用的硅橡胶有有机硅凝胶（如 GN501、GN511），单组分硅橡胶（如 GD401～407、414，HZ705～706 等），有嵌段甲基室温硫化硅橡胶（如 QD230～235 等）。

3）采用 DJB - 823 电接触固体薄膜保护剂。其在常温下性能极为稳定，本身无毒、无气味、无挥发性，可长期存放，具有优良的润滑性能及较强的抗硫化、抗氧化能力，能延长电子元器件的寿命，对金、银、铜、锡、锌、铬、铝锡合金具有保护作用，能降低插拔力，并能用来保护元器件的引线，保证其可焊性。一般只需在表面涂 $1\sim2\ \mu m$ 的厚度，即可保护插接部分不受大气中各种腐蚀介质的腐蚀达 $5\sim7$ 年，同时不影响导电部分和绝缘部分各自的性能。

电子设备腐蚀环境控制：1）小型元器件采取抽真空后熔接密封，熔接密封不漏气，空气和湿气不能进入。2）大型器件采用密封、蜡封、灌封环氧树脂、硅橡胶、螺钉缠绕氟生料带、涂灰氧胶等密封措施（但这些办法不是"完整"的封闭，不能形成永久密封，是渗透率很小的慢泄漏，只能在短时间内不漏气）。无论是采用固体密封件、氟生料带，或是采用流态充填缝材料进行密封，都具有不腐蚀、不漏气、不吸潮、不长霉等性能。3）充氮气或其他惰性气体，需抽掉空气，充干燥的氮气后密封，或者采用防潮干燥剂，通常用硅胶作干燥剂。4）采用气相缓蚀剂或液相缓蚀剂。气相缓蚀剂的使用方法有粉末法、溶液法、浸涂法、气相合成法。液相缓蚀剂有防锈水剂和防锈油（脂）。

导弹可用涂料与油脂材料见表 3-11 和表 3-12。

表 3-11　导弹可用涂料

序号	系统	材料名称	所属组件
1	弹体结构系统	铁红环氧底漆	产品附件
2		保护色红、黄、白环氧硝基磁漆，锌黄环氧底漆	产品附件
3		过氯乙烯—氯化橡胶底漆	箱体外表、各部段内外表面
4		军绿色过氯乙烯-氯化橡胶磁漆	弹体外表面
5		耐高温隔热涂料	二级仪器舱、姿控舱、速率陀螺、整流罩
6		过氯乙烯—氯化橡胶清漆	二级仪器舱、姿控舱、速率陀螺、整流罩

续表

序号	系统	材料名称	所属组件
7	伺服机构	粉红色有机硅绝缘红漆	伺服机构某些部件
8		聚酰亚胺浸漆	伺服机构电机定子
9		环氧酯绝缘红漆	力矩马达线圈浸渍
10		高强度聚酯漆铜线	伺服机构力矩马达
11		聚酰亚胺漆包线	伺服机构电机
12		醇酸磁漆	铸铝表面、二级伺服机构
13		环氧绝缘漆	伺服阀
14		白色三防磁漆	底部防热板
15	控制系统	氨基醇酸烘漆（灰、白、黑）	发动机所有活门
16		酚醛绝缘清漆	罩、片
17	发动机系统	酯胶清漆	罩、箍、片
18		有机硅耐热漆	线圈组件、壳体套
19		304#涂层	导弹表面
20		醇酸绝缘漆	发动机架
21		铁红环氧底漆 铝色过氯乙烯磁漆	电缆
22		铁红醇酸底漆 黑色过氯乙烯磁漆	电缆
23		红色硝基磁漆	电缆
24		白色丙烯酸磁漆	发动机
25		铝色过氯乙烯防腐漆	所有活门、螺钉
26		过氯乙烯防腐漆	防锈
27		红色醇酸磁漆	铝合金气瓶、活门螺钉
28		红、白色环氧硝基磁漆	排气管、法兰盘管
29		306#醇酸清漆铝色醇酸耐热磁漆	线圈
30		聚酰亚胺漆包线	发动机所有活门
31		虫胶漆	罩、片

续表

序号	系统	材料名称	所属组件
32	弹头系统	锌黄环氧底漆 高温隔热涂层 三防清漆 三防磁漆	控制舱壳体 突防舱壳体
33		环氧绝热漆	时间机构
34		氨基烘漆	时间机构
35		锌黄环氧底漆	时间机构、弹头壳体
36		锌黄环氧底漆 白色环氧硝基底漆	底遮板
37		保护色过氯乙烯磁漆	弹头外表面涂层
38		锌黄酚醛底漆 环氧硝基磁漆	

表 3-12　导弹可用油脂

序号	系统	材料名称	所属组件
1	弹体结构	极高温润滑脂	中频电机
2		抗化学润滑脂	加注活门、测压单向活门、安溢活门、清液活门、电爆活门
3		抗化学密封脂	中段管路安装
4		抗化学轴承脂	箱体、七管插座
5	发动机系统	抗化学润滑脂	大 THA 轴承、小 THA 轴承、游机轴承、齿轮箱轴承、"R"主活门、"Y"主活门、启动活门、单向活门、发动机总装、钛气瓶贮箱
6		抗化学润滑脂	断流活门

3.3.3.2　防老化设计

（1）橡胶防老化措施

抗氧剂应用原则：为了延长高分子材料的寿命、抑制或延缓聚合物的氧化降解过程，通常使用抗氧剂，所谓抗氧剂是指那些能够减缓高分子材料自动氧化反应的物质（习惯称为防老剂）。抗氧剂的品种繁多，按照功能可分为自由基链终止型抗氧剂和预防型抗氧剂，按照分子量可以分为低分子量抗氧剂、高分子量抗氧剂和反应型抗氧剂，按照抗氧剂的化学结构可分为胺类、酚类、含硫化合物、含磷化合物、有机金属盐类，也可按照用途区分。

高分子聚合物使用的抗氧剂，一般应当满足下列要求：

1）有优越的抗氧化性能；

2）与聚合物相溶性好，并且在加工温度下稳定；

3）不影响聚合物的其他性能，也不和其他化学助剂产生不利的反应；

4）不变色，污染性小，无毒或低毒；

5）用作合成橡胶的稳定剂时，对橡胶和乳胶的分散性好，无水解性；

6）挥发性小，不喷霜，不渗透；

7）价廉易得。

链终止型抗氧剂的作用在于将橡胶自由基〔R·〕和过氧自由基〔ROO·〕转变成不参与连锁反应的形式，使氢过氧化物〔ROOH〕分解成稳定的醇型化合物，即中断自动氧化链的增长。一般认为，消除过氧自由基是阻止降解的关键，这是由于 ROO· 的消除即抑制了氢过氧化物的生成和分解，链终止型抗氧剂在多数情况下按照氢转移的方式与自由基进行反应，受阻酚类、仲芳胺类都属于这类抗氧剂。

预防型抗氧剂是指那些通过除去自由基来源，抑制或延缓引发反应的化学物质，包括过氧化物分解剂、金属离子钝化剂。能与过氧化物反应并使之转变成稳定的非自由基产物（如羟基化合物）的物质叫过氧化物分解剂，包括某些酸的金属盐、硫化物、硫酯、有机亚磷酸酯等，能够钝化金属离子并加速氢过氧化物分解作用的物质叫离子钝化剂。

不饱和橡胶臭氧龟裂是老化中最重要的问题，产生龟裂的原因与橡胶受力条件下的"撕裂能"偏低有关。实验证明，只要增加单位面积上的"撕裂能"超过一个特定值 T_z，就能保持固定变形下的试片不发生臭氧龟裂增长；T_z 与无防老剂二烯类橡胶处在 1％～7％ 伸长范围内的临界形变相符；刚超过临界形变时，裂口数少，但伸长较大时，裂口比较小，而裂纹密度却大得多；因此，表面龟裂增长速率与形变有关。为了提高橡胶自身的临界形变性能，需要通过配方给橡胶以适当的保护，使临界形变高于制品的最大伸长，并且保证整个使用期间保持不变。这样做，不影响制品的一些其他性能；如掺入惰性橡胶，可有效地提高抗臭氧性能；利用对苯二胺抗臭氧剂，在臭氧与橡胶发生反应之前先与臭氧反应，使之惰性化，或者在橡胶表面涂布抗臭氧溶液，前者为化学方式，后者为物理方式。

烃石蜡喷霜可以为橡胶提供一个臭氧保护膜。微晶石蜡可产生密集晶体喷霜，它对橡胶表面有很好的粘附性能，喷霜厚度即使为 0.15 μm 也可以抵抗 25 cm^3/m^3 浓度的臭氧；低熔点石蜡喷霜比较粗糙及微弱，故效能较差，喷霜厚度大于 3 μm 时仍然会产生龟裂；在混炼时石蜡加到橡胶化合物中并进行硫化，石蜡迁移到硫化胶的表面，形成一种化学惰性的、几微米厚的、连续性的并有一定柔韧性的膜，其为一种不渗透的物理保护膜，使橡胶表面和含有臭氧的空气隔开。

（2）预防塑料老化措施

预防塑料老化的根本措施，在于提高材料自身的抗老化性能，使聚合物的性能继续保持最初的状态，即稳定性。

对材料进行改性：对于材料的基本成分，利用共聚、共混、增强等方法对其改性，减少材料结构弱点；在材料中加入抗氧剂、热稳定剂、光稳定剂等，保证加工时热稳定性不下降，并对自动氧化过程生成的游离基进行稳定。对材料进行改性可采取下列措施。

1）利用游离基连锁终止剂（酚类抗氧剂、胺类抗氧剂）捕集生成的游离基，抑制游离基的生成，游离基连锁终止剂见表 3 - 13。

表 3 - 13　游离基连锁终止剂

胺类	酚类
苯基-α-萘胺	对环己基苯酚
苯基-β-萘胺	二(对)羟基苯基环己烷
二苯胺	2,6-二叔丁基苯酚
N,N′-二苯基对苯二胺	苯乙烯化苯酚
N,N′-二-β-萘基对苯二胺	1,1′-亚甲基双(4-羟基-3,5-叔丁基苯酚)
对羟基二苯胺	2,2′-亚甲基双(4-甲基-6-叔丁基苯酚)
对羟基苯基-β-萘胺	2,6-(2-叔丁基-4甲基-6-甲基苯基)对甲酚
2,2,4-三甲基二氢化喹啉	2,2′-硫代双(4-甲基-6-叔丁基苯酚)
	4,4′-硫代双(3-甲基-6-叔丁基苯酚)
	4,4′-亚丁基双(6-叔丁基-3-甲基苯酚)

2) 利用金属碱活化剂使聚合物中存在的重金属类物质碱活化, 同金属离子形成络合物。

3) 利用紫外线吸收剂吸收光能, 抑制聚合物分子激发或生成游离基, 常用的紫外线吸收剂见表 3 - 14。

表 3 - 14　紫外线吸收剂

种类	代表性商品名	公司名称	毒性
水杨酸苯酯	Salol	美国 Dow Chem	毒性低
对叔丁基,苯基水杨酸酯	Light Absorber TBS	美国 Dow Chem	无毒
2-羟基-4-甲氧基,二苯甲酮	Cyasorb UV-9	美国 Am	毒性低
2,2′二羟基-4-辛氧基,二苯甲酮	Cyasorb UV-31	Cyanamid	无毒
2-羟基-4辛氧基,二苯甲酮	4 Cyasorb UV-531	Cyanamid	无毒
2,2′二羟基-4,4′二甲氧基,二苯甲酮	Uvinul D-49	美国 General Aniline & Film	无毒
2(2′-羟基-5′-甲基苯基)苯并三唑	Tinuvin P	瑞士 Geigy	无毒
苯并三唑类	Tinuvin 326	瑞士	无毒
苯并三唑类	Tinuvin327	瑞士	无毒

续表

种类	代表性商品名	公司名称	毒性
芳香酯	UV - 1261	美国 Stautter Chem	毒性低
	Bayer 318	西德 Bayer	毒性低

4) 利用过氧化物分解剂，将生成的氢过氧化物分解，常用的过氧化物分解剂见表 3 - 15。

表 3 - 15　过氧化物分解剂

4,4′-硫代双（3-甲基-6-叔丁基苯酚）	十二基硫醇
硫代双（β-萘酚）	四甲基秋兰姆化一硫
硫代双（N-苯基-β-萘胺）	四甲基秋兰姆化二硫
苯并噻唑硫醇	三壬基苯基亚磷酸酯
苯并咪唑硫醇	二月桂基硫代二丙酸酯
	二硬脂酸酰基硫代二丙酸酯

封存：采用真空封存、充氮封存，可以抑制光、热、氧、湿气等外界因素对材料、零组件的破坏作用。

协同作用：将两种以上的抗氧剂配合使用或与炭黑并用，较单独使用抗氧剂的效果显著增大，这种现象叫做协同作用。例如，将游离基连锁终止剂与过氧化物分解剂配合使用时，会显著提高抗氧能力。

3.3.3.3　防霉变设计

预防产品发生霉变叫做防霉、抗霉。

（1）优选无菌材料

优选无菌材料或采用对霉菌不敏感的惰性材料，这类材料包括丙烯酸衍生物、丙烯腈苯乙烯共聚物、石棉、陶瓷、氯化聚醚、氟化乙丙烯、玻璃、云母、聚碳酸酯、聚丙烯、聚酯—玻璃纤维层压板、高密度聚乙烯、聚乙烯对苯二甲酸盐、聚酰亚胺、聚苯乙烯、聚砜、聚四氟乙烯。

（2）使用防霉剂

关键性电路要求有较高的抗霉能力，为此必须使用防霉剂。所用的防霉剂应该满足以下要求：

1）有杀菌效果，或阻止其发育；

2）性能稳定，特别是对于热、光、氧、水、酸、碱等因素的作用不发生变化和分解，能够使混合材料不着色、不变色；

3）对于金属、塑料、玻璃纤维、天然纤维、合成纤维、涂料、粘接剂、油漆等物质，不使其变质、分解和腐蚀；在电气绝缘材料上面使用时，对电气特性不产生影响；

4）在各种材料与装置上使用时，其性质不变化，不失效；

5）使用安全，无刺激性，无臭气，低毒。

从国外公开发表的资料看，美国政府批准使用的普通防霉剂见表 3 - 16。

表 3 - 16　美国使用的防霉剂

适用产品	防霉剂名称
纺织品、麻、黄麻	B -喹啉酸铜
塑料和电器	对苯酚-带有水杨酸
皮革制品	对硝基酚
纸	氯化苯酚
橡胶	硝基酚、水杨酸锌
油漆、清漆	氯化物、苯酚

（3）抗霉设计

在日本，清漆中加入 0.5% 以上的 2 -（4 -噻唑基）苯并咪唑，相当长时间内可以防霉。

经常应用的防霉剂有五氯酚苯汞、二氯苯丙恶唑酮等。用 2% 的二氯苯丙恶唑酮掺入三防漆 S01 - 3 中，防霉效果最佳，且毒性仅为五氯酚苯汞的 1/10。

抗霉设计原则：

1）采用满足强度、重量、环境及机械要求的抗霉材料；

2）使用低吸湿材料；

3）采用防霉、密封涂层；

4）采用气密密封、密封垫及其他密封装置。

综合防治措施包括控制霉菌生长和繁殖的环境条件、采用防霉剂、改善生产工艺及进行防霉试验等，具体如下。

1）防霉剂的选用：要求高效、低毒、广谱、溶解性好、耐热、耐光、耐酸、耐碱、无色、无臭、无刺激性和无腐蚀性，不影响产品的质量，价格便宜，货源充足等。

2）控制霉菌生长条件是要对碳源、氮源、能源、必要的微量元素、水分（湿度）、温度和酸碱度（pH）等加以控制，以防止菌类污染。重点如下。

• 控制水分：影响霉菌生成的是水分活性。当空气相对湿度高时，基质表层的含水量也高，当空气相对湿度低时，基质表层的含水量也低，一旦水分活性低于某个值时，霉菌繁殖停止。普通菌在水分活性为 0.995 附近发育最旺盛，菌类的发育与水分活性的关系见表 3 - 17。

表 3 - 17　菌类发育最低水分活性（AW）

菌类	发育的最低水分活性（AW）
普通细菌	0.90
普通酵母	0.88
普通霉菌	0.80
好盐细菌	0.75
耐干性霉菌	0.65
耐渗透压酵母	0.61
肉毒杆菌（发芽）	0.98
蜡叶芽胞杆菌（生长）	0.94
黑曲霉	0.86
灰绿曲霉	0.81

• 控制温度：温度是菌类发育的重要条件之一。菌类发育最适

宜的温度范围在−10 ℃～70 ℃区间，菌类最适宜温度见表 3 − 18。依据最适温度可把菌类分为三类，见表 3 − 19。根据菌类生长温度实施温度控制，即可抑制菌类的繁殖。

表 3 − 18　霉菌生长温度

菌名	生长温度/℃		
	最低	最适	最高
黑曲霉	14	30～35	40
葡萄曲霉	−6	30	—
刺孢曲霉	—	20	—
灰绿青霉	1	25～27	—
青霉	—	17～19	30
黄萎轮枝孢	10	22.5	30
分枝毛霉	4	20～25	31
立枯丝核菌	2	23	34.5
多孢菌	0	27～32	40
拟茎点霉	8.7	26.5	31.9

表 3 − 19　菌类发育温度分类

种类	最低温度/℃	最适温度/℃	最高温度/℃
低温菌类	0	20～30	30
中温菌类	10	30～40	45
高温菌类	40	50～60	70

• 控制 pH：各种菌类的生长有它自己的最适 pH，控制基质的 pH，可以控制菌类繁殖。表 3 − 20 列出一些霉菌生长同基质 pH 的关系。细菌最适中性至微碱性（即 pH 值为 7～8），乳酸菌和醋酸菌能够在微酸性的环境中生长，大多数酵母和霉菌最适弱酸性（即 pH 值为 4～6）。

表 3 - 20　霉菌与 pH 的关系

菌名	pH 范围	最适 pH
黄柄曲霉	2.5～9.0	6.5
烟曲霉	3.0～8.0	5.6
葡萄孢霉	4.5～7.4	6.6～7.4
灰葡孢霉	1.6～9.8	3.0～7.0
弯孢霉	2.5～9.0	7.0
腐质霉	2.5～9.5	6.0
头癣小孢霉	5.0～7.0	6.0
疣孢漆斑霉	2.5～9.0	6.0
青霉	2.5～9.5	4.2
黑根霉	2.2～9.6	—
枯青霉	2.2～9.6	—
侧孢霉	3.0～9.6	5.0

3）采取下列措施改善生产工艺条件：

· 保持原料清洁，不受菌类污染；

· 用水要进行无菌处理；

· 尽量不用手接触产品；

· 包装容易附着微生物，因此要事先灭菌或添加防霉剂；

· 墙壁和天花板等处要采取措施不使菌类生长；

· 机械器具、设备装置以及工作衣帽等消毒灭菌；

· 注意车间通风、除尘、干燥和灭菌，减少或杜绝菌类污染源。

4）霉菌试验：霉菌试验是考核产品是否具备规定的抵抗霉菌能力的试验，导弹产品应按照 GJB150.10 进行霉菌试验，以使产品抵抗霉菌能力满足规定要求。

3.3.4　贮存微环境设计

贮存微环境设计是一种环境防护冗余设计。通过对元器件、设备和导弹逐级采取措施，建立一个多级防护层，使环境影响减少到最低程度。

3.3.4.1　元件、组件密封

元器件是组成产品的基本单元，其贮存可靠性直接影响到设备及系统的贮存可靠性。对元器件保护最有效的措施是密封，使潮湿空气和水分无法对元器件产生腐蚀。

通常情况下，密封不影响元器件功能。例如，固定电阻模压一层绝缘物质（一般为酚醛塑料），形成一个封闭壳体，借此支承线头并提供防止湿气的密封；固定薄膜网络电阻采取双列直插式封装；固态继电器实施完全密封；用高强度与绝缘性能好的涂料填充线圈中的空隙、小孔和毛细管；平圆盘式陶瓷介电固定电容器用树脂封装，并用高熔点石蜡浸渍；微电路密封进玻璃、陶瓷或金属气密性封装内，在 150 ℃真空中烘烤至少 4 h，在干燥氮气中进行密封［氮气密封舱内的湿气含量必须低于 100 cm³/m³，不能把氯化物或其他卤素材料密封到微电路中］；非气密微电路，对开敞式空腔用塑料（常用环氧树脂、硅树脂、酚醛）封装或用聚合物密封。

插头、插座常用环氧树脂灌封，开关采用电子束焊实现气密密封。

对那些密封影响其功能的元器件，一般不进行密封。例如，可变电阻、可变电容器等。

3.3.4.2　设备密封

设备密封是将设备自身形成一个封闭体，靠设备整体密封来保证设备内部的贮存环境。

（1）电子设备

电子设备的密封，通常是在元器件密封的基础上，采取如下措施：元器件装机前根部涂三防漆，提高密封性；装机零件镀锌后再涂三防漆；印制板用无水乙醇清洗，烘干后，喷两遍三防漆，其中第二遍须添加防霉剂；布线底板和机内其他裸露焊点用 S01－3 涂复；用抗霉性能优良、经回流处理的交联剂和 107＃室温硫化硅橡胶配制的灌封料与 GN－512 型有机硅凝胶，加热熔化后灌注元器件与外壳间的空间；组装后，机内三个方向喷三防漆；机壳接缝处增加橡胶密封垫；装配后再把接缝处用 GD414 硅橡胶补封（包括面板与插座接缝处），并在插座孔处涂 201 甲基硅油，外壳用 7501 硅脂处理，或用高压静电喷涂环氧尼龙、三氯氟乙烯、氯化聚醚等。

（2）结构壳段

结构壳段包括仪器舱、级间段、尾段和尾罩等。结构壳段既为设备安装提供了条件，又对内部设备起着保护作用。每个壳段表面，根据安装检测与使用操作的需要开有大小不等的孔口。由于孔口和口盖都是金属构件，必须采取密封措施，防止湿气渗入。

壳段密封，首先是焊缝与焊点的密封。壳段的纵缝和环缝采用氩弧焊接，承力件采用熔化极惰性气体保护电弧点焊或自封铆接。其次是弹体结构的外压密封，主要是解决舱口的密封，这包括口盖密封、托板螺母密封和铆托板螺母铆钉密封。口盖本体采用"O"形橡胶圈或海绵胶板密封；口盖连接件采用双耳密封游动自锁螺母，其自身密封性好，并能满足多次拆装的要求；采用密封铆及自封铆解决铆托板螺母铆钉密封问题。级间段起吊接头采用粘贴 XM-21A 密封胶膜再行铆接密封。反喷管法兰边采用橡胶密封圈。

（3）固体发动机

固体发动机在运输和贮存过程中，需要整体密封。对保险机构、点火药盒、前底和后底开口处及所有连接部位进行密封，采用橡胶密封。喷管加堵盖用粘接剂粘接；堵盖下游喉衬型面及扩散段绝热层对接间隙等表面，均匀涂以聚氨酯清漆；后盖涂腻子；球面间隙内充不硫化腻子；金属法兰面涂 2# 软膜；推力终止机构采用橡胶密封圈。

（4）弹头

弹头不仅要承受内压密封，同时还要考虑外压密封要求。弹头密封舱段各个部位采取密封措施，主要部位有前密封盖—头部壳体—连接处密封；上下壳体、下壳体—裙部对接面密封；引信天线窗密封；底盖裙部壳体焊接密封等。

弹头各对接面之间的密封采用 5171 胶料压制密封圈，安装密封圈的部位局部加工成凹槽和凸台。天线窗采用密封圈、密封垫及缝隙注胶方法密封。底盖裙部壳体采用点焊，缝隙处涂密封胶。

3.3.4.3　导弹整体密封

通过密封设计使导弹形成一个密封体，借此保护弹内设备，特别是那些非密封设备。由于导弹贮存和使用需要，要求密闭体具有水密和气密能力。要求密封的部位，除壳段表面所开孔口已在设备密封中采取措施外，余下的还要在总装中处理六大对接面、分离机构、电缆孔、脱落插座、线爆器接头、行程开关、起飞接点等处，该处普遍采用密封圈和密封胶进行密封。

3.3.5　防护包装

3.3.5.1　包装概述

包装的目的是保证产品在投入使用时能完成预定的功能。包装必须在运输和贮存过程中保护产品。

可靠的包装能够保持产品的固有可靠性，不适当的包装（如包装材料和包装方式的选择不当）起不到防护作用。产品的基本包装方法包括：

1）使用防腐层，包装物不密封。

· 按需要使用防腐层，再用防水防潮包装材料密封。

· 包装和未包装的装备密封在一种可剥离的化合物涂层中。

· 根据需要使用防腐层，用防水或耐水包装材料密封。

2）根据需要使用防腐层，用防水和防潮包装材料密封，内放干燥剂。

3）装备不使用任何防腐层，包装只起物理和机械保护作用。

所需的保护程度取决于产品存放的环境及产品对这种环境的敏感程度。应针对导弹产品不同的特点采用不同的包装方法。如电子设备贮存在干燥、通风良好的库房里，那么所需的保护程度就相对低一些，应采用 1）和 3）的方法。一般来说，导弹装备所需的保护程度要高些，可采用 1）和 2）的方法。影响导弹装备贮存可靠性的最主要环境应力是机械、化学和低温应力，包装应提供这方面的保护。

3.3.5.2 防护包装通用要求及方法

有关防护包装的基本要求、清洗、干燥、防锈剂使用及通用的包装方法详见 GJB 145A—93《防护包装规范》，包装容器设计准则参见 GJB 2017—94《专用包装容器设计准则》。

3.3.5.3 导弹包装

导弹包装按其功能及方式可分为三类，见表 3 - 21。

表 3 - 21 导弹包装分类

序号	包装功能	包装方式
1	运输包装	保护筒
2	贮运包装	运输箱
3	贮存包装	弹衣、金属容器（贮、运、发射筒）、涂敷密封包装、茧式包装

导弹的包装应科学、经济、牢固、使用方便，在正常的贮运、转载条件下，应保证导弹自总装厂发货之日起，在贮存期内不因包装不善而产生锈蚀、长霉和性能参数变化等缺陷。导弹包装方式应根据产品的特点、贮运、装卸条件和订购方的要求确定，做到包装紧凑、防护周密、安全可靠、使用方便。运输箱尺寸重量应符合相关标准的规定。导弹及其备附件包装前必须检验测试合格，严格按包装技术文件进行作业。

对包装间的环境条件要求是：

1）温度为 20 ℃±5 ℃（或 20 ℃±3 ℃）；

2）相对湿度不大于 70%（或 75%）；

3）具有良好照明和通风条件，有害气体的浓度控制在规定的范围之内。

弹衣包装有密封弹衣（具有气密保护功能的弹衣）和非密封弹

衣（不具备气密保护功能的弹衣）两种，广泛用于战略导弹与战术导弹的贮存运输包装。有关导弹包装弹衣的更详细设计要求及应用规范见 GJB 2902A—2012。

对导弹贮运发射筒（金属密封容器）的设计要求是：

1）应具有贮存、运输、发射导弹的功能；

2）宜选用质量轻、焊接性能好、耐腐蚀的材料制造；

3）当选用非金属材料时，应尽量不用对人体健康有害的材料；

4）箱内充氮气（氮气纯度 99.5%，露点 -40 ℃ 以下），也可充干燥空气加入适量干燥剂。

利用导弹壳体本身的屏蔽性，用可剥性胶粘带对弹体的缝隙、孔洞、凹穴处进行涂敷密封，防止含污染物的潮湿空气进入弹舱，并在弹舱内配置适量高效防潮吸附剂，构成全弹涂敷密封包装。为了监控弹舱内的温湿度变化，可以配置温湿度传感器和变送器。涂敷密封技术用于解决一级战备值班弹的密封防护问题，也可用于封存库存导弹。

密封材料：选择粘贴均匀、密封性好、透湿性小、耐老化和良好使用性能的材料，X-03 材料的透湿性小，也可选用 XZ-04T 压敏胶带。

放置吸附剂和干燥剂：为了保持弹舱内相对湿度不大于 40%，需要放置适量的高效吸附剂和干燥剂。干燥剂采用细孔圆柱硅胶，高效吸附剂能吸附空气中的 SO_2、H_2S、NH_3 及不饱和有机化合物等，有极好的防潮、防腐和净化空气作用。

监测弹舱内的温湿度变化：通过安装在弹舱内的传感器和弹外的温湿度变送器，监测弹舱内的温湿度变化，温度精度为 ±0.6 ℃，相对湿度误差不大于 3%。

茧式包装是以导弹外壳为基础，在弹体外表涂敷密封涂料，形成一层具有防潮、气密的可剥离的复合胶膜，使弹体与外界空气隔离，然后采取除湿措施，使包装内空气相对湿度下降并维持在长期封存范围之内。此类包装用于防空导弹。

茧式包装层由结网层、成膜层和铝粉反射层组成。硅胶用量以膜面积计 $1.6\ \mathrm{kg/m^2}$，茧式膜上装有三个湿度指示器。为抽换弹内空气及气密性检查，专门配置了移动式换气设备。当导弹例行通电测试或更换硅胶时，进行局部启封与复封。用手术刀划破茧膜，操作完成后再用丁苯胶将胶布粘贴在划破部位上，并在该部位涂敷丁苯橡胶可剥漆。

茧式包装的优点是：防潮封存期长，必要时可免除外包装露天存放，拆除包装方便迅速。

茧式包装的缺点是：施工周期长，占用面积大；使用溶剂型涂料，施工条件恶劣、毒性大；更换干燥剂和复封比较麻烦；膜壳层不抗震和耐磨。

在密封弹衣之前，有些导弹采用塑料套包装。但塑料套透湿率高，日透水量达 $70.4\ \mathrm{g/m^2}$，密封性差。采用加热熔焊套缝，打开后再封存需要再次熔焊，使用不方便。

有关保护筒或运输箱一般选用要求见 GJB 806.8。随弹的弹上仪器包装要求见 GJB 290A，防护包装应为 A 级。

3.3.5.4　备附件包装

对密封包装袋的要求是：

1) 制作密封包装袋的塑料应具有良好的防渗漏性、柔韧性、强度和热封合性，透湿度不大于 $10\ \mathrm{g/m^2 \cdot 24\ h}$，宜采用塑料复合薄膜或聚乙烯塑料袋。

2) 密封包装袋的热封合缝一般宽 $3\sim8\ \mathrm{mm}$，热封合缝应完整，无气泡，无分层，强度应满足 GJB 145A—93 中热焊封试验的要求。

3) 密封包装袋不应有穿孔、破损和严重折皱。热封合时应尽量排出袋内的空气，并应留出用于再次封口的余量。

4) 袋内放干燥剂。

采用主体胶布 81 型拉链密封套和镍铜合金拉链密封套，内充氮气或氩气；此法操作方便，贮存效果好，但价格稍高。仪表固定在具有减震装置的铁盒内，充干燥气体；此法操作简单，运输方便，不易碰撞。

进行外包装设计的要求是：

1）木箱。对防护要求不高的备附件、工具包装，可采用木质包装箱。

2）贮存柜。质量小于 5 kg 的产品可采取组合包装，组合包装的总质量不应超过 80 kg。

3.3.5.5　火工品包装

对火工品包装的要求如下：

1）内包装应具有保护、固定火工品的双重功能；

2）包装材料与所装产品应具有良好的相容性；

3）受潮后容易发生性能变化的火工品，在包装时应采取防潮措施，使内包装保持干燥，并将包装容器进行气密封口；

4）内包装应能防止产品与金属物接触，外包装不得有凸出外表面的金属件，裸露的金属件应进行涂料防护；

5）电火工品应采取短路措施，必要时外包装应采用金属屏蔽；

6）密封包装容器密封性应符合规定；

7）包装件应用铅封封锁；

8）采用焊封的金属箱（盒）应用无酸焊剂焊封；

9）金属桶（箱）采用卷边形式封口的，必须有合适的垫圈；采用螺纹形式封口的，应开启安全、方便；

10）包装件单件总重量一般不超过 25 kg；

11）火工品以合格的包装件装入保险箱，箱内空隙要充填紧密，同一保险箱内只限装同一类别的火工品；

l2）装有不同类别的火工品保险箱，不准同车配装；

13）保险箱在使用过程中发生损坏时，应及时检修、处理；

14）产品的发火元件一般应与产品的结构件分开包装，并检查电发火元件是否处于短路状态；

15）包装时应将产品的活动和易松动部件位置固定；

16）产品中几何形状不规则或有突尖、薄弱部位，装箱时应采取有效的防护措施；

17）运输包装件质量一般不超过 50 kg。

对火工品包装的防护要求如下：

1）防震。

· 尺寸较大的弹射器、小型控制发动机等火工装置可采用木制支撑固定。

· 缓冲材料可以采用成形或碎的聚苯乙烯泡沫塑料、高发泡聚氨酯塑料、塑料气垫、干燥的中性包装纸屑、纸板等。

2）防潮。

· 发火元件、电起爆器等一般采用密封容器真空包装和充气包装（将包装容器内的空气抽出，充入露点低于－40 ℃，纯度为99.5％的氮气或干燥空气）。

· 不装发火元件的火工装置采用加干燥剂包装：干燥剂（硅胶）分装入布袋，存放或吊挂在外包装箱内适当位置，不允许干燥剂与产品表面接触；当必须与涂有防锈剂的零件接触时，应采用无腐蚀和耐油包装材料将干燥剂与产品隔开；

· 防静电、防射频辐射损伤：发火元件、电起爆器或装有电发火元件的火工装置，应装入金属屏蔽容器内，以防静电、射频辐射损伤。

包装等级如下：A 级包装，适用于发火元件及装发火元件的火工装置；B 级包装，适用于不装发火元件的火工装置。

将产品分为三类：Ⅰ类产品为电起动器，电发火管等发火元件和装有发火元件的产品；Ⅱ类产品为索类装置；Ⅲ类产品为不装发火元件产品，如爆炸螺栓、解锁螺栓、弹射器、小型控制发动机、切割器自毁装置、点火装置、固体燃气发生器等。

三类产品中，Ⅰ类产品应用 A 级包装，Ⅱ类、Ⅲ类产品可用 B 级包装。

3.3.6 贮存环境控制和产品存放

3.3.6.1 贮存环境控制要求

贮存环境控制内容包括改善贮存环境、控制库房温度和相对湿度所采取的措施。贮存场地的选择要考虑场地的地理位置、海拔高度、气温极值、湿度极值、降雨量、风沙等因素；库房应选建在腐蚀性介质含量少、易于温湿度控制的地区，远离城市或海岸。

库房湿度控制措施：

1) 洞库排水系统以排为主，明排、暗排相结合，排堵相结合，解决坑道拱顶漏水、墙上渗水、地坪冒水，降低地下水位，做好防湿工作；

2) 潮湿季节密封坑道的进/排风口和洞内蓄水池口及坑道防护门，最大限度地使外界湿气不进入坑道；

3) 潮湿季节减少人员、车辆进出坑道次数，导弹装备进出坑道应选在温度低、湿度小、晴天的夜间；

4) 对贮存导弹及备件的库房，采用除湿机除湿，自动监测，控制库房相对湿度在 60% 以下；

5) 进风管串联除湿机，使入风干燥；

6) 库房内配备吸尘器，禁止用湿拖布擦地。

库房温度控制措施：

1) 采取供暖和保温措施，控制库房内温度不低于要求的下限值；

2) 采取空调降温措施，控制库房内温度不高于要求的上限值；

3) 库房各种进出口采取密闭措施。

通风是保证库房内空气流动，送入新鲜空气，排出有害气体，降低有害气体浓度的主要手段。通风管道要避免有直角，保证气流畅通；通风量要足够大，避免房内有空气死角；通风要定时化或自动化，通风形式如图 3-1 所示。

防静电及其他相关的环境控制措施应考虑：

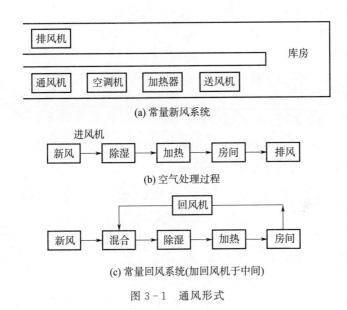

(a) 常量新风系统

(b) 空气处理过程

(c) 常量回风系统(加回风机于中间)

图 3-1　通风形式

1）库房敷设接地电线，绝缘电阻应满足要求；

2）库房设置手摸式静电接地铜球或接地棒；

3）工作人员接触产品应穿导电鞋；

4）吊车、照明灯、开关要有防爆措施；

5）贮存放射性物质的库房，应采取防辐射屏蔽措施；

6）贮存火工品的库房，应采取防爆措施；

7）库房应有防雷措施；

8）库房应有防虫、防鼠措施。

3.3.6.2　产品存放要求

存放是指系统、分系统、设备、组件完全没有启动，在存放区保持正常结构的一种非工作状态。导弹及一般产品的存放要求包括：

1）导弹在库房按规定的位置停放；

2）导弹水平停放时，前后支架车的弧形面应保持同一高度；

3）导弹水平停放应有包装（弹衣或箱），并保证导弹可靠接地；

4) 固体燃料导弹和发动机按规定要求滚转；

5) 各类贮存产品不应在靠近热源和水源的地方存放，也不应直接将产品放在地面；

6) 严禁易燃易爆品、化学药品与导弹仪器放在一起，火工品应单独存放；

7) 阳光不得直接照射到产品上；

8) 包装箱应堆放在高于地面 30 cm 的枕木上，堆码高度不超过 2.5 m，离墙壁 0.4 m 以上，以保持空气流通；

9) 简易包装的产品，不允许露天存放；

10) 长期贮存的产品，一般不去掉包装；

11) 存放前，须从包装箱内取出装箱清单，检查产品的数量及齐套情况，检查后恢复原包装。

火工品的存放应考虑：

1) 火工品库房安全防护设施应符合相关规范的规定；

2) 库房应防止鼠蛇等小动物进入；

3) 库房内存放的火工品不准超过安全定量的规定，库房安全定量按相关规范确定；

4) 不同类别的火工品应单独存放，允许按照相关规范分组存放，但严禁引燃、引爆类火工品同库存放；

5) 包装件堆码高度一般不超过 1.5 m，通风道宽度不小于 0.6 m，作业通道宽度不小于 1.5 m，包装件与墙之间应有不少于 0.6 m 宽的通风道；

6) 库房应有防射频辐射损伤、防雷击和雷感应的措施；

7) 禁止露天存放。

存放中的维护和管理要求包括：

1) 贮存产品按照存放技术要求停放在固定的位置；

2) 导弹弹衣需保持密封，补充或更换干燥剂不得随便打开密封弹衣；

3) 贮存的备附件放在固定位置，不得随便启封；

4）检测设备存放后，按相应技术要求进行维护和保管；

5）建立库房值班制度，设专门记录本，及时记录；

6）每日准确记录现场的温度和相对湿度，检查库内水、暖、风、电，发现问题及时解决；

7）确保贮存现场的环境满足要求；

8）贮存现场应定期用吸尘器清扫地面，保持清洁；

9）贮存现场严禁烟火，并有防火措施；

10）贮存库房应适时通风换气，空气的洁净度应满足要求；

11）无关人员不得接触产品。

3.3.7　运输与装卸

运输与装卸是贮存过程的环节。运输与装卸存在冲击、振动等环境因素，对产品贮存可靠性有一定的影响。因此，除产品自身要有适应运输、装卸环境的能力及相应的包装外，还应做好运输与装卸过程的防护工作。

3.3.7.1　运输要求

运输要求包括：

1）易燃、易爆、剧毒、腐蚀性及放射性产品的运输，必须采取措施确保安全，防止污染环境；

2）当运输的环境条件超出规定或有特殊要求时，应采用专用包装容器和特殊防护方法；

3）对难运产品、敞运产品、非箱装产品、非单位货载产品，应进行运输装载加固设计；

4）运输中应采取防震、防火、防晒、防雨等措施。

3.3.7.2　装卸要求

装卸要求包括：

1）导弹装卸过程中，应有防火、防潮、防热、防雷等措施；

2）火工品的装卸严格按照 GJB 2001A—2019《火工品包装、运输、贮存安全要求》进行；

3）复合固体推进剂的装卸应按照 QJ 2216A—2012《复合固体推进剂贮存运输安全技术规范》进行；

4）对有特殊要求的产品应制定专用的装卸规范，对易燃、易爆、剧毒、腐蚀性及放射性等产品应单独装卸，不得混装。

3.3.8　制造缺陷对产品贮存可靠性的影响

对可能出现的制造缺陷对产品贮存的不利影响，应在设计过程中采取相应的预防措施。

3.3.8.1　制造缺陷对贮存产品的不利影响分析

制造缺陷是指在既定的工艺方案下，由于工作疏忽、工艺不完善或管理不善导致的缺陷。制造缺陷主要发生在零部件、元器件的制造过程中，特别是电子元器件的制造过程中，还易出现在金属镀覆、装配焊接、密封封装等工艺中。

零部件特别是电子元器件镀覆中可能出现的缺陷：

1）由于镀层擦伤或碰伤导致元器件开路或短路；

2）由于沉积或氧化不充分，镀层过薄而导致元器件开路或高阻抗内连；

3）由于镀层表面有化学残留物，表面腐蚀从而导致镀覆层内开路；

4）由于工序过程中保管不善，镀覆层表面被污物污染，加速金属表面腐蚀。

电子元器件的装配焊接过程可能出现的缺陷：

1）焊接区不充分或空隙过大，可能导致开路或短路；

2）焊接程度控制不当，可能导致开路、短路或间歇工作；

3）焊点未对准，可能导致开路或短路；

4）线头过长、弯度过大，可能导致和壳体短路；

5）线头裂痕、刻痕和磨损，可能因线头折断导致开路或短路；

6）焊料过多或焊后清理不善，可能导致短路或脉动性短路。

零部件或电子元器件封装中，可能出现的缺陷：

1）气密不良，失去密封保护作用，化学腐蚀和湿气造成性能下降；

2）封进湿气，导致腐蚀；

3）封装壳体内有游离导电微粒，受到机械应力，可能出现间歇性短路。

3.3.8.2　预防制造缺陷的工艺控制准则

预防制造缺陷的工艺控制准则包括：

1）选择合理的工艺方法，完善工艺规程。例如，元器件组装前应清洗、烘干，焊装应清洁；对污染物敏感的器件应尽可能避免采用电镀。

2）选择合理的工序检验和试验方法，及时剔除缺陷，表 3 - 22 列出了微电路制造缺陷检查方法。

3）制定制造过程中有效的工艺管理方法。例如，元器件在组装工位之间的转移/搬运，应装在密封的包装容器内，待组装或待处理的元器件应放置在清洁容器内。

4）加强生产质量管理，强调文明生产，严格按工艺规程操作。制造过程中不放过任何一个疑点，出现重复性缺陷时，应及时查清原因，并按管理标准予以归零，加强制造工序间的质量管理。

表 3 - 22　微电路制造缺陷检查方法

缺陷出现时机	失效机理	失效模式	检查方法
基片制备	位置偏离和叠放错误	接合特性下降	初始电气试验;工作寿命试验
	阻抗不均匀		初始电气试验;工作寿命试验
	表面不规则		初始电气试验;工作寿命试验
	裂纹、碎裂、擦伤（一般属于搬运损伤）	开路、可能在随后镀覆时出现短路	初始电气试验;目视（初步估测）;热循环

续表

缺陷出现时机	失效机理	失效模式	检查方法
钝化	污染	接合特性下降	目视(初步估测);热循环;高温贮存
	裂纹和针孔	镀覆和基材间氧化层内电击穿;氧化物扩散导致的短路	高温贮存;热循环;高电压试验;工作寿命试验;目视(初步估测)
	厚度不均	氧化层内轻度击穿,漏电增加	高温贮存;热循环;高电压试验;工作寿命试验;目视
蚀刻	污染	接合特性下降	目视(初步估测);热循环;高温贮存
	凹触	镀覆层内短路或开路	目视(初步估测);初始电气试验;
	污斑	短路	目视(初步估测);热循环;高温贮存;工作寿命试验
	污染(光刻胶)化学残留物	轻度击穿;漏电增多	目视(初步估测);初始电气试验;热循环;高温贮存;工作寿命试验
扩散	杂质分布控制不当	因无源元件和有源元件不稳定和缺陷导致性能下降	高温贮存;热循环;工作寿命试验;初始电气试验
金属镀覆	镀层擦伤或碰伤(属搬运损伤)	开路,接近开路,短路,接近短路	目视(初步估测);热循环;工作寿命试验
	沉积或氧化工序不充分造成镀覆层过薄	开路和/或高阻抗内连	初始电气试验;工作寿命试验;热循环
	腐蚀(化学残留物)	镀覆层内开路	目视(初步估测);高温贮存;热循环;工作寿命试验
	失调和受污染的接能区	高接能电阻或开路	目视(初步估测);初始电气试验;高温贮存;工作寿命试验
	合金熔合温度或时间不当	镀覆层开路,附着力不足或短路	初始电气试验;高温贮存;工作寿命试验;热循环
芯片切割	片切割不当导致切片裂纹或掉皮	开路	目视(初步估测);热循环;振动;机械冲击;热冲击

续表

缺陷出现时机	失效机理	失效模式	检查方法
芯片焊接	端板和芯片之间有空隙	因过热导致的性能下降	X 射线;工作寿命试验;加速度;机械冲击;振动
	焊料过多和/或易熔焊料颗粒游离	短路或脉动性短路	目视(初步估测);X 射线;受监控振动,受监控冲击
	芯片-端板焊接不良	有裂缝的或上翘的芯片短路	加速度;冲击;振动目视(初步估测)
	材料组配不当	芯片翘起或开裂	热循环;高温贮存;加速度
	焊接过度或焊接不足	间断性导线烧损和折断;接点鼓起;开路	加速度;冲击;振动
导线焊接	材料不兼容或焊接区被污染	线头接点鼓起	热循环;高温贮存;加速度;冲击;振动
	形成破坏	焊点开路	高温贮存;热循环;加速度;冲击;振动
	焊接区不充分或空隙过大	焊点开路或短路	工作寿命试验;加速度;冲击;振动;目视(初步估测)
	焊接程度控制不当	开路,短路或间歇性工作	目视(初步估测);初始电气试验;加速度;冲击;振动
	焊点未对准	开路和/或短路	目视(初步估测);初始电气试验
	芯片裂纹或掉皮	开路	目视(初步估测);高温贮存;热循环;加速度;冲击;振动
	线头过长,弯度过大,过于下垂	和壳体短路,和基片或其他线头发生短路	X 射线;加速度;冲击;振动;目视(初步估测);
	线头裂痕,刻痕和磨损	线头折断导致开路或短路	目视(初步估测);加速度;冲击;振动
	抽头未去掉	短路或间歇性短路	目视(初步估测);加速度;冲击;振动;X 射线

续表

缺陷出现时机	失效机理	失效模式	检查方法
最后密封	气密不良	性能下降;短路或开路(因化学腐蚀和湿气造成)	漏电试验
	封进不良环境大气	性能下降	工作寿命试验;高温贮存;热循环
	外部线头断裂或弯曲	开路	目视;线头疲劳试验
	镍基合金-玻璃密封裂缝,空隙失效机理	短路和/或在镀覆层中因漏电而造成开路	泄漏试验;电气试验;高温贮存;热循环;高压试验
	金属电解增长或金属化合物进入线头和金属壳体之间的玻璃密封缝	间歇性短路	低压短路
	封装壳体内有游离导电微粒;标记错误	间歇性短路;完全不能使用	加速度;受监控振动;X 射线;受监控冲击;电气试验

3.4　贮存可靠性设计核查

3.4.1　基本要求核查

在确定的产品总体技术方案中,是否对贮存可靠性予以充分考虑。

1)在总体给系统、系统给整机、整机给部(组)件或元器件的研制任务书(或研制合同)中,对下列要求是否明确:

· 贮存可靠性指标;

· 贮存环境条件,包括温度、相对湿度、低气压、盐雾、霉菌、砂尘、大气污染、辐射以及在贮存过程中由装卸、运输而导致的振动、冲击等;

· 贮存过程中对产品的包装与防护要求等;

· 由于考虑到贮存过程中检测所消耗的产品工作寿命而对工作

寿命的要求。

2）是否对贮存过程中检测与维修的方便性给予充分考虑。

3）产品生产所采用的工艺方案是否充分考虑了工艺方法及可能的制造缺陷对产品贮存可靠性的不利影响。

3.4.2 耐环境设计核查

1）是否根据产品对预期贮存环境的耐受能力等选择合适的材料。

2）环境因素对材料特性的影响是否已充分考虑。

3）产品设计中是否考虑了免除下列损害或受到保护的技术措施：

• 化学腐蚀；

• 热侵蚀。

4）对于贮存过程中可能遇到的盐雾，产品设计是否采用了可以耐受此环境因素的技术措施。比如采用耐盐雾的涂料、镀层或采用耐腐蚀的金属材料等。

5）产品设计对于热应力及热膨胀是否已充分考虑。

6）各种机械装置和包装薄膜强度是否已做过强度校核，是否适应压力差的环境。

7）设备机壳、控制面板和连接器是否充分密封，以防止砂尘对设备的损害。

8）对于贮存中可能遇到的真菌生长条件，产品设计是否消除了有真菌营养素的材料或采取了防止真菌生长的措施。

9）对湿度条件特别敏感的零部件，是否采用了气密密封或封装，尽可能减少湿气引起参数变化。

10）产品设计是否考虑了因贮存过程中的装卸、运输等活动所导致的环境因素对其贮存可靠性的影响。

11）对于暴露的设备是否已采用了有效的防腐蚀技术措施。比如，采用抗腐蚀材料、镀层和防护表面处理、避免不同金属的接触等。

12）对非金属材料的老化是否采取了预防措施。

3.4.3　环境防护设计核查

1）系统设计是否考虑了一部分零部件释气生成物可能导致对另一部分零部件的影响并加以适当控制。

2）产品使用说明书是否明确了贮存、维护和保管要求，比如温、湿度控制要求，通风要求，防有害气体或防污染要求等。

3）设备贮存过程中的包装或封装设计是否与产品的耐环境能力相适应。

4）长期贮存的液态物质是否采用了有效的防泄漏措施。液态物质析出的气体对其他系统或元器件潜在的不利影响是否有消除或防护的措施。

5）是否采取了承受冲击或振动环境的有效措施，比如，采用振动隔离装置和/或缓冲装置等。

3.4.4　电气元器件选用核查

1）贮存状态（长期不工作状态）对每一个元器件的影响是否予以考虑。

2）电源的开关/循环对于元器件的影响是否予以考虑。

3）电气元器件的贮存寿命是否已确定，是否满足产品贮存寿命的要求。

4）对短寿命的元器件是否已做过鉴别，是否规定了检查和更换的要求，其检查和更换的可行性是否满足要求。

5）是否尽可能避免采用对环境特别敏感的零部件。

6）关键元器件是否考虑了贮存环境所引起的参数容差影响。

7）零部件是否在环境影响额定值范围内，是否采用了降额设计措施。

3.4.5　结构设计核查

1）结构材料及其热处理工艺的选择是否避免了可能的应力腐蚀。

2）产品紧固件是否采取了锁定或紧固措施，以保证在贮存过程各种状态下不致降低它们的紧固力。

3）是否考虑了在材料制造、热处理和其后的贮存中所引进的残余应力的存在。

4）是否考虑了结构件的摩擦腐蚀、剥落和碎屑分层脱落的可能性。

5）是否已对检查和测试的方便性给予充分考虑。

第 4 章　防空导弹贮存寿命试验

4.1　贮存寿命试验开展现状

随着我国防空导弹类型的增多和研制周期的缩短，对于贮存期的指标验证，单纯依靠现场贮存试验在经济性、时间性和充分性方面已不能满足研制任务的需要。因此，国内专家开始开展更为实用有效的试验技术研究，如自然环境贮存试验、加速贮存试验、加速运输试验等。对此试验技术的应用与开发已取得许多成果，积累了一些经验。

4.1.1　自然环境贮存试验

自然环境贮存试验是将封存或包装状态下的产品贮存在大气环境条件下，在规定时间内经受环境因素的综合作用，评价其贮存性能。贮存试验按贮存方式可分为三类：

1）露天贮存。试样露天存放，并盖上遮盖物，使试样不直接受太阳辐射和雨淋。

2）半封闭贮存。试样贮存在有顶棚遮盖的敞开式或百叶窗式的棚内，不直接受太阳的辐射和雨淋的作用。

3）全封闭贮存。试样贮存在库房或其他建筑物内。

自然环境贮存试验的特点为：试验环境能代表某种类型环境的典型特征；试验环境条件直接利用自然环境条件，环境因素量值可实时检监测；产品经受多种环境因素的综合作用，可以真实地反映出产品性能在多因素复杂作用下的演变规律；试验结果更接近产品使用状况；长期、系统积累的数据是材料研发、合理选材、装备

（论证、设计、研制）标准制定的基础。

4.1.2　加速贮存试验

加速贮存试验是把产品放入试验箱（室）内，施加高于使用环境应力的环境应力，在短期内获得产品寿命信息。加速贮存试验的意义在于缩短由特定贮存失效机理所引起的产品失效时间，在短期内得出产品贮存期结论，以利于设计改进或产品的鉴定定型决策。加速贮存试验的方法很多，施加的应力种类也较多，包括温度、湿度、电应力、机械应力等，常采用恒定应力、步进应力和序进应力等施加方式。根据试验对象和施加应力的不同，寿命评估模型有阿伦尼斯方程、逆幂率模型等 10 余种。

4.1.2.1　加速应力施加方式

（1）恒定应力加速寿命试验

恒定应力加速寿命试验（CSALT，Constant - Stress Accelerated Life Testing），是将试件分为若干组，每组在一种恒定应力水平下进行寿命试验。为了达到加速失效、缩短试验时间的目的，要求各组寿命试验的应力都高于正常工作条件下的应力，典型的试验剖面如图 4 - 1 所示。

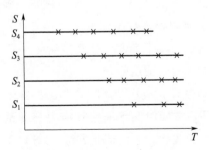

图 4 - 1　典型的 CSALT 试验剖面

恒定应力是最成熟的加速寿命试验方法，操作简单，数据处理方法比较成熟，外推的准确性较高，但试验时间较长，样品数量多。我国已于 1981 年颁布了恒定应力试验的 4 个国家标准（GB/T 2689.1～4—81）。

（2）步进应力加速寿命试验

步进应力加速寿命试验（SSALT，Step - Stress Accelerated Life Testing），是一种随时间分阶段逐步增加应力到受试试件上，应力水平由低到高逐级增加，直到试件出现失效的试验方法，典型的试验剖面如图 4 - 2 所示。

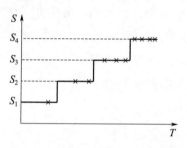

图 4 - 2　典型的 SSALT 试验剖面

步进应力加速寿命试验是目前不断发展、具有较大应用潜力的试验方法，比恒定应力试验更能缩短试验时间、减少试验样品数量，因而受到重视。例如，通过采用步进应力加速寿命试验原理，进行弹上产品贮存状态、失效机理分析和摸底试验，确定了试验应力和应力水平，建立了数据处理数学模型和贮存寿命预测方法，并计算出弹上产品在正常应力水平下的可靠贮存寿命。

（3）序进应力加速寿命试验

序进应力加速寿命试验（PSALT，Progressive Stress Accelerated Life Testing），是一种随时间等速增加应力到受试产品样品上，直到样品开始出现大量失效为止的试验方法。PSALT 的加载应力随时间不断上升，可以更快地激发产品失效，从而进一步提高加速寿命试验的效率。典型的试验剖面如图 4 - 3 所示。

与恒定应力试验、步进应力试验相比，序进应力试验的加速效率在三种基本试验类型中无疑是最高的，但是其统计分析最为复杂，

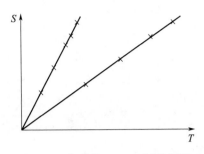

图 4 - 3　典型的 PSALT 试验剖面

其应用受到了很大的限制。此外，序进应力试验需要专门的装置产生符合要求的序进应力，这给应用带来一定难度。

在试验室（箱）内进行的加速贮存试验。这类试验是把样品放在规定的试验室（箱）内，施加规定的贮存环境应力及应力水平，观察其变化。例如，我国某型号产品，对陀螺、舵机线包、舵机、配电器等部分，分别施加几个湿度，进行试验室模拟试验。对某型号弹体结构、导引头、控制及发动机的几十种新非金属材料进行了加速贮存试验，对固体推进剂，惯性测量装置减振器、伺服机构和发射动力装置等进行了加速贮存试验。

4.1.2.2　加速模型

加速贮存试验数学模型的构建基于预期的产品失效机理和导致失效的应力或应力组合之间的相关关系，描述了寿命分析特性从一个应力级别对应到另一个应力级别的关系，将产品性能的衰退或寿命与产品承受的应力条件之间建立了联系。加速贮存试验的加速数学模型可以是物理/化学模型，也可以是经验模型，目前应用较多的是加速故障时间模型和加速性能衰退时间模型。常用的加速数学模型有以下几种：阿伦尼斯（Arrhenius）模型、多项式加速模型、逆幂律模型、单应力的艾林（Eyring）模型、广义艾林模型、温度—热模型、温度—湿度模型、累积损伤模型和灰色预测模型等。

（1）阿伦尼斯（Arrhenius）模型

阿伦尼斯（Arrhenius）模型是加速试验中常用的模型之一。在加速应力为热应力（即温度）时，该模型使用更加广泛。因为高温能使产品（如电子元器件、绝缘材料等）内部加快化学反应，促使产品提前失效。它是由瑞典物理化学家 Svandte Arrhenius 在 1887 年从 Arrhenius 反应速率方程中推导出来的。该模型的关系式如下

$$R(T) = A e^{-E/kT} \tag{4-1}$$

式中，R 为反应速率；A 为未知的常数；E 为激活能（eV）；k 为玻耳兹曼常数，值为 8.617×10^{-5} eV/K；T 为绝对温度（K）。激活能是反应中分子激发参与反应必需的能量，它是温度对反应影响程度的衡量。

如果产品的寿命与反应速率的倒数成正比，就可以得到 Arrhenius 模型，见式（4-2）。

$$\xi = A e^{E/kT} \tag{4-2}$$

式中，ξ 是某寿命特征，如平均寿命，特征寿命，中位寿命，$B(x)$ 寿命等；A 是一个常数，且 $A > 0$；E 是激活能，与材料有关，单位是电子伏特；k 是玻耳兹曼常数，从而 E/k 的单位是温度，故又称 E/k 为活化温度；T 为绝对温度，它等于摄氏温度加 273。

阿伦尼斯模型表明，寿命特征将随着温度上升而按指数下降。对此模型两边取对数，可得

$$\ln\xi = a + b/T \tag{4-3}$$

其中，$a = \ln A$，$b = E/k$，它们都是待定的参数。

从式（4-3）可以看出，寿命的对数与绝对温度的倒数之间满足直线方程。因此，通过施加几组温度应力得到产品在这几个温度点上的寿命后，就可以确定 A 值，并利用这一关系外推出正常温度下的产品寿命和表征产品失效机理的激活能 E。若试验中采取不同的温度应力 T_1、T_2，其他条件不变，要产生相同的退化量，所需时间分别为 t_1、t_2，其比值即为温度加速因子 τ。该模型是目前以温度为加速应力时最常用的方法。

（2）逆幂律模型

在加速寿命试验中用电应力（如电压、电流、功率等）作为加速应力也是常见的。譬如，加大电压亦能促使产品提前失效，在物理上已被很多实验数据证实。产品的某些寿命特征与应力有如下关系

$$\xi = AV^{-c} \tag{4-4}$$

式中，ξ 是某寿命特征，如平均寿命，特征寿命，中位寿命，$B(x)$ 寿命等；A 是一个正常数；c 是一个与激活能有关的正常数；V 是应力，常取电压。

上述关系称为逆幂律模型，它表示产品的某寿命特征是应力的负次幂函数。假如对上述关系两边取对数，就可将逆幂律模型线性化，见式（4-5）

$$\ln\xi = a + b\ln V \tag{4-5}$$

其中，$a = \ln A$，$b = -c$，它们都是待定的参数，$c > 0$。

（3）电—温度—振动加速模型

$$\xi = Cf^{m_1 + m_2/V}\exp\{A/V + B/T\} \tag{4-6}$$

其中，ξ 为产品寿命特征，如平均寿命、中位寿命、特征寿命等，A、B、C、m_1、m_2 为未知参数，f 为振动频率，V 为电压（电流），T 为温度，一般单位为 K。

该模型为 3 种应力的综合环境加速模型，由密西西比州立大学的高电压试验室提出并应用在某绝缘电线的加速寿命试验数据分析中。

（4）单应力的艾林（Eyring）模型

单应力的艾林模型是根据量子力学原理推导出的，它表示某些产品的寿命特性是绝对温度的函数。该模型除了适用于温度应力外，还可以适用于其他的应力，比如湿度。该模型的关系为

$$\xi = \frac{A}{T}e^{\frac{B}{kT}} \tag{4-7}$$

其中，A 与 B 是待定常数，k 是玻耳兹曼常数，T 是绝对温度，它与

阿伦尼斯模型只相差一个因子 A/T。当绝对温度 T 在较小的范围内变化时，A/T 可近似看作一个常数。这时，艾林模型就近似于阿伦尼斯模型。在很多应用场合可以用这两个模型去拟合数据，根据拟合好坏来决定选用哪一个加速模型。

（5）广义艾林模型

如果以温度和电压同时作为加速应力时，Glasstene、Laidler 和 Eyring 在 1941 年提出一个加速模型

$$\xi = \frac{A}{T} \exp\left(\frac{B}{kT}\right) \exp\left[V\left(C + \frac{D}{kT}\right)\right] \qquad (4-8)$$

其中，A、B、C 和 D 是待定的常数，k 是玻耳兹曼常数。若令 $\xi' = kT$，再对上式两边取对数，可得其线性化形式

$$\ln\xi' = a + b\varphi_1(T) + c\varphi_2(V) + d\varphi_1(T)\varphi_2(V) \qquad (4-9)$$

其中

$$a = \ln A$$
$$b = B/k$$
$$c = C$$
$$d = D/k$$
$$\varphi_1(T) = 1/T$$
$$\varphi_2(V) = V$$

式（4-9）最后一项实际上是 $\varphi_1(T)$ 与 $\varphi_2(V)$ 的交互作用项。很多工程应用中常把 ξ' 中的 T 省略，再令

$$\varphi_2(V) = \ln V$$

即

$$\ln\xi = a + b\varphi_1(T) + c\varphi_2(V) + d\varphi_1(T)\varphi_2(V) \qquad (4-10)$$

假如能确认温度 T 与电压 V 之间无交互作用，那式（4-10）最后一项可以省略，加速模型更为简单。

（6）累积损伤模型

一般而言，应用时变应力（即随时间变化的应力）的加速试验可以很快让试验对象失效。在工业化的今天，加速试验可以缩短新

产品研制时间。绝大多数的时变应力试验的类型是步进应力试验。
在步进应力加速试验中，试验样品在每一阶段受到连续较高的应力，
因而形成时变应力剖面。通常，样品从比较低的应力水平开始，在
达到预定的时间或失效数时停止，然后增加应力，继续进行试验。
当所有的样品都失效，或达到一定的失效数，或达到一定的时间时，
结束试验。步进应力加速试验能充分缩短试验时间。除了步进应力
加速试验外，加速寿命试验中还经常用到其他类型的时变应力剖面。
然而，在相同的试验时间和试验样品下得到的结果，时变应力试验
比传统的恒定应力试验稳健性要差。

　　当我们处理时变应力加速试验的数据时，加速模型必须考虑所
施加应力的累积作用。该模型一般是"累积损伤"模型。Nelson 根
据失效机理提出了如下假设：产品的残余寿命仅依赖于当时已累积
失效部分和当时的应力水平，而与累积方式无关。它的具体含义是：
产品在应力水平 S_i 下工作 τ_i 时间的累积失效概率 $F_i(\tau_i)$ 等于此产品
在应力水平 S_j 下工作某一段时间 τ_{ij} 的累积失效概率 $F_i(\tau_{ij})$，见式
(4 - 11)。

$$F_i(\tau_i) = F_j(\tau_{ij}) \qquad (4-11)$$

　　在概率意义下，在 S_i 下工作 τ_i 时间相当于在 S_j 下工作 τ_{ij} 时间。
利用这一假定，可以获得步进应力加速试验中时间折算公式。有了
时间折算公式就可对步进应力加速试验数据进行补偿，使其成为寿
命数据。折算后的寿命数据可以按定时截尾恒定应力加速试验方法
或按定数截尾恒定应力加速试验方法处理。

　　上述加速模型的研究及适用的加速试验类型，在确定加速模型
之后，由解析法直接计算出需要的加速应力水平下的加速系数及正
常应力下的寿命。

　　(7) 多项式加速模型

　　在众多的加速寿命试验中应力 S 或应力的函数 $\varphi(S)$ 常与某寿命
特征 ξ 的对数 $\ln\xi$ 有依赖关系，当线性关系不适用时，就可用二次或
更高次多项式去拟合加速模型。譬如可用 k 次多项式去拟合加速

模型

$$\ln\xi = r_0 + r_1\varphi(s) + r_2[\varphi(s)]^2 + \cdots + r_k[\varphi(s)]^k \quad (4-12)$$

当 $k=1$ 时，就是阿伦尼斯模型 $\varphi(s)=1/s$ 或逆幂律模型 $\varphi(s)=\ln s$ 。用使多项式加速模型时要求应力水平数大于 $k+1$，还须对拟合模型进行统计检验。

（8）Peck 模型

$$\xi = AH^{-m}\exp\left\{\frac{B}{kT}\right\} \quad (4-13)$$

其中，ξ 为产品寿命特征，A、B、C、m 为未知参数，H 为湿度，T 为温度，单位为 K。该模型主要用于温湿度综合环境加速试验数据分析，表达式与广义 Eyring 模型相似。

（9）温度—非热模型

当温度和第二个非热应力（例如电压）为试验的加速应力时，我们可以将 Arrhenius 和逆幂率模型结合起来产生一个新的模型：温度—非热模型（T-NT），其定义如下

$$\xi = \frac{C}{U^n e^{-\frac{B}{V}}} \quad (4-14)$$

其中，U 为非热应力（即电压、振动等），V 为温度（单位为绝对温度），B、C 和 n 是待定的参数。B 是温度对寿命影响程度的衡量，而 n 是非热应力对寿命影响程度的衡量。

两边同时取自然对数可将该关系式线性化

$$\ln\xi = \ln(C) - n\ln(U) + \frac{B}{V} \quad (4-15)$$

当非热应力为常数时，则温度—非热模型变为 Arrhenius 模型

$$\ln\xi = 常数 + \frac{B}{V} \quad (4-16)$$

当热应力保持为常数时，则温度—非热模型变为逆幂率模型

$$\ln\xi = 常数 - n\ln(U) \quad (4-17)$$

（10）温度—湿度模型

温度—湿度（T-H）模型，是 Eyring 模型的变形。当温度和

湿度同时是加速应力时，它主要用于估计产品在使用应力下的寿命。该模型如下

$$\xi = A\,e^{\frac{\phi + b}{V + U}} \tag{4-18}$$

其中，Φ 为需要估计的三个参数中的第一个，b 为第二个（可以看作是湿度的激活能）；A 为第三个，它是一个常数；U 为相对湿度，十进制或百分数；V 为温度，单位是绝对温度。ϕ 是温度对寿命影响程度的衡量，而 b 是相对湿度对寿命影响程度的衡量。

两边取自然对数，就可将该模型线性化

$$\ln\xi = \ln(A) + \frac{\phi}{V} + \frac{b}{U} \tag{4-19}$$

（11）GM（1，1）灰色预测模型

假设正常应力水平为 S_0 和加速应力水平 S_1，S_2，$\cdots$，S_n，$S_0 < S_1 < S_2 \cdots < S_n$ 时，创建数学模型，先按照 S_n，$\cdots$，S_2，S_1 的顺序，将各加速应力水平下的特征寿命点估计值的对数整理成一个数据列，再建立 GM（1，1）白化模型为

$$\frac{\mathrm{d}\ln\theta^{(1)}}{\mathrm{d}f(s)} + a\ln\theta^{(1)} = u \tag{4-20}$$

其中，a、u 为方程的待辨识参数。将该式离散化后，通过最小二乘法解得方程的时间响应函数并根据具体应力下的数据推算产品在正常应力下的寿命。如果对基本 GM（1，1）模型的预测精度不满意，可用残差法修正 GM（1，1）模型。

4.2　自然环境贮存试验方法

导弹自然环境贮存试验的主要目的是尽早暴露产品在设计、材料和工艺等方面可能存在的缺陷，为产品设计改进、延长贮存寿命提供依据，为评定产品贮存寿命提供信息。

4.2.1　试验仪器（设备）

4.2.1.1　试验场地

试验场地主要设施和设备包括：

1）通风、防尘及空调等环境控制设备；

2）避雷装置、防静电设施、消防器具等安全设施；

3）环境参数（温度、湿度和大气压强等）测量设备；

4）有特殊要求的其他设施。

4.2.1.2　试验设备

试验设备主要包括：

1）运输车辆、拖车、吊车、起吊工装、吊具及停放架等；

2）筒（箱）弹停放架，设备、部件的支承装置等；

3）检测设备包括外观检查设备、气密检查设备、筒（箱）弹测试设备、弹上设备性能检测设备及其他检测设备等；

4）维护设备包括筒（箱）弹充气、气体置换设备等。

检测设备应按规定进行检定和校准，并处于计量有效期内。尽量保持检测设备使用的连续性。

4.2.2　试品要求

4.2.2.1　试品选择

应重点选取影响导弹贮存寿命的薄弱环节，如新研制的关键设备、某些关键零部件、元器件及新材料的产品进行贮存试验。对于研制过程中技术状态有较大变化并影响贮存性能的产品，应及时分析并在贮存试验期间进行试品的相应调整和补充。

试品为验收合格的正式产品。用于贮存的导弹试品包括：

1）筒（箱）弹；

2）弹上设备；

3）组件、零部件、元器件；

4）结构件、材料及样件。

4.2.2.2　试品数量

试品投放数量应根据贮存指标要求、检测要求、检测和评价标准、经费等因素综合确定，可按照如下方法确定：

1）筒（箱）弹，一般不少于 2 发；

2）弹上设备、组件、零部件、元器件，参照 GJB 3669—99《常规兵器贮存试验规程》、QJ 2338B—2018《固体火箭发动机贮存试验方法》等标准确定；

3）结构件、材料等弹上产品，根据检测与评价要求，参照 GB/T 3511—2008《硫化橡胶或热塑性橡胶　耐候性》、GB/T 14165—2008《电子设备用可变电容器的使用导则》、QJ 2338B—2018《固体火箭发动机贮存试验方法》等标准确定。

4.2.2.3　试品包装和存放

试品应根据贮存要求和使用维护要求采取包装防护、存放和维护措施。试品包装和存放按如下方式进行：

1）导弹以筒（箱）弹状态或专用包装箱形式贮存，放置在停放架或专用的支架上；

2）弹上设备，按弹上实际贮存环境条件采取防护包装后贮存，以平行贮存件形式安装放置在导弹的筒（箱）或专用包装箱内；

3）其他试品，根据试验目的、试验大纲确定包装状态和放置。

4.2.3　试验条件

4.2.3.1　试验环境

贮存试验环境应满足防空导弹的使用条件要求，选择能代表产品寿命周期贮存剖面内典型气候特征的环境。贮存试验场地一般选择南方（湿热海洋）和北方（干燥寒冷）环境，除另有规定，一般可按如下环境模拟库房、户外和棚下等场所进行试验，同时考虑海洋环境中高温、高湿和高盐雾的综合环境。

（1）库房或洞库环境

温度：5 ℃～30 ℃；

相对湿度：30％～80％。

（2）陆地简易库房和舰船舱室内环境

阵地简易库房温度：－40 ℃～＋50 ℃；

舰船舱室内环境温度：－10 ℃～＋50 ℃。

（3）地面露天和舰船舱室外环境

地面露天环境温度：－45 ℃～＋65 ℃；

舰船舱室外环境温度：－30 ℃～＋60 ℃。

4.2.3.2　贮存时间

现场贮存试验时间应根据产品寿命剖面（贮存和战备值班）、贮存和使用期限、贮存寿命预示值和试验目的等综合分析确定，一般不小于产品贮存期指标要求，具体可按照如下方法确定：

1）导弹贮存时间不小于贮存期指标要求；

2）弹上设备贮存时间不小于贮存期指标要求，也可按照GJB 736.14—91《火工品试验方法　长期贮存寿命测定》、GJB 3669—99《常规兵器贮存试验规程》、QJ 2338B—2018《固体火箭发动机贮存试验方法》等相关产品的试验规范确定；

3）其他试品贮存时间根据产品贮存和使用期限、贮存寿命预示值和试验目的等综合分析确定。

4.2.3.3　试验资料

（1）试验大纲

试验前编写试验大纲，用于试验实施和试验结果评定，主要包括以下内容。

1）试验目的；

2）试验方案：试品清单（含投试数量）、投试地点、投试时间及试验周期；

3）试品技术状态、存放及贮存维护要求；

4) 试验条件：环境条件、场地条件和其他要求的条件等；

5) 试验用设备配套，如工装、测试设备等；

6) 试验程序；

7) 数据录取和处理要求；

8) 失效判据；

9) 试验结束标志（试验判据）；

10) 试验评价；

11) 贮存试验保障要求：质量控制要求，安全措施规定，参试单位及试验分工。

(2) 测试细则

试验前编写测试细则，说明贮存期间应开展的测试工作要求，主要包括以下内容。

1) 测试应具备的条件：场地要求、环境要求、设备要求等；

2) 测试内容、测试步骤、检测周期及注意事项；

3) 测试项目及对应的技术指标规定值和测试合格判据；

4) 测试记录要求。

4.2.4　检测要求

4.2.4.1　检测项目

应根据产品的特点、检测信息的需要，合理设置检测项目。检测项目的设置，应以获得满足试验评价所需要的检测信息为目的。这些信息主要包括确定产品性能、贮存可靠性变化规律，确定安全性、环境适应性等贮存变化情况所需的信息。检测项目一般包括外观检查、功能和性能检测、环境测量。应对贮存试验期间试验场地进行环境参数测量，并进行必要的气象因素和介质因素测量。

导弹的检测项目见表 4-1，弹上设备的定期检测项目见表 4-2。

表 4 - 1　导弹定期检测项目

序号	检测项目	检测内容
1	外观检查	筒(箱)外表面有无划伤、变形、脱漆、锈蚀、长霉和损坏等
		机械接口和所有口盖的紧固情况
2	性能检测	气密检查
		筒(箱)弹测试

表 4 - 2　弹上设备定期检测项目

序号	检测项目	检测内容
1	外观检查	包装是否完好
		表面有无划伤、变形、脱漆、锈蚀、长霉、脱粘、泄漏和损坏等
		检查可变形尺寸的参数变化
2	功能检测和性能检测	电气性能检测
		机械性能检测
		密封性能检测
		其他性能检测:根据具体产品特性进行相应的力学性能、理化性能、发火性能、粘接性能等检测

4.2.4.2　检测周期

贮存试验期间,试品的定期检测周期应根据开展贮存试验的阶段、试验目的及试验方法,结合产品的密封状况、贮存时间和贮存环境等因素确定。根据产品相关技术文件规定,按贮存日历时间定期进行预防性维护。环境测量周期应根据环境因素变化情况和对试品的影响程度确定。温度、湿度、大气压力和太阳辐射的测量周期,一般为连续测量或每天至少 3 次。

试品定期检测周期如下:

1) 筒(箱)弹一般每半年或一年一次外观检查和性能检测,也可根据产品专用技术条件规定进行;

2) 对于弹上产品,定期检测周期参照 GJB 2934—97《弹药贮存质量监控方法》、GJB 736.14—91《火工品试验方法　长期贮存寿命测定》、QJ 2338B—2018《固体火箭发动机贮存试验方法》、QJ 2167—91《战略导弹控制系统贮存试验规范》等确定；一般情况下，平行贮存试验件在贮存 3～5 年后，每年应抽取一定数量进行检测；

3）非金属材料，定期检测周期可参照 GB/T 3511—2008《金属和合金　大气腐蚀试验　现场试验的一般要求》等确定。

贮存试验定期检测记录格式见表 4-3。

表 4-3　定期检测记录表

试品编号		检测日期			
试品名称		检测地点			
试品型号		检测人员			
出厂编号		贮存方式	户外	棚下	库房
试品批次		（选择打"√"）			
现场环境	温度：	湿度：		大气压：	
检测记录					
检测项目	指标要求	检测结果		检测结论	
外观检查					
性能检测	电气性能				
	机械性能				
	气密检查				
备注:(如有故障,进行故障描述和分析)					

4.2.5　失效判别原则和试验中断处理

4.2.5.1　失效判别原则

贮存失效判别遵循以下原则：

1）因装卸、运输和检测等操作不符合技术规程而造成的产品失效，不计入贮存失效；

2）因贮存过程环境条件不符合规定而造成的试品失效，不计入贮存失效；

3）因设计不当（如选材不当、结构形式不合理和防护措施无效等情况）造成的试品失效，计入贮存失效；

4）因制造工艺造成失效的，计入贮存失效。

4.2.5.2　试验中断处理

试验中断按照下列方式处理：

1）经检测确认试品丧失固有功能，判定为贮存失效时，该试品停止贮存试验；

2）试品规定的非贮存失效，记录相关情况及检测情况，排除故障后继续贮存试验；

3）试品出现不影响性能的外观缺陷（如局部腐蚀和锈痕、少量漆层剥落）时，记录相关情况及检测情况（不进行维修），继续贮存试验；

4）试品出现一般技术性能指标超差，对功能没有影响或有轻微影响的缺陷时，记录相关情况及检测情况（不进行维修），经确认若有必要，可继续贮存试验。

4.2.6　试验程序

贮存试验程序包括制定试验大纲及测试细则、试品验收交接、贮存、定期检测、验证试验、试验评定、试品处理、试验结果分析与评价等。具体工作流程如图 4-4 所示。

4.2.7　试验步骤

试验步骤如下：

1）制定贮存试验大纲及测试细则；

2）按照技术要求生产试品，并验收合格；

3）进行外观检查、功能检测和性能检测，通过后运往试验现场；

4）试品到达试验现场后，按有关文件办理交接手续；

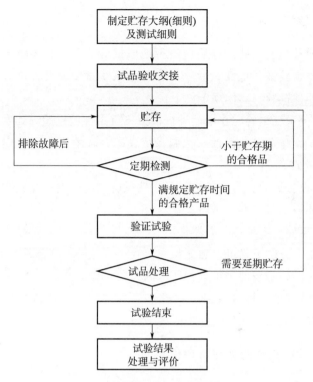

图 4 - 4　贮存试验程序

5）进行外观检查、功能检测和性能检测，必要时进行维护，记录数据；

6）按照试验大纲要求存放试品；

7）按要求进行定期检测，记录数据；

8）贮存期间，对筒（箱）进行气密检查、湿度检查、补气、气体置换等维护工作；

9）贮存时间满足试验大纲规定的试验时间，贮存结束；

10）进行外观检查、功能检测和性能检测；

11）检测通过后，试品进行验证试验；

12）试验结束后，进行试验结果分析与评价。

4.2.8　验证试验

导弹及弹上产品贮存后应进行地面试验验证，必要时导弹可进行飞行试验验证，地面试验一般包括分系统试验、设备试验和零部件、元器件试验。具体规定如下：

1）分系统试验。在地面进行模拟飞行条件的试验，如发动机的地面试车，弹上电池激活，控制系统在综合环境应力下的模飞试验和综合测试等。

2）设备试验。对设备进行可靠性试验，包括按产品技术条件进行各种环境试验和寿命试验。

3）组件、零部件、元器件试验。经过贮存后的零部件、元器件或从设备上分解下来可以独立检查、测试、试验的零部件、元器件，按其规定的技术条件进行各种环境试验和寿命试验。

4）结构件、材料试验。对贮存后的结构件、材料样件进行烧蚀、拉伸、弯曲、探伤、冲击强度等测试。

4.2.9　试验结果的处理与评价

4.2.9.1　处理与评价方法

试验结果的处理与评价方法应根据产品特点和贮存试验阶段确定。试验过程中一般采用工程分析方法进行评价；贮存后进行试验验证，采用统计和工程分析相结合的方法，对贮存可靠度进行评价。

4.2.9.2　评价依据

评价依据包括：

1）工程分析结果；

2）验证试验信息；

3）使用贮存信息。

4.2.9.3　工程分析

（1）外观分析

根据试品检测和环境测量情况，对压痕、变形、脱漆、锈蚀、长霉、析出物、衍生物、变色、老化、变质、裂纹、分层、剥落、脱焊、泄漏、松动、卡滞、损坏等失效进行分析，归纳产品贮存失效模式，分析外观失效对试品性能的影响程度，找出失效原因，提出改进措施。

（2）性能分析

根据试品的工作特点、贮存试验期间定期检测记录和验证试验信息，对照产品技术条件，进行分析评价。主要包括以下内容：

1）对金属结构件及其材料试品，进行力学性能分析；

2）对非金属件的抗压、抗拉、延伸率、硬度、耐烧蚀、耐冲刷强度及无损探伤（如发动机）情况进行分析；

3）对电子元器件及设备，机械零部件及设备，泵、阀等液压元件的性能参数进行分析；

4）对一次性使用产品的性能（如发火率、装药理化性能、力学性能、燃烧性能等）进行分析；

5）密封性能分析；

6）对有封装要求的试品，进行包装措施的效果分析。

（3）分析结果

工程分析结果包括：

1）产品贮存特性变化规律；

2）贮存失效产品清单；

3）失效模式与失效原因分析，提出产品选材、设计、生产和工艺的改进措施；

4）贮存过程中维护和环境保证措施的改进意见。

4.3　加速贮存试验方法

4.3.1　基本原则

开展导弹加速贮存试验应遵循的一般性原则包括：

1）应从研制阶段开始，系统地针对导弹所属薄弱环节、电子/机电整机、含能整机、舱段及全弹等不同级别和层次产品开展加速贮存试验工作。

2）应尽早收集导弹同类或相似产品的老化、腐蚀、性能退化、失效及工作异常等故障数据，对产品的失效机理及敏感环境应力进行深入分析，为确定导弹贮存薄弱环节提供依据。

3）为了获得可信的结果，应尽可能对产品的每种失效模式及失效机理进行识别，确定其性能退化参数及失效阈值。

4）应分析各种失效模式及机理的可加速性，即产品的寿命特征与某种或某几种试验应力之间存在确定的函数关系。

5）应根据产品组成部分的耐受环境极限信息、同类产品历史数据或通过极限应力摸底试验，确定产品的加速应力水平，以保证加速应力不应超过使受试产品的失效模式及物理化学特性发生改变的水平。

6）导弹整机级（及以上）产品的加速贮存试验一般采取"加速因子确定＋贮存期验证"的技术方案，加速因子一般通过试验或评估的方法获得。贮存期验证试验时，考虑到应力及损伤有一定的分散性，加速因子确定有一定的近似性。因此，应设置一定的安全系数，保证具有足够的余量。

7）导弹的贮存寿命（或贮存可靠性）最终应当由经过各种贮存和运输状态后的导弹使用性能来评价。因此，对于已加速至规定贮存期要求的导弹产品，应根据贮存后的任务剖面进行贮存后验证试验。

4.3.2　受试产品要求

4.3.2.1　受试产品范围

贮存试验应考虑继承性，在充分搜集和分析类似产品贮存信息的基础上进行试品选取，试品范围一般包括：

1) 采用新材料、新工艺的工艺结构件、材料样件，如密封材料、塑料、橡胶等；

2) 组件、零部件及元器件，如元器件、电气及液压组件、印制板组装件、电路模块等；

3) 弹上整机，如弹上电子/机电设备，含能整机等；

4) 舱段或全弹。

4.3.2.2　产品技术状态

受试产品试验前一般应达到以下技术状态：

1) 试品能满足试验要求且质量检验合格，并具有产品检验合格证或产品证明书；

2) 试品应尽可能按实际贮存环境条件并采取防护包装后开始试验；

3) 材料/结构类产品可按相关标准制作标准试样开展加速贮存试验，尽可能选取真实产品在整机/系统级层次按照实际贮存工况开展贮存期验证试验；

4) 弹上整机及分系统应按照 GJB 1391—2006《故障模式、影响及危害性分析指南》对受试产品进行故障模式、影响及危害性分析，发现贮存寿命设计的薄弱环节，分析加速贮存试验过程中可能发生的故障；

5) 试品应具备任务书/技术协议等文件中规定的功能和性能，在设计、材料、结构及工艺等方面应能基本反映将来生产的产品状态。

4.3.2.3　受试产品数量

受试产品数量一般按照以下原则确定：

1）零部件、元器件、工艺结构件及材料件等试品一般不少于 40 件，对于关键贵重的试件不少于 12 件；

2）弹上电子/机电整机试品应根据其贮存可靠性指标（置信度 C，贮存期 T，发射飞行可靠度 R 等）试验验证及评估的统计分析需要确定数量；

3）固体火箭发动机、战斗部及火工品等含能整机试品一般根据破坏性试验次数和检测周期确定数量，可参照 QJ 2338B—2018《固体火箭发动机贮存试验方法》等标准有关规定；

4）延寿靶试样弹应依据导弹母体数量，并采用假设检验和置信度评估相结合的途径确定抽样方案和数量。

4.3.3　加速贮存试验设计

4.3.3.1　基本考虑

防空导弹贮存寿命加速试验的设计，应从产品的层次、类型及所经受环境的敏感应力等方面进行考虑。

1）以导弹的产品层次为主线，建立从薄弱环节、整机到舱段/全弹的统分结合、层层递进的加速贮存试验总体方案，针对不同层次产品采取不同的加速贮存试验方案；

2）将导弹产品划分为电子产品/机电产品/光电产品/结构件/弹性元件/含能产品等类型，针对不同类型产品选取合适的寿命特征参数及检测方法；

3）根据导弹全寿命周期贮存任务剖面确定其贮存期的"规定贮存条件"，针对敏感环境及载荷应力选择合适的寿命加速模型及寿命评估方法。

4.3.3.2 一般步骤

加速贮存试验按照以下步骤进行：

1）明确受试产品的功能原理、组成特性、技术状态及数量等基本信息；

2）根据导弹全寿命周期贮存任务剖面，确定其贮存环境剖面及敏感应力因素；

3）根据导弹产品贮存薄弱环节环境效应分析及可借鉴的贮存失效和寿命信息，确定加速应力、标称应力及可忽略应力；

4）确定试验方案及应力施加方式；

5）通过预试验求取加速因子，或者依据相关加速模型及经验系数评估加速因子；

6）开展贮存期验证试验，总的试验时间应在实际贮存期限的基础上乘以一定的安全系数；

7）开展贮存后验证试验；

8）进行贮存失效分析；

9）试验分析及结果评估。

4.3.4 贮存环境数据收集与分析

4.3.4.1 贮存任务剖面

导弹的贮存任务剖面包括按照规定的程序和要求自生产出厂到飞行前的全过程，包括自生产检验完毕，离开生产厂家以后所经历的各种环境条件和使用状态，包括运输装卸、库房贮存、定期测试及战备值班等。

4.3.4.2 贮存环境载荷因素

贮存中最重要的环境应力主要是温度、湿度、振动、冲击，其次是大气压力、盐雾、砂尘，既有静态环境，又有动态环境。工作载荷主要是电、摩擦、机械应力。

（1）温度

根据贮存任务剖面，确定高温、低温环境量级及对应的时间历程，模拟温度老化作用的效果。

1）高温会加速材料的老化过程。塑料在紫外线、臭氧、微生物等因素的刺激下会加速老化。而作为密封材料使用的橡胶的老化则会引发多种多样的问题。

2）橡胶在状态良好的时候会有较高的弹性，能充分发挥提供预紧力和密封压力的作用。但是，在盐雾、微生物、推进剂挥发物、辐射以及高温的影响下，橡胶会逐步老化从而失去部分弹性。这就会引起高压容器漏气、伺服机构漏油、燃料箱漏液（简称"三漏"）的现象。

（2）温度循环

根据贮存任务剖面，确定温度循环应力量级及对应的时间历程，模拟热机械疲劳作用的效果。

1）导弹库房贮存、战备值班期间，受昼夜温差引起的周期性机械应力，可能导致器件产品失效。

2）昼夜温度变化通过零值时影响更加明显，大气低层中的水蒸气，在温度下降时凝结成细小的水滴，当温度迅速下降时，甚至在导弹内部会落下露水。

3）昼夜温变时，由于材料的热膨胀系数不同，外界温度的循环使零件内部产生循环应变，由此导致的裂纹和断裂叫做热疲劳失效。温度循环引起的应变主要为非弹性应变，即塑性应变。

（3）湿度应力

根据贮存任务剖面，确定湿度环境量级及对应的时间历程，模拟湿度环境作用的效果，湿气和材料的相互作用分为两种情况。

1）第一种情况，水渗透到导弹的裂缝、细管或滞留在零件的表面，水分可能被表面吸收或渗透到材料结构中去。当温度急剧变化时，水结冰/蒸汽会产生机械作用。

2）第二种情况，水能加剧腐蚀过程，引起水解作用并促使某些元件蜕变，大气中的盐和酸会在金属表明形成电解层，引起电化腐蚀。

（4）运输振动

根据贮存任务剖面，确定运输振动、冲击量级及对应的时间历程，模拟振动、冲击环境作用的效果：

1）运输振动主要用来评价产品在运输载荷作用下的强度，并确定其疲劳寿命，对于机载导弹来讲，在工程研制阶段通过运输试验，确定其可起飞的次数；

2）振动引起的故障包括连接件松动、焊点开裂、涂层或镀层开裂、部件撞击或短路、组合体变形及电噪声加大等。

（5）腐蚀

根据贮存任务剖面，确定腐蚀环境量级及对应的时间历程，模拟腐蚀作用的效果。

1）金属材料与周围介质接触时，会因为化学作用遭到腐蚀。而焊接、热处理、铸造、切削等加工工艺会给导弹弹体残留下热应力、相变应力和形变应力等，这些应力会和腐蚀介质产生协同作用加速金属构件的损坏。

2）金属的腐蚀会降低导弹元件的稳定性，降低产品的工作精度，缩短其使用期限。昼夜温差的变化，特别是在凝结变为蒸发和相反的情况下，会加速腐蚀的发展。在湿度昼夜变化强烈时，腐蚀速度明显加快。

（6）霉菌

根据贮存任务剖面，确定霉菌环境量级及对应的时间历程，模拟霉菌作用的效果。

1）在潮湿环境中（如地下洞库、丛林和一些低纬度地区），裸露放置的导弹容易产生霉变，弹体内部的印制电路板和弹上的光学仪器都会受到霉菌的影响。

2）霉吸收水分的能力很强，因而会在导弹元件表明产生导电层，降低绝缘电阻，加快腐蚀。此外，霉能分离出有机酸（乙酸、柠檬酸），会引起防护层的破坏，使透镜昏暗或侵蚀玻璃制品出现斑点。

(7) 低气压应力

根据贮存任务剖面，确定低气压环境量级及对应的时间历程，模拟低气压作用的效果，低气压环境对产品的主要影响包括物理/化学效应以及电效应：

1) 物理/化学效应的主要影响包括泄漏、密封容器变形、破损或破裂、低密度材料的物理和化学性能发生改变、热传导降低引起导弹产品过热、发动机启动及工作不稳定、密封失效等；

2) 电效应的主要影响表现在电弧或电晕放电造成导弹产品故障或工作不稳定。

(8) 电应力

根据贮存任务剖面，确定电应级及对应的时间历程，模拟电应力作用的效果。

1) 电应力会促使电子产品内部产生离子迁移、质量迁移，造成参数漂移、短路、击穿短路失效等；

2) 电应力诱发的常见失效为过电应力、闩锁效应、电迁移和节点击穿等。

4.3.4.3　贮存环境条件

对防空导弹典型贮存剖面进行分析，统计在运输装卸、库房贮存、定期测试及战备值班等阶段的主要环境因素的量级及时间历程，见表 4 - 4。

表 4 - 4　导弹贮存环境条件数据表

序号	经历任务	主要环境条件	应力大小	作用时间
1	装卸运输	装卸冲击	×	×
		公路/铁路/运输、海运、空运	×	×
2	库房贮存	温度	×	×
		湿度	×	
3	定期检测	通电检测	×	×

续表

序号	经历任务	主要环境条件	应力大小	作用时间
4	战备值班	温度	×	×
		温度循环	×	×
		公路/铁路运输	×	×

4.3.4.4 贮存环境剖面示例

（1）概述

以某型防空导弹电子整机贮存寿命加速试验为例，给出该电子整机贮存 1 年的环境条件数据。

（2）贮存环境条件确定

1）库房贮存。防空导弹全年共有×个月在库房贮存，其中，温度：环境温度为恒定×℃；湿度：导弹存放于密封充干燥氮气的贮运发射筒中，不考虑湿度应力。

2）定期检测。导弹每年测试 2 次。

3）战备值班。防空导弹每年有×个月在野外进行战备值班，其中，

• 野外环境温度为×℃，平均温度为×℃；

• 昼夜温差为×℃；

• 在战备值班时，每年累计公路运输里程×km（行驶速度×km/h），振动量级×g；铁路运输历程为×km（时速×km/h），运输条件为 GJB 150.16A—2009《军用装备实验室环境试验方法：振动试验》中铁路货物运输条件。

（3）多应力环境试验剖面的制定

根据上述的贮存环境条件数据，绘制导弹贮存环境剖面，作为制定加速试验剖面的基础。导弹贮存 1 年的环境剖面示意图如图 4-5所示。

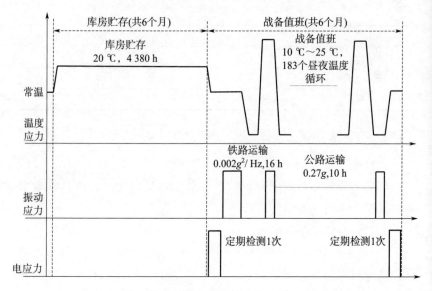

图 4-5　典型防空导弹电子整机贮存 1 年的环境剖面图

4.3.5　薄弱环节加速贮存试验

4.3.5.1　考核内容

通过薄弱环节加速贮存试验，主要考核以下内容：

1）摸清薄弱环节产品在贮存应力长期作用下的寿命规律，评价所选材料、装药、器件等产品贮存条件下的使用稳定性；

2）评价薄弱环节产品长期贮存的能力，提前发现薄弱环节，为贮存寿命改进设计、材料/元器件/部组件选型及维修周期确定提供依据，降低产品后续研制风险；

3）获取薄弱环节的寿命信息（产品寿命分布或性能参数随时间的退化特性）及加速模型信息（加速模型及其特征参数），为制定整机及系统级产品加速贮存试验方案提供基础。

4.3.5.2　范围

导弹贮存薄弱环节一般包括如下类型产品：

1）材料/结构类产品，主要包括导弹用金属材料（如壳体，弹性元件等）和非金属材料（如橡胶、塑料、复合材料、胶粘剂、油漆涂料、油脂油料等）。

2）药剂类产品，主要包括导弹用发动机推进剂、战斗部装药及火工品等。

3）元器件，主要包括阻容元件、半导体分立器件、集成电路、混合电路、电真空器件、电磁继电器、连接器、频率元件等。

4）部组件，主要包括处理器模块、通信模块、开关量输出模块、开关量输入模块、AD/DA 模块、定时器模块、脉冲采集模块、电源输出模块、温补晶振模块、惯性测量组合、伺服机构、电连接器等。

4.3.5.3　贮存薄弱环节的确定及其失效分析

（1）贮存薄弱环节确定

一般通过以下途径确定制约防空导弹长期贮存寿命的薄弱环节。

1）收集导弹在战备值班、演习及靶试等过程中工作异常、性能退化及失效的组件，如不能排除是偶然个体原因，应作为导弹的贮存薄弱环节。

2）分析导弹产品的定期检测数据并获取性能参数的退化趋势，存在明显单调退化趋势产品的元器件及组件应作为导弹的贮存薄弱环节。

3）重点关注采用新材料、新器件、新工艺的产品，在材料与器件寿命分析的基础上，找出导弹贮存可靠性的薄弱元器件及组件。

4）通过设计 FMEA 以及过程 FMEA 等可靠性预计手段，估计导弹故障率较高的薄弱元器件及组件，并作为导弹的贮存薄弱环节。

（2）失效模式及机理分析

应对导弹贮存薄弱环节在贮存过程中发生的失效现象进行失效

分析，明确贮存失效模式及失效机理，弄清引起失效的敏感应力，为开展贮存试验和产品设计改进提供支持。

贮存失效分析应考虑导致贮存失效的各种影响因素，包括产品的物理及机械性能、贮存环境条件、产品的环境防护措施和安装方式等。

1）对于某些结构件和微波器件，应考虑结构应力释放或形变应力可能引起的部件失效；

2）某些型号导弹装载在发射筒内，筒内充以氮气，因此，无须考虑湿度对产品的影响；

3）螺钉、橡胶圈等紧固件都处于紧固状态；

4）导弹舵翼处于折叠状态，受到弹性力作用；

5）导弹的伺服机构在贮存时处于油浸环境。

4.3.5.4　试验方法

（1）概述

导弹薄弱环节产品的失效模式及失效机理相对单一，为验证薄弱环节不存在某种贮存失效模式或验证其贮存寿命是可接受的，通常针对某一特定的失效模式采用单应力条件进行加速贮存试验。然而，在某些情况下，为了获得不同应力的交互耦合影响，也需施加综合应力。

（2）典型加速模型

①单应力加速模型

目前，广泛应用的单应力加速模型主要是考虑温度应力、电应力、湿度应力和振动应力对导弹产品寿命的影响。

1）温度应力加速模型。

常用的温度应力加速模型有阿伦尼斯模型（Arrhenius）和艾林（Eyring）模型。艾林模型不仅可以描述温度和寿命的关系，有时也可以作为描述湿度和寿命关系的模型。

•阿伦尼斯模型：瑞典物理化学家阿伦尼斯（Svandte Arrhenius）提出了下列关系式（1889 年发表在物理化学杂志上，酸

对蔗糖转化反应速率影响）

$$v(T) = A\exp\left(-\frac{E_a}{kT}\right) \qquad (4-21)$$

式中，v 为反应速度，A 为未知的非热常数，E_a 为激活能（eV），k 为玻耳兹曼常数（8.617×10^{-5} eV/K），T 为绝对温度（K）。

阿伦尼斯模型是与温度相关的寿命模型，因此建议用于评估当温度为主要老化因素时的情况，用来描述产品的失效是由于化学反应速度与材料扩散引起产品退化导致的失效，在实际中广泛应用于电介质、电器绝缘、固体和半导体、电池、塑料、橡胶等非金属材料的评估。

激活能的值与失效模式直接相关，对于电子产品激活能通常的取值范围在 $0.5 \sim 0.8$ eV 之间。但是，对于元器件，其实际的激活能差异较大，具体取决于失效机理。收集到的典型器件类型的激活能推荐值见表 4-5。

表 4-5　激活能的取值

序号	元件	激活能/eV	备注
1	电容器(氯化联苯,无稳定剂)	1.17	由 Arrhenius 曲线计算
2	电容器(氯化联苯,05%蒽醌)	1.53	由 Arrhenius 曲线计算
3	电容器(氯化联苯,05%偶联蒂)	2.00	由 Arrhenius 曲线计算
4	电容器(氯化联苯,牛皮纸)	0.86	由 Arrhenius 曲线计算
5	电容器(带 0.5%偶氮苯的氯化联苯,牛皮纸)	1.50~1.93	由 Arrhenius 曲线计算
6	电容器(介质管状纸)	2.42	由 Arrhenius 曲线计算
7	电容器(金属化纸)	1.32	由 Arrhenius 曲线计算
8	电容器、钛、氧化钛,薄膜(25 ℃~100 ℃)	0.09	
9	二极管(硅-通用)	1.13~2.27	
10	二极管(硅-1960)	1.14	
11	二极管,硅 IN673 和 IN696	1.8	由 Arrhenius 曲线计算
12	二极管,硅,p—n—p—n	1.41	

续表

序号	元件	激活能/eV	备注
13	变容二极管,硅	2.31～2.38	
14	其他二极管	1.13～2.77	
15	变容二极管	2.31～2.38	
16	CMOS 微电路(CD4024A)	1.0	
17	CMOS 微电路(CD4013 型)	1.1	
18	CMOS 微电路(CD4011 型)	1.4	
19	CMOS 微电路(4007 反常 POP) CMOS 微电路(基本 POP)	0.9 1.3	
20	运算放大器 741(反常 POP) 运算放大器 741(基本 POP) 运算放大器 741(混合 POP)	0.9 1.6 0.8	
21	印刷电路板,材料（1/32 英寸） NEMAG－10 及 FR4	1.49	由 Arrhenius 曲线计算
22	半导体器件(硅)	0.9～1.4	最众值 1.1 eV,由 Arrhenius 曲线计算
23	硅晶体管和集成电流	1.1	
24	晶体管	0.66	
25	晶体管(锗,合金型 OC1972)	1.08～1.26	
26	晶体管(锗,合金型 LT123)	1.25	
27	晶体管(双极 p—n—p—n)	1.65	
28	晶体管 CMOS	1.18	Eying 模型
29	晶体管(锗,扩散型)	0.87～1.24	由 Arrhenius 曲线计算
30	晶体管(锗,有吸气剂)	1.24	由 Arrhenius 曲线计算
31	晶体管(锗,台面型 AF106)	1.00	
32	晶体管(锗,台面型 2N559)	0.95～1.17	
33	晶体管(锗 MADT)	1.07	
34	晶体管（锗,微合金晶体管 MAT2N292)	1.0	
35	晶体管(锗,MAT2N393)	1.0	

续表

序号	元件	激活能/eV	备注
36	晶体管(锗,未吸气)	0.88	
37	晶体管(锗,60 ℃)	0.99~1.2	
38	晶体管(锗)	0.17	
39	晶体管(锗,以硼硅酸或分子筛为吸气剂)	1.24	
40	晶体管(硅台面型 2N269)	0.38~0.58	
41	晶体管(硅台面型 2N560)	1.12~1.50	
42	晶体管(硅台面型 2N1051)	1.12	
43	晶体管(现代海底电缆)	1.4	
44	晶体管 MOS	1.1~1.2	由 Arrhenius 曲线计算
45	晶体管(功率型 MSC1330)	0.81	
46	晶体管(硅,基本 POP)	1.02	
47	晶体管(硅,平面 4A-2)	1.18~1.50	
48	晶体管(硅,p—n—p—n)	1.65	
49	晶体管(硅)	1.12~1.46	
50	晶体管(硅,双极)	1.02~1.77	
51	晶体管(硅,台式,2N560)	2.16	由 Arrhenius 曲线计算
52	晶体管(硅,标准的)	0.96	t10 寿命,由 Arrhenius 曲线计算
53	晶体管(硅,标准的)		T50 寿命,由 Arrhenius 曲线计算
54	晶体管(海底电缆)	1.30	0.025% 失效,由 Arrhenius 曲线计算
55	晶体管(海底电缆)	1.24	5% 失效,由 Arrhenius 曲线计算
56	晶体管(2N559 真空烘烤)	0.89	由 Arrhenius 曲线计算
57	晶体管(石英玻璃吸气剂,锗,2N559)	1.02	由 Arrhenius 曲线计算

表 4 - 6 美军标中部分激活能

器件类型	MIL – HDBK – 217F notice 1	MIL – HDBK – 217F notice 2	RDF 2000	MIL 217 plus	FIDES
Update year	1995	1996	2000	2007	2009
Bipolar logic	0.4 eV	0.4 eV	0.4 eV	0.8 eV	0.7 eV
CMOS logic	0.35 eV	0.35 eV	0.3 eV	0.8 eV	0.7 eV
BiCmos logic	0.5 eV	0.5 eV	0.4 eV	0.8 eV	0.7 eV
Linear	0.65 eV	0.65 eV		0.8 eV	0.7 eV
Memories	0.6 eV	0.6 eV		0.8 eV	0.7 eV
VHSIC	0.4 eV	0.4 eV		0.8 eV	0.7 eV

• 艾林模型：美国人艾琳（Eyring）最早把量子力学和统计力学用于化学，奠定了反应速率的过渡态理论基础，1935 年得出了反应速率的过渡态理论公式即艾琳公式。艾琳模型的关系如下

$$L(V) = \frac{A}{V} \exp\left(\frac{B}{V}\right) \qquad (4-22)$$

式中，L 为可度量的寿命特征，如平均寿命，特征寿命等；V 为应力水平，A 与 B 均为模型参数。

从形式上看，艾琳模型比阿伦尼斯模型多了一个 $1/V$，从计算结果来看，当 V 不太大时，与阿伦尼斯公式计算得到的结果非常接近。

从理论上看，阿伦尼斯模型是一种经验公式，而艾琳模型是基于反应速率的过渡态理论推导出来的，更加科学。

工程实践中，当温度作为加速应力时常选用阿伦尼斯模型，其他应力常选用艾琳模型，且不仅限于化学老化，很多物理老化也采用艾琳模型。

2）电应力加速模型。

常见的电应力加速模型有逆幂律模型（Inverse Power Law）和指数模型（Exponential Law）。

• 逆幂率模型：产品的某些寿命特征与应力有如下关系

$$L = AV^{-c} \qquad (4-23)$$

式中，L 表示产品寿命特征，如平均寿命、中位寿命、特征寿命等；A 为大于 0 的常数；V 为电应力，常为电压；C 为与激活能有关的正常数。

• 指数模型：MIL-HDBK-217E（1986）对各种电容器的加速寿命试验建议使用指数型模型

$$L = Ae^{-BV} \qquad (4-24)$$

式中，L 表示产品寿命特征，如平均寿命、中位寿命、特征寿命等；V 为非热量应力，在电容器中，V 即为电压；A、B 为模型参数。

• 振动应力加速模型：加速振动应力的选取原则是在加严应力下产品出现的故障模式和机理与正常应力下一致，即不会因为振动应力量级的加大而导致新的失效模式和机理产生。参考 GJB 150A 及 GJB 1032A—2020 中的振动疲劳等价折算公式，正弦振动的加速模型

$$\left(\frac{T_L}{T_H}\right) = \left(\frac{g_H}{g_L}\right)^n \qquad (4-25)$$

式中，g_H 是在加速试验条件下的正弦振动峰值加速度；g_L 是产品实际工作条件下的正弦振动峰值加速度；T_H 是加速模拟试验时间；T_L 是产品实际振动的时间；n 为待定系数，对于电子整机，n 的典型值为 6，对于电路板，n 的典型值为 2.5。

随机振动的加速模型

$$\left(\frac{T_L}{T_H}\right) = \left(\frac{W_H}{W_L}\right)^{n/2} \qquad (4-26)$$

式中，W_H 是在加速试验条件下的功率谱密度；W_L 是电子产品实际测得的功率谱密度；T_H 是加速运输模拟试验时间；T_L 是电子产品实际运输振动的时间；n 为待定系数，电子整机 n 的典型值为 6。

• 热循环应力加速模型：热循环也是一种温度应力，但是它激发失效的模式通常与恒定温度不同。通常用失效周期来描述产品寿命受热循环的影响。Coffin 和 Manson 提出了额定失效周期 θ 和温度范围之间的关系，即 Coffin-Manson 模型

$$(\Delta T)^m N = C \qquad (4-27)$$

其中，ΔT 是温度范围为 $T_{max} - T_{min}$，C 和 m 是材料属性和产品设计的特征常数，其中 m 通常为正数。m 值与材料本身特性相关，不同类型的产品所对应的 Coffin - Manson 模型 m 值推荐值见表 4 - 7。

表 4 - 7　Coffin - Manson 模型 m 值推荐值

类型	机械	有铅电子产品	无铅电子产品
m 值范围	3~25	2~3	2~3
m 值推荐	10	2.5	2.65

　　Coffin - Manson 模型是用于描述热循环造成的金属疲劳失效，之后被广泛应用于机械和电子零件。该模型是 $S-N$ 曲线的变形，用于描述失效周期 N 和应力 S 之间的关系。

　　此外，一些学者根据不同材料和失效机理对 m 值进行了一定的研究，其推荐值见表 4 - 8。

表 4 - 8　材料或失效机理的 m 值推荐值

学者	材料或失效机理	m
Halford	316 Stainless Steel	1.5
Morrow	316 SS，WaspAlloy，4340 Steel	1.75
Norris，Landzberg	Solder(97 Pb/3 Sn) crossing 30 ℃	1.9
Kotlowitz	Solder(37 Pb/63 Sn) crossing 30 ℃	2.27
Li，Hall	Solder(37 Pb/63 Sn) if $T < 30$ ℃ Solder(37 Pb/63 Sn) if $T > 30$ ℃	1.2 2.7
Mavoori	Solder(97 Pb/3 Sn and 91 Sn/9 Zn)	2.4
Scharr	Cu and Leadframe alloys(TAB)	2.7
Dittmer	Al wirebonds	3.5
Dunn，Mcphers	Au4Al fracture in wirebonds	4
Peddada，Blish	PQFP delamination/bond failure	4.2

续表

学者	材料或失效机理	m
Mischke	ASTM 2024 Aluminum alloy	4.2
Hatanaka	Copper	5.0
Blish	Au wire downbond heel crack	5.1
Egashira	ASTM 6061 Aluminum alloy	6.7
Blish	Alumina fracture – bubble memory	5.5
Zelenka	Interlayer dielectric cracking	4.8～6.2
Hagge	Silicon fracture	5.5
Blish, Vaney	Thin film cracking	8.4

②多应力加速模型

1）温度—湿度加速模型。

• 双应力艾琳模型：作为艾琳率的一个变换，温度—湿度模型（the temperature – humidity）用于加速应力是温度和湿度的加速寿命试验，其关系式为

$$L(H,T) = A\exp\left(\frac{B}{T} + \frac{C}{H}\right) \tag{4-28}$$

式中，L 表示产品寿命特征，如平均寿命、中位寿命、特征寿命等；H 表示相对湿度；T 为温度；A、B、C 为模型参数。

• 威尔士模型：对于温度、湿度综合应力对材料老化寿命的影响，威尔士（G. L. Weleh）提出了材料在湿热环境中老化寿命外推经验公式

$$\frac{C}{K'} = \tau \cdot [\mathrm{H_2O}] \tag{4-29}$$

$$\ln\frac{C}{K'} = A + \frac{B}{T} \tag{4-30}$$

式中，$\dfrac{C}{K'}$ 表示与湿度有关的老化速率常数，τ 为材料寿命；$[\mathrm{H_2O}]$

表示水蒸汽摩尔浓度，T 表示试验温度，A、B 为模型参数。

· 派克（Peck）模型：在潮气存在的情况下，元器件失效的机制会加剧，如半导体器件的金属化系统在有偏置的情形下，湿气促使金属化的金属离子跨越两种金属之间的绝缘表面产生迁移，导致电解腐蚀的出现。

派克汇总了众多稳态试验的结果，并以 85 ℃/85% RH 的结果为基准，进行了比较和分析，在 1986 年给出了相应的寿命表达式

$$L(H,T) = AH^{-m} \exp\left(\frac{E_a}{kT}\right) \qquad (4-31)$$

式中，L 表示产品寿命特征，如平均寿命、中位寿命、特征寿命等；H 表示相对湿度；T 为温度；k 为玻耳兹曼常数；E_a 表示激活能。A、m 为模型参数，典型推荐值为 $m=3$（参考 IEC62059）。

该模型主要用于温湿度综合环境加速试验数据分析，表达式与广义艾琳模型相似。不过需要注意的是，这里的激活能有时候和前面纯温度的激活能有所不同，因为可能引起的失效是有所差异的，所以不能想当然地认为单温度应力的激活能是多少，温湿度的也是多少。

2）加速吸湿模型。

复合材料的吸湿量和残余力学特性之间有一一对应的关系，而与导致该吸湿量的湿热历程无关，这是实验室加速吸湿和预估吸湿后力学性能的基本依据。可按下式估算时间加速系数 K

$$K = \frac{t_2}{t_1} = \frac{e^{-C/T_1\phi_1}}{e^{-C/T_2\phi_2}} \qquad (4-32)$$

式中，K 为时间加速系数；t_1 为实际暴露的时间；t_2 为加速后的时间；$T_1\phi_1$ 为实际暴露的温度（℃）和相对湿度；$T_2\phi_2$ 为加速环境的温度（℃）和相对湿度；C 为试验系数，$T_2 \leqslant 60$ ℃ 时，$C=46.1$。

3）温度—电压加速模型。

如果以温度和电压同时作为加速应力时，格拉斯特尼（Glasstene）、莱德列（Laidler）、艾琳在 1941 年提出以下广义艾琳

加速模型

$$L(V,T) = \frac{A}{T}\exp\left(\frac{B}{kT}\right)\exp\left[V\left(C + \frac{D}{kT}\right)\right] \quad (4-33)$$

式中，L 表示产品寿命特征，如平均寿命、中位寿命、特征寿命等；V 表示电压应力；T 为温度；k 为玻耳兹曼常数；A、B、C、D 为模型参数。

4）温度—非热模型。

在加速试验中，其中一个加速应力是温度，另一个是温度以外的其他加速应力时，可以将阿伦尼斯方程和逆幂率相结合，得到温度—非热（temperature-nonthermal，T-NT）模型

$$L(U,T) = \frac{C}{U^n \exp\left(-\dfrac{B}{T}\right)} \quad (4-34)$$

式中，L 表示产品寿命特征，如平均寿命、中位寿命、特征寿命等；U 表示非热应力；T 为温度；B、C、n 为模型参数。

5）湿—热—力模型。

在老化过程中，同时受到湿度、温度和应力的联合影响时，应该同时考虑三者的作用。其老化寿命模型为

$$L(T,M,\sigma) = \frac{f(\sigma)}{T}\exp\left(\frac{A}{kT}\right)\exp\left[M\left(B + \frac{C}{kT}\right)\right] \quad (4-35)$$

式中，L 表示产品寿命特征，如平均寿命、中位寿命、特征寿命等；$f(\sigma)$ 是与应力相关的函数；M 表示相对湿度；T 为绝对温度（K）；A、B、C 为模型参数。

6）多应力综合加速模型。

目前，在研究多应力综合加速模型方面，通常采用广义对数线性模型。该模型把产品寿命当做 n 个应力元素组成的矢量，$X = (X_1, X_2, \cdots, X_n)$，数学模型如下

$$L(X) = \exp\left(a_0 + \sum_{i=1}^{n} a_i X_i\right) \quad (4-36)$$

式中，$a_i(i=0, \cdots, n)$ 表示模型参数，$X_i(i=1, \cdots, n)$ 表示相应

的变量，$L(X)$ 表示产品的特征寿命。当使用广义对数线性模型时，只要将 X_i 用相应的变量（如温度、电应力及机械应力等）替换即可。

(3) 材料/结构类产品

①技术途径

材料/结构类产品加速贮存试验技术途径一般包括：

1) 应按 GJB 92—86《热空气老化法测定硫化橡胶贮存性能导则》等标准规定的要求和方法进行橡胶类产品的加速贮存试验，一般采用恒定应力加速寿命/退化试验方案。

2) 应按 GB/T 7141—2008《塑料热老化试验方法》、GB/T 18252—2008《塑料管道系统　用外推法确定热塑性塑料材料以管材形式的长期静液压强度》等标准有关规定进行塑料类产品的加速贮存试验，一般采用恒定应力加速寿命/退化试验方案。

3) 可采用热重分析法（TGA）、差热分析法（DTA）、示差扫描量热法（DSC）及动态热机械分析法（DMA）等热分析方法快速测定结构材料的热学参数（如热分解温度、激活能等），作为制定加速贮存试验方案的输入。

②贮存失效模式及寿命表征参数

金属材料件应重点验证和考核的贮存失效模式是腐蚀失效、应力腐蚀开裂等形式；金属弹性元件应重点验证和考核的贮存失效模式是应力松弛；

非金属材料件应重点验证和考核的贮存失效模式为老化和变质，复合材料件主要贮存失效模式是吸湿及力学性能下降。

应根据结构/材料类产品的实际使用工况和功能特性选取合理的寿命表征参数，常见的贮存失效机理及寿命表征参数参见表4-9。

表 4 - 9 材料/结构类产品贮存寿命表征参数

序号	产品类别	产品	失效模式	失效机理	寿命表征参数
1	材料类	金属	腐蚀、变形、断裂和时效	腐蚀机理:化学腐蚀及电化学腐蚀 变形和断裂机理:承受的应力超过屈服强度时发生变形,当应力超过材料强度极限或超过一定大小交变载荷的长期作用导致断裂 时效:由于间隙原子扩散与偏聚、亚稳相转变等	强度、刚度、延伸率、腐蚀量
2		橡胶 密封橡胶	变形破坏、气体或介质泄露	橡胶分子链断链、交联;橡胶材料中助剂迁移	压缩永久变形率、气密性等
		阻尼橡胶	变形破坏、减振器谐振频率漂移、减振效率降低	材料聚集态结构老化效应的物理老化效应 材料交联、降解的化学老化效应 长期静载荷应力下蠕变效应	谐振频率、减振效率、阻尼、压缩行程等
		导电橡胶	弹性丧失、龟裂、脱落、导电性能退化、电磁屏蔽效率降低	材料基体产生氧化、降解,引起材料强度下降;橡胶基体交联度提高、导电填料微粒聚集,导电网格结构变化	导电性能、电磁屏蔽性能
3		塑料	变形破坏、结构失稳、密封性能失效	材料分子结构产生降解交联及蠕变,引起力学性能变化;助剂迁移导致热稳定性、抗氧化性降低	冲击强度、压缩变形、压缩强度、拉伸强度、弯曲强度、介电性能等

续表

序号	产品类别	产品	失效模式	失效机理	寿命表征参数
4	材料类	复合材料	开裂、分层、结构变形、失稳	复合材料树脂基体的凝聚态结构发生演变引起材料粘弹性能（模量、强度等）变化的物理老化效应；湿热环境下，水分子进入材料基体，影响其力学性能环境效应；树脂基体的后固化效应导致材料尺寸发生改变、性能退化、功能性填充料迁移及挥发	拉伸强度、压缩强度、弯曲强度、剪切强度、热导率、烧蚀性能、比热容、介电性能等
5		胶粘剂	脱粘、电池屏蔽胶粘剂的导电性能下降	贮存中胶粘剂发生后固化，引起胶层收缩产生应力；受环境温度变化影响胶层热膨胀产生内应力；受湿度影响，胶层与基材的界面强度下降；对电磁屏蔽胶粘剂而言，胶粘剂后固化及交联度改变，引起材料导电网络改变，使得导电填料微粒聚集，使得导电性能退化失效	界面粘接强度、导热系数、脱粘率、电阻率、电磁屏蔽性能等
6		涂层	涂层粉化、失光、褪色或变色、涂层开裂形成裂缝、起泡、脱落	在热、湿气、光、氧等气候因素和腐蚀气氛作用下，涂层发生降解、氧化、断链、涂层界面破坏、导致底漆与基材、底漆与面漆间附着力丧失；涂层在贮存过程中固化引起涂层收缩产生应力，或受环境温度变化影响、热膨胀产生应力	附着力、冲击韧性、弯曲性能、热导率、烧蚀速率、热流、烧蚀背温等
7		润滑脂	润滑性能下降，对动作部位摩擦产生腐蚀	润滑剂填料与基础油的胶体稳定性被破坏，基础油分离、润滑脂粘度、锥入度增加；长期贮存环境下，基础油氧化形成酸性物质，润滑脂酸值增加、氧化作用增强，对动作部分的摩擦面产生腐蚀	粘度、锥入度、酸值等

续表

序号	产品类别	产　品	失效模式	失效机理	寿命表征参数
8	结构类	弹体结构	腐蚀、开裂、分层、结构变形、失稳	运输中温度和高度变化引起箱内外压力变化导致箱体变形 轴承生锈、润滑油膏干涸导致舵展开不灵活 非金属材料老化导致密封失效	强度、刚度、腐蚀量等
9		弹性元件	弹力下降、扭矩下降	弹性元件在温度应力及机械应力作用下发生蠕变、应力松弛	强度、刚度、弹性模量等

③失效阈值确定

应通过实际使用工况的验证试验或依据设计规范确定材料/结构类产品的失效临界指标，评定产品的贮存寿命。

④试验数据处理及贮存寿命评估

材料/结构类产品加速贮存试验数据处理及寿命评估方法如下。

（a）单应力加速寿命试验数据处理方法。

a）试验数据的取得。

在加速试验中，每个应力条件下可以获得一组贮存时间与性能 P 的数据

$$t_1, t_2, \cdots$$

$$P_1, P_2, \cdots$$

b）老化性能参数贮存变化规律的确定。

材料在老化过程中，老化特性指标 ε 与老化时间 τ 的关系可用经验公式（4-37）或（4-38）进行描述

$$P = A\mathrm{e}^{-K\tau} \qquad\qquad (4-37)$$

$$P = A\mathrm{e}^{-K\tau^a} \qquad\qquad (4-38)$$

式中，$P = 1 - \varepsilon$，ε 是老化时间 τ 时的老化特性指标；τ 为老化时间，d（天）；K 为性能变化的速率常数；A 为常数。

c）性能老化速率常数 K 的确定。

老化特性指标变化速率常数 K 与温度 T 的关系服从 Arrhenius 方程

$$K = Z\mathrm{e}^{-E/RT} \qquad\qquad (4-39)$$

式中，T 为绝对温度，K；E 为表观激活能，$\mathrm{J \cdot mol^{-1}}$；$Z$ 为频率因子，$\mathrm{d^{-1}}$；R 为气体常数，$\mathrm{J \cdot K^{-1} \cdot mol^{-1}}$。

d）试验数据处理流程如下：

• 根据老化试验的结果，对每个老化试验温度可获得一组（n 个）老化时间 τ 与 P 的数据

$$P_1, P_2, \cdots, P_n$$

参照式（4-37）计算每个老化试验温度的性能变化速率常数

K 。令 $X = \tau$ ，$Y = \ln P$ ，$a = \ln A$ ，$b = -K$ 。则式（4 - 37）可用 $Y = a + bX$ 表示。用最小二乘法求得系数 a 、b 和相关系数 r

$$b = \frac{L_{YY}}{L_{XX}} \qquad (4 - 40)$$

$$a = \overline{Y} - b\overline{X} \qquad (4 - 41)$$

$$r = \frac{L_{YY}}{\sqrt{L_{XX}L_{YY}}} \qquad (4 - 42)$$

其中

$$L_{XX} = \sum_{j=1}^{n} (X_j - \overline{X})^2 \qquad (4 - 43)$$

$$L_{YY} = \sum_{j=1}^{n} (Y_j - \overline{Y})^2 \qquad (4 - 44)$$

$$L_{XY} = \sum_{j=1}^{n} (X_j - \overline{X})(Y_j - \overline{Y}) \qquad (4 - 45)$$

$$\overline{X} = \frac{\sum\limits_{j=1}^{n} X_j}{n} \qquad (4 - 46)$$

$$\overline{Y} = \frac{\sum\limits_{j=1}^{n} Y_j}{n} \qquad (4 - 47)$$

查相关系数表用置信度为 99% 、自由度 $f = n - 2$ 的 r 值与 r 计算值比较，若 r 计算值的绝对值大于 r 的查表值，则 X 与 Y 线性关系成立，可用 $Y = a + bX$ 表示，方程的斜率 b 为相应老化试验温度下的性能变化速率常数。若 r 计算值小于 r 的查表值，则 X 与 Y 线性关系不成立。

· 根据以上计算结果，可以得到性能变化速率常数 K 与温度 T 的关系。

$$K_1, K_2, \cdots, K_m$$

令 $X_1 = 1/T$ ，$Y_1 = \ln K$ ，$a_1 = \ln Z$ ，$b_1 = -E/R$ 。则式（4 - 39）可以用 $Y_1 = a_1 + b_1 X_1$ 表示，用最小二乘法求系数 a_1 、b_1 和相关系

数 r_1，方法同上。

查相关系数表用置信度为 95％、自由度 $f = m - 2$ 的 r 值与 r_1 计算值比较，如果 r_1 计算值大于 r 查表值，则线性关系成立，可用 $Y_1 = a_1 + b_1 X_1$ 表示。反之，则线性关系不成立。

• 按照线性方程 $Y_1 = a_1 + b_1 X_1$ 计算贮存温度为 Q_s 的性能变化速率常数的平均值 $\overline{K}_s$。显然，对贮存温度 Q_s 有

$$\overline{K}_s = e^{\left(a_1 + b_1 \frac{1}{T_s}\right)} \tag{4 - 48}$$

• 计算 $Y_1 = a_1 + b_1 X_1$ 方程的置信界限。Y_1 值的标准偏差按下式进行计算

$$S_\gamma = S \sqrt{1 + \frac{1}{m} + \frac{(X_s - \overline{X}_1)^2}{L_{X_1 X_1}}} \tag{4 - 49}$$

其中

$$S = \sqrt{\frac{(1 - r_1^2) L_{Y_1 Y_1}}{m - 2}} \tag{4 - 50}$$

则 $Y_1 = a_1 + b_1 X_1$ 的置信界限为：$Y_1 = a_1 \pm t S_\gamma + b_1 X_1$ 或 $\ln K = a_1 \pm t S_\gamma + b_1 / T$；式中 t 可从 t 分布表中查得，t 值的大小与置信度、自由度有关。

• 求贮存温度 Q_s 性能变化速率常数的上限值 K_s。显然

$$K_s = e^{\left(a_1 + t S_\gamma + b_1 \frac{1}{T_s}\right)} \tag{4 - 51}$$

• 求贮存温度 Q_s 下的 A_s 值。式（4 - 37）中 A 与老化温度 Q 的关系有两种情况，因此 A_s 有两种求法。

A 与老化温度 Q 呈线性关系，按置信度 90％ 检查 A 与 Q 线性相关系数 r_2，若线性相关成立，则贮存温度 Q_s 下有：$A_s = a_2 + b_2 Q_s$。

A 与老化温度 Q 无线性关系，每个老化试验温度点的 A 值接近 1 或其他值，则贮存温度 R_s 下有：A_s 取 1 或取 m 个老化试验温度的平均值即

$$A_s = \frac{\sum\limits_{i=1}^{m} A_i}{m} \tag{4 - 52}$$

• 预测贮存温度 Q_s 下，不同贮存时间 τ 的橡胶性能变化指标的平均值 $\overline{P}_s$ 和下限 P_s。将以上结果代入式 (4-37) 可得

$$\overline{P}_s = A_s e^{-\overline{K}_s \tau} \qquad (4-53)$$

$$P_s = A_s e^{-K_s \tau} \qquad (4-54)$$

• 如果 P 与老化时间 τ 的关系需用式 (4-38) 描述，那么在进行以上计算之前需要先求出式 (4-38) 中的参数 α。一般采用逐次逼近法确定 α。逼近准则是 α 精确到小数点后两位时，使 I 最小

$$I = \sum_{i=1}^{m} \sum_{j=1}^{n} (P_{ij} - \hat{P}_{ij})^2 \qquad (4-55)$$

式中，P_{ij} 为第 i 个老化试验温度下，第 j 个测试点的性能变化指标试验值；$\hat{P}_{ij}$ 为第 i 个老化试验温度下，第 j 个测试点的性能变化指标预测值。还有另外一种求解 α 的方法——尝试法。尝试原则是不断缩小尝试区间和间隔。α 一般在 $0 \sim 1$ 之间。第一次设 $\alpha = 0.50$、0.51，分别计算其 I 值进行比较。如果 $\alpha = 0.50$ 时 I 值小，则尝试区间为 $0 \sim 0.50$，否则为 $0.50 \sim 1$。以此类推，至 α 尝试到小数点后两位时 I 值最小的一组解，即为最终得到的 α 估计值。得到 α 的值后，方程其他参数的求解与上述方法相同。

• 根据以上计算得出的结果可以按下式计算贮存寿命

$$\tau = \exp\left[\frac{1}{\alpha} \left(\ln\ln \frac{A_s}{P_0} - \ln \overline{K}_s \right) \right] \qquad (4-56)$$

式中，P_0 为贮存寿命的性能临界值。

(b) 多应力加速寿命试验数据处理方法。

a) 基于多维向量的多应力加速模型：以温度、湿度双应力加速为例，机构材料在老化过程中，同时受到温度、湿度应力联合影响时，其老化加速模型为

$$L(V, T, H) = A \, (RH)^m \exp\left(\frac{B}{kT} \right) \qquad (4-57)$$

对两边取对数，失效时间与温度、湿度之间的关系为

$$\lg t = c_1 + c_2 \lg RH + c_3 \frac{1}{T} \qquad (4-58)$$

式中，t 为破坏时间，h；T 为热力学温度，K；$c_1 \sim c_3$ 为模型中所用的参数；RH 为相对湿度，% RH。

b）数据处理：使用下列矩阵记号

$$\boldsymbol{X} = \begin{bmatrix} 1 & \lg RH_1 & \dfrac{1}{T_1} \\ \cdots & \cdots & \cdots \\ 1 & \lg RH_N & \dfrac{1}{T_N} \end{bmatrix} \tag{4-59}$$

$$\boldsymbol{y} = \begin{bmatrix} \lg_{t1} \\ \vdots \\ \lg t_N \end{bmatrix} \tag{4-60}$$

$$\boldsymbol{c} = \begin{bmatrix} c_1 \\ \vdots \\ c_N \end{bmatrix} \tag{4-61}$$

式中，N 为观察值总数。

则式（4-57）可写为

$$\boldsymbol{y} = \boldsymbol{X}\boldsymbol{c} \tag{4-62}$$

多应力加速采用多元线性回归进行处理，参数的最小二乘法点估计值为

$$\hat{\boldsymbol{c}} = (\boldsymbol{X}^T\boldsymbol{X})^{-1}\boldsymbol{X}^T\boldsymbol{y} \tag{4-63}$$

残差方差估计值（s^2）为

$$s^2 = (\boldsymbol{y} - \boldsymbol{X}\hat{\boldsymbol{c}})^T(\boldsymbol{y} - \boldsymbol{X}\hat{\boldsymbol{c}})/(N-q) \tag{4-64}$$

式中，q 为模型中参数的个数。

$\lg t$ 的 97.5% 预测概率预测下限为

$$\lg t = \hat{c}_1 + \hat{c}_2 \lg RH + \hat{c}_3 \frac{1}{T} - t_{st}s \, [1 + \boldsymbol{x}^T (\boldsymbol{X}^T\boldsymbol{X})^{-1}x]^{1/2} \tag{4-65}$$

式中，t_{st} 表示自由度为 $N-4$ 的学生氏 t 分布与 97.5% 概率水平相应的分位数；记号 $\boldsymbol{x}$ 表示向量，即

$$x = \begin{bmatrix} 1 & \lg RH & \dfrac{1}{T} \end{bmatrix}^{\mathrm{T}}$$

（4）药剂类产品

①技术途径

药剂类产品加速贮存试验技术途径一般包括：

1）应按 QJ 2338B—2018《固体火箭发动机贮存试验方法》等标准规定的要求和方法进行发动机推进剂的加速贮存试验，对推进剂加速贮存试验数据外推，确定推进剂药柱的贮存寿命。

2）应按 GJB 736.8—90《火工品试验方法　71 ℃试验法》、GJB 736.13—91《火工品试验方法　加速寿命试验　恒定温度应力试验法》等标准规定的要求和方法进行火工品的加速贮存试验。

3）可采用热重分析法（TGA）、差热分析法（DTA）、示差扫描量热法（DSC）及动态热机械分析法（DMA）等热分析方法快速测定药剂类产品材料的热学参数（如热分解温度、激活能等），作为制定加速贮存试验方案的输入。

②贮存失效模式及寿命表征参数

推进剂应重点验证和考核的贮存失效模式为药柱开裂及壳体与药柱脱粘，装药应重点验证和考核的贮存失效模式为老化、不相容和物质迁徙，火工产品应重点验证和考核的贮存失效模式为早炸、瞎火等。

应依据药剂类产品的实际使用工况和功能特性选取合理的寿命表征参数，常见的贮存失效机理及寿命表征参数见表 4 - 10。

表 4 - 10　药剂类产品贮存寿命表征参数

序号	产品	失效模式	失效机理	寿命表征参数
1	火工品	早炸、瞎火	由于变形、断裂、电损伤、腐蚀、热损伤及迁移导致的机械失效，由于感度、燃速、爆速、安定性相容性变化及热失效导致的药剂失效	桥路电阻、绝缘电阻、输出爆压、电流感度、发火时间等

续表

序号	产品	失效模式	失效机理	寿命表征参数
2	发动机推进剂	药柱裂纹、变形，壳体/绝热层/衬层/药柱脱粘	推进剂力学性能下降；黏结剂老化，黏结强度下降；在药柱重力作用下导致黏结强度老化速率加快	力学性能（最大抗拉强度、最大伸长率、弹性模量等）、燃烧性能（药条燃速、燃速压强指数、温度敏感系数等）、安全性能（摩擦感度、冲击感度等）
3	战斗部装药	不爆、半爆、爆轰能量下降和早爆等	扩爆药组分变化，冲击波感度下降；扩爆药柱收缩，引起间隙过大；扩爆药柱吸湿膨胀，性能发生变化；扩爆药出现裂纹、崩落，传爆能量不足；相容性引起主装药感度变化、组分变化、热安定性下降等因素导致战斗部装药早爆	热安定性、热感度、撞击感度、摩擦感度、冲击波感度、爆速、暴热、爆压等

③失效阈值的确定

应通过实际使用工况的验证试验或依据设计规范确定药剂类产品的失效临界指标，据此评定产品的贮存寿命。

④试验数据处理及贮存寿命评估

药剂类产品加速贮存试验数据处理及寿命评估方法可参照 QJ 2338B—2018《固体火箭发动机贮存试验方法》。

（5）元器件/部组件

①技术途径

元器件/部组件加速贮存试验技术途径一般包括：

1）应按 GJB 5103—2004《弹药元件加速寿命试验方法》、QJ 20233—2012《战术导弹弹上电子组件加速贮存寿命试验方法》或其他有关标准规定的要求和方法进行元器件/部组件产品的加速贮存试验；

2）一般采用恒定应力加速寿命/退化试验方案。在试品样本量较小时，可采用步进/步退应力加速寿命/退化试验方案。

②贮存失效模式及寿命表征参数

元器件/部组件应重点验证和考核的贮存失效模式为性能参数退化和功能丧失，表现为内部结构失效和与封装、键合有关的外部结构失效等形式。

元器件主要包括阻容元件、半导体分立器件、集成电路、混合电路、电真空器件、电磁继电器、连接器、频率原件等，元器件/部组件常见的贮存失效机理及寿命表征参数见表4-11。

表 4-11 元器件贮存寿命表征参数

序号	产品	失效模式	失效机理	寿命表征参数
1	电阻器	开路	电阻膜破裂，基体破裂，引线接触不良	标称阻值，零阻
2		阻值漂移	电阻膜老化	
3		短路	金属电迁移	
4	电容器	短路、漏电流增大、损耗增大	介质层缺陷、老化	标称容值，损耗角正切
5		容值漂移	电解液消耗过多，低温电解液粘度增大	
6		漏液	密封不良，电解质渗漏	
7	电磁继电器	接触不良	接点沾污，接电熔焊，有机吸附膜及碳化膜	线圈电阻，绝缘电阻，吸合电压，释放电压，接触电阻，动作时间，释放时间
8		接点粘结	腐蚀引起接点咬合锁紧，接电熔焊	
9		开路	簧片断裂，应力腐蚀，绝缘不良，漆层缺陷	
10		短路	绝缘性能下降，导电异物	

续表

序号	产品	失效模式	失效机理	寿命表征参数
11	场效应晶体管FET	参数漂移、退化	腐蚀,芯片管脚失效,沾污	开启时间,正向跨导,栅源截止电压,饱和漏源电流
12		开路	引线与芯片连接不良,导线焊接失效,金属间化合物生成,导线缺口,金属喷镀融化	
13		短路	介质击穿、沾污	
14	二极管	开路	引线与芯片接触不良,引线结合点断裂,金属间化合物生成,引线缺口	稳定电压,动态电阻,反向漏电流
15		短路	大块杂质,沾污,备用回路接触	
16		退化,间歇性故障,参数漂移	水分侵入,引线与芯片连接不良	
17	集成电路	开路	腐蚀,键合点脱落,热变应力,机械应力	直流参数、交流参数等,按适用的详细规范或产品手册
18		短路	PN结缺陷,PN结打穿,水汽影响	
19		参数漂移	氧化层老化,沾污,表面异常	
20	混合电路	参数漂移	氧化腐蚀,应力腐蚀,界面扩散	按适用的详细规范或产品手册
21		功能失效	接触不良,断裂,疲劳	
22	频率元件	不起振	应力释放	标称频率,占空比,频幅

　　部组件应包括处理器模块、通信模块、开关量输出模块、开关量输入模块、AD/DA模块、定时器模块、脉冲采集模块、电源输出模块、温补晶振模块、惯性测量组合、伺服机构、电连接器等,推荐选择的寿命表征参数见表 4 - 12。

表 4 - 12 部组件贮存寿命表征参数

序号	产品类别	功能模块	失效模式	寿命表征参数
1	电子类	处理器模块	性能参数超差	时钟精度、地址信号电平、数据线信号电平
2		通信模块	性能参数超差	信号电平、静态阻抗
3		开关量输出模块	性能参数超差	信号电平、静态阻抗
4		开关量输入模块	性能参数超差	输入信号门槛阈值
5		AD/DA 模块	性能参数超差	信号电平
6		定时器模块	性能参数超差	定时器精度
7		脉冲采集模块	性能参数超差	输入信号门槛阈值
8		电源输出模块	性能参数超差	电源纹波
9		温补晶振模块	性能参数超差	输出频率精度
10	机电类	惯性测量组合	陀螺漂移系数超差	漂移系数
11			加速度计参数超差	零偏
12			减震器失效	减振效率,品质因子(阻尼)等
13		伺服机构	漏油	漏油速率及重量
14			零偏超差	零偏
15			线性度超差	线性度
16		电连接器	接触不良,漏电	接触电阻
17			绝缘不良	接触电阻
18			断簧	接触电阻
19			接触瞬断	接触对瞬断时间

③失效阈值的确定

应通过实际使用工况的验证试验或设计规范确定元器件/部组件的失效临界指标,据此评定产品的贮存寿命。

4.3.5.5 试验结果分析

完成加速贮存试验后,应根据薄弱环节寿命表征参数—老化时间拟合曲线及失效判据,进行导弹薄弱环节产品的贮存寿命评估,获取其寿命信息数据。

4.4　防空导弹贮存试验技术应用

4.4.1　自然环境贮存试验应用

我国最早开展导弹贮存寿命评估与延寿研究时，主要采用预先试验的方法，即在研制阶段就安排一部分贮存试验件，在一些自然贮存试验场所进行贮存试验。在试验期间，对贮存试验件进行定期检查、测试及各项试验，这样在产品定型时就可以获得一定的贮存试验数据，确定导弹贮存期，并且在到达贮存期之前确定导弹是否可以继续贮存和使用。这种贮存试验环境真实，结果可信，但自然贮存试验试验周期长，一般要几年到十几年。

自然环境贮存试验已经在很多型号中开展了应用。防空导弹型号一般均开展了自然环境贮存试验，其他新研型号也将自然环境贮存试验作为可靠性工作的一项必要内容。具体模式是在型号研制早期就开展自然贮存试验策划，选取国内典型气候站点，分阶段从材料、器件到整机整弹进行投放，定期检测，对发现的问题及时改进，并根据自然贮存结果对导弹寿命进行综合分析与评估。

这种自然环境加速贮存试验比较原始，存在应力条件无法控制，试验结果不能再现，数据处理的难度较大等特点，如果能投入大量的试验件，对取得的试验结果全面地分析对比，其结论有一定的可信度，比较适应于价格低廉的战术产品。

4.4.2　加速贮存试验应用

国内多家研究机构在加速贮存试验技术上开展了研究，并取得了一系列的成果。

国内导弹所属产品、材料、器件等开展的加速试验情况见表4-13。

表 4 - 13　国内弹上产品加速贮存试验应用情况

产品类型		加速贮存试验应力	评估方法	备注
非金属材料	橡胶密封件	恒定温度应力	采用阿伦尼斯模型	
	整流罩	恒定温度应力	采用阿伦尼斯模型	
	易碎盖	恒定温度应力	采用阿伦尼斯模型	
	绝缘材料	恒定温度应力	用最小二乘法建立失效与温度模型,外推常温寿命	
组件、部件	中高频组合(微波器件)	温度步进应力	采用线性回归模型对性能测试数据进行拟合	
	速调管(真空电子器件)	温度步进应力	采用线性回归模型对性能测试数据进行拟合	
	CMOS 数字电路	恒定温度应力	采用对数正态分布和阿伦尼斯模型	
	电容	温度步进应力	采用指数分布和阿伦尼斯模型进行试验数据分析	
	二极管	恒定温度应力	采用 Weibull 分布和阿伦尼斯模型进行试验数据分析	
	电阻器	恒定温度应力	采用 Weibull 分布和阿伦尼斯模型进行试验数据分析	
火工类产品	装药	恒定温度应力	利用对数正态分布和阿伦尼斯方程对试验数据进行分析	
	战斗部	恒定温度应力	确定加速因子,完成相应时间的加速试验后,采用标准方法跟踪测定剖析出的主装药加速寿命试验前后组分、密度、真空安定性、5 s 爆发点、摩擦感度、撞击感度、爆速等性能参数	
	电池	恒定温度应力	确定加速因子,完成相应时间的加速试验后测试性能,分析性能是否满足要求及性能的变化规律	
	燃气能源系统	恒定温度应力	确定加速因子,完成相应时间的加速试验后测试性能,分析性能是否满足要求及性能的变化规律	

续表

产品类型		加速贮存 试验应力	评估方法	备注
电子、 机电产 品整机	舵机	恒定温度应力	确定加速因子,完成相应时间的加速试验后测试性能,分析性能是否满足要求及性能的变化规律	
	引信	恒定温度应力	确定加速因子,完成相应时间的加速试验后测试性能,分析性能是否满足要求及性能的变化规律	

以下为某些武器型号开展的常见薄弱环节的加速贮存试验评估方法及在工程上成功应用的一些实例。

1) 深弹：针对影响深弹贮存寿命的主要因素和灵敏参量，依据深弹贮存寿命与温度等因素的关系，基于阿伦尼斯加速方程，设计了恒定应力加速寿命试验方法来评估深弹贮存寿命，确定常温下其长期贮存寿命为 20.3 年。

2) 电阻器：在高温 60 ℃、80 ℃、100 ℃、120 ℃下对 100 只热敏电阻器进行恒定应力加速贮存试验，采用定数截尾试验，失效数为 25 个，试验时间最长 9 119 小时，最短 5 470 小时；采用 Weibull 分布和阿伦尼斯模型进行试验数据分析，得到温度 40 ℃贮存下的 Weibull 分布特征寿命为 36 705 小时。

3) 二极管：在高温 100 ℃、125 ℃对 200 只硅稳压二极管，在 150 ℃、175 ℃、200 ℃和 225 ℃各贮存 100 只进行恒定应力加速贮存试验，采用定时截尾试验，高应力 200 ℃、225 ℃试验进行了 1 200 小时，低应力 100 ℃、125 ℃、150 ℃、175 ℃试验进行了 5 000 小时；采用 Weibull 分布和阿伦尼斯模型进行试验数据分析，得到常温 27 ℃下贮存的 Weibull 分布特征寿命为 1.7×10^{15} 小时。

4) 数字电路：在高温 110 ℃、125 ℃、150 ℃、175 ℃下对 690 只 CMOS 数字电路进行恒定应力加速贮存试验，样本平均分配到各应力下，各应力下试验时间约 3 300 小时，总试验时间约为 2.26×10^{6} 元件小时；采用对数正态分布和阿伦尼斯方程得到常温 25 ℃下

的贮存寿命为 1.54×10^7 小时。

5）绝缘材料：主要采用恒定温度试验，应力水平选择 190 ℃、220 ℃、240 ℃、260 ℃开展试验，用击穿电压作为时效判据，用最小二乘法建立失效与温度的模型，外推常温寿命。

6）装药：在温度 72 ℃、82 ℃、95 ℃和 105 ℃对战斗部炸药装药进行恒定应力加速贮存试验，每个应力水平下有 6 个样本，试验进行到所有产品失效，试验时间约 300 天；利用对数正态分布和阿伦尼斯方程对试验数据进行分析，得到常温 25 ℃下的贮存寿命为 67.2 年，可靠性为 0.8、0.85、0.9、0.95 的贮存寿命为 29.58 年、23.06 年、15.75 年、7.14 年。

7）电容：在温度为 95 ℃、105 ℃、115 ℃和 125 ℃下对 43 个电容进行温度步进加速寿命试验，试验总时间为 570 小时，采用指数分布和阿伦尼斯模型进行试验数据分析，得到该电容的激活能为 0.78。

已对电子元器件、火工品、高分子材料、固体推进剂等开展了模拟加速贮存试验，并制订了试验标准，见表 4 - 14。

表 4 - 14　国内加速贮存试验标准规范

序号	标准号	名称
1	QJ/Z 164.1—86	《高分子材料热老化试验方法　老化试验导则》
2	QJ/Z 164.2—86	《高分子材料热老化试验方法　数据处理规范》
3	HG/T 3087—2001	《静密封橡胶零件贮存期快速测定法》
4	GJB 92.1—86	《热空气老化法测定硫化橡胶贮存性能导则　第一部分：试验规程》
5	GJB 92.2—86	《热空气老化法测定硫化橡胶贮存性能导则　第二部分：统计方法》
6	GJB 736.8—90	《火工品试验方法　71 ℃试验法》
7	GJB 736.13—91	《火工品试验方法　加速寿命试验　恒定温度应力试验法》
8	QJ 2407—92	《电子元器件寿命和加速寿命试验数据处理方法（用于对数正态分布）》
9	GJB 770B—2008	《火药试验方法》（方法 506.1：预估安全贮存寿命热老化法）
10	GJB 5103—2004	《弹药元件加速寿命试验方法》
11	QJ 2328A—2005	《复合固体推进剂高温加速老化试验方法》

第5章 防空导弹贮存可靠性数据收集

导弹的贮存数据是量化表征导弹的重要基础数据，是新型号的材料研发、合理选材、标准制定的基础，也是导弹贮存性能演变规律研究、导弹贮存寿命评估的重要支撑。

5.1 导弹贮存数据收集内容

根据导弹贮存信息数据库功能结构，导弹贮存数据收集的内容包括导弹基本信息数据、环境数据、性能数据、失效数据、维修维护数据，其数据组成如图5-1所示。

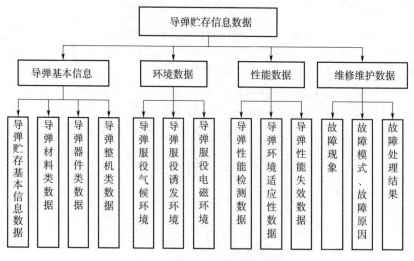

图5-1 导弹贮存信息数据组成

5.1.1　导弹基本信息数据

5.1.1.1　导弹贮存基本信息数据

1）信息填写：日期、贮存、使用、维修单位及其地址。

2）导弹型号、名称、编号、生产批号、出厂日期、生产厂家。

3）导弹产品状况：包括首次投入使用（贮存）日期、改装、大修（延寿）状况、封存及日期。

4）导弹贮存状态：使用地点、使用地气候类型、包装形式等。

5）导弹状态：累积工作时间，良好状态累积贮存时间，累积故障数，非良好状态下非工作累积时间。

6）导弹设计要求贮存环境条件：库存条件，包括洞库、地面库、简易库、露天贮存条件，温度与湿度范围及极限值等。

5.1.1.2　材料类数据收集

材料类数据收集主要针对导弹用金属结构材料、非金属材料、器件类、整机类的贮存数据进行收集，收集的数据形式包括材料的牌号、化学成分、规格、工艺、失效模式、失效机理、失效概率等。

（1）导弹用金属结构材料贮存数据收集

目前，金属材料在导弹上的应用较多。例如，钢在导弹中主要用于发动机系统及保护箱这类接触高温、高压和腐蚀性介质的零部件上；铝合金通常用来制造导弹的蒙皮、弹翼和一些受力构件，如翼梁、桁条、翼肋等；导弹中许多构件，如发动机、弹体、燃料箱、进气道、尾翼和整流罩骨架等大量采用钛合金来制造。高温合金在导弹上主要应用于涡轮发动机及固体火箭发动机等各种承受高温（600 ℃～1 200 ℃）、高温氧化和燃气腐蚀的结构部件。

导弹用金属结构材料种类有：

1）碳钢、合金钢、不锈钢等；

2）铝合金；

3）钛合金；

4）铜合金；

5）镁合金；

6）多种材料组合。

（2）导弹用非金属材料贮存数据收集

现代高技术战争的高机动性对导弹装备轻量化的要求，使得大量非金属材料在导弹装备上广泛应用，这也对非金属材料的环境适应性提出了更高的要求。非金属材料在自然环境中的老化主要表现为变色、粉化、裂纹、机械性能的变化等。针对导弹用非金属材料，主要收集其性能变化数据，例如，橡胶变色等级等。

导弹用非金属结构材料种类有：

1）橡胶；

2）塑料；

3）复合材料及构件；

4）含能材料；

5）有机玻璃；

6）涂料、漆。

（3）器件类数据收集

导弹一般由弹体结构、战斗部、制导控制、动力和电气分系统组成，其中电气分系统与其他分系统均有关联。导弹的弹体是导弹的重要组成部分，其功用是把导弹的战斗部系统、制导系统及动力系统等连成一个整体，并使导弹具有良好的空气动力外形，保证导弹完成预定的任务。导弹动力系统是产生推力推动导弹运动的整套装置，通常由发动机、发动机架、推进剂或燃料系统以及保证发动机正常有效工作所必需的导管、附件、固定装置等组成。制导系统是导引系统和控制系统的总称。导引系统由测量装置、程序装置、解算装备等组成，控制系统由敏感装置、综合装置、放大变换器、执行机构组成，引信战斗部系统由壳体、装填物、引信和传爆序列四部分组成。导弹器件类的数据收集如下。

1）弹体结构系统：由弹体及安装在弹体上的一些特殊机构，如操纵机构、分享机构、折叠机构等多种不同材料组合而成，包括铝合金、镁合金、合金钢、钛合金、复合材料以及非金属材料等，应着重分析两种或多种不同金属材料、金属材料—非金属材料等各种材料之间的耦合作用结果。

2）动力系统：发动机、双基推进剂、复合推进剂等。

3）制导控制系统：测量装置、程序装置、解算装备、敏感装置、综合装置、放大变换器、执行机构等。

4）引信战斗部系统：壳体、装填物、引信和传爆序列等。

5.1.1.3　整机数据收集

导弹整机的贮存数据信息收集包括：

1）导弹及弹上设备贮存方式；

2）导弹及弹上设备故障信息；

3）导弹及弹上设备常见薄弱环节信息；

4）导弹及弹上设备维修维护信息。

5.1.2　导弹贮存环境数据

5.1.2.1　气候环境

1）温度：收集日最高温、日最低温、日平均温度数据，形成年温度谱。

2）相对湿度：收集日最高相对湿度、日最低相对湿度、日平均相对湿度，形成年相对湿度谱。

3）气压：收集日气压，形成年度气压谱。

4）太阳辐射数据。

5）盐雾：记录盐雾沉降量。

6）二氧化硫等大气污染物。

5.1.2.2　诱发环境

1）运输历程：记录导弹历次运输时间（单位：分钟）、运输里程（单位：里）、道路复杂情况。

2）振动：有无振动现象出现，振动次数，振动频率。

3）冲击：记录在装卸、运输和使用环境条件下遇到的不常见的非重复性的瞬态机械力，力的作用、次数。

5.1.2.3　电磁环境

1）诱发电磁环境：记录诱发电磁环境包括静电、电磁辐射等行为。

2）自然电磁环境：记录雷电、积雨云、雷雨和雷暴等所构成的电磁威胁情况。

5.1.3　导弹性能测试数据

导弹性能数据是记录导弹在寿命期内性能变化的依据。通过收集检测的所有导弹性能数据，分析检测数据，挖掘相关性能随时间的变化行为，获得导弹寿命周期的性能变化规律。

1）导弹性能检测数据：性能检测种类、检测周期、检测人员，检测结果。导弹性能检测数据包括运输前后的测试数据，贮存期的定期功能检测数据，打靶前的测试数据，打靶数据等。导弹不同材料检测的性能种类不同，所收集的性能数据类型见表 5-1。

2）导弹环境适应性数据：导弹在不同环境条件下的材料腐蚀图谱、腐蚀老化规律数据、导弹整机寿命预测数据等。

3）导弹性能失效数据：导弹性能失效表现数据、导弹失效机理数据。

表 5-1　导弹不同材料检测的性能种类

材料种类	检测的性能种类
结构钢	腐蚀形貌、腐蚀失重、拉伸、冲击、弯曲性能、疲劳性能、应力腐蚀、电偶腐蚀、表面防护性能、其他
不锈钢	腐蚀形貌、拉伸、冲击、弯曲性能、应力腐蚀、电偶腐蚀、表面防护性能、其他
铝合金	腐蚀形貌、拉伸、冲击、弯曲性能、疲劳性能、应力腐蚀、电偶腐蚀、表面防护性能、其他

续表

材料种类	检测的性能种类
镁合金	拉伸、冲击、弯曲性能、应力腐蚀、物理与化学性能、电偶腐蚀、表面防护性能、其他
钛合金	拉伸、冲击、弯曲性能、应力腐蚀、电偶腐蚀、表面防护性能、其他
金属基复合材料	腐蚀形貌、拉伸、冲击、弯曲性能、疲劳性能、应力腐蚀、电偶腐蚀、表面防护性能、其他
树脂基复合材料	外观形貌、拉伸、冲击、弯曲性能、剪切性能、疲劳性能、隔热、抗烧蚀性能、其他
碳/碳复合材料	外观形貌、拉伸、冲击、弯曲性能、剪切性能、疲劳性能、耐热性能、其他
橡胶	外观形貌、拉伸性能、硬度、压缩永久变形、其他
胶粘剂	外观形貌、剥离性能、拉伸剪切性能、剪切冲击性能、贮存期、其他
工程塑料	外观形貌、拉伸、冲击、弯曲性能、导热性能、介电性能、硬度、透光性、其他
有机涂层	外观等级（失光、变色、粉化、长霉、生锈、起泡、裂纹、脱落等）、附着力、耐冲击、硬度、介电性能、其他
金属覆盖层	外观等级、保护等级、附着力、厚度、其他
隐身材料	外观形貌、光谱反射率、附着力、吸波性能、耐冲击性、其他
其他	—

5.1.4　导弹维修、维护数据

导弹维修信息是指排除故障维修、维护保养、技术检查、小修、中修等预防性维修事件中记录的维修过程信息。维修过程信息是维修性数据重要组成内容，通常包括：维修事件发生频率、维修时间消耗、维修资源消耗、维修性设计存在的问题描述、使用维修人员对存在问题的建设性意见等。

1）故障现象：包括故障时刻（开机即故障、在工作多长时间后故障等）及其他详细情况；

2）故障模式、故障原因、故障性质（运输、贮存、工作、人为差错等）及其依据；

3）故障处理结果；

4）故障件去向；

5）修理措施、修理单位、修理人数、修理净用时间（非日历时间）；

6）各项工作登记人员及审核人签名。

5.2　自然环境贮存试验数据收集

自然环境贮存试验数据收集内容如图 5-2 所示。

5.2.1　贮存环境数据收集

收集库房、棚下和暴露场环境温度、湿度、气压，还要收集大气环境因素和海水环境因素，主要的环境包括：

1）湿热海洋自然环境下的库房、棚下和暴露场环境数据，主要包括高温、高湿、高盐雾和太阳辐射强的特点。

2）温带亚湿热气候下的库房、棚下和暴露场环境数据，该处大气腐蚀性较为温和。

3）湿热酸雨自然环境下的库房、棚下和暴露场环境数据，其为典型的亚热带高温高湿酸性大气环境，对金属材料的腐蚀、高分子材料的老化作用非常明显。

4）低温自然环境下的库房、棚下和暴露场环境数据，温度低、年温差大是其主要特点，对高分子材料低温老化作用尤其明显。

5）热带雨林自然环境下的库房、棚下和暴露场环境数据，此环境下霉菌生长旺盛，对材料的腐蚀作用明显。

6）高原自然环境下的库房、棚下和暴露场环境数据，此环境对产品的低压启动性能影响较大，部分元器件和材料的老化严重。

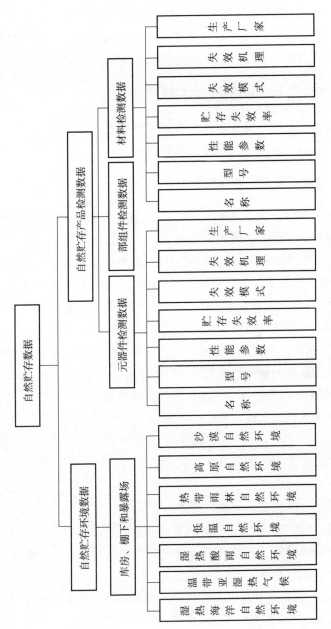

图 5 - 2　自然环境贮存试验数据收集内容

7）沙漠自然环境下的库房、棚下和暴露场环境数据，具有明显的气温高、昼夜温差大、相对湿度低、太阳辐射强等特点，对材料及产品具有明显的磨损、老化、腐蚀和增大接触电阻等作用。

5.2.2　参试产品的元器件、材料数据

对参试产品的元器件和所使用的各种材料进行数据积累，为以后的失效分析、失效机理的定位奠定基础。

5.2.3　参试产品自然贮存检测数据

数据的内容应包括产品名称、产品所属型号、产品所属装备、产品贮存地点、每年每月的检测结果、环境温湿度记录、性能测试记录、产品失效定位（材料和元器件）、材料的组成（需向各单位索取）、材料失效现象及失效机理、元器件失效现象及失效机理。

1）元器件检测数据库：覆盖参与自然环境适应性试验的元器件选用范围，统计其失效数据和失效模式分析结果。

2）材料检测数据库：覆盖参与自然环境适应性试验的材料选用范围，统计其失效数据和失效模式分析结果。

3）部组件检测数据库：统计参与自然环境适应性试验的部件失效数据和失效模式分析结果。

5.3　加速贮存试验数据收集

加速贮存试验记录要求如下：

1）贮存试验件放入试验箱（室）后应立即关闭箱门，并记录放入贮存试验件时间，试验箱升温至规定的加速试验应力，温度稳定后开始计算试验时间。

2）定时记录试验箱（室）温度、相对湿度及其他应力的变化。

3）记录试验条件、贮存试验件、放入和取出时间、试验截尾时间等。

4）详细填写测试数据、试验结果和失效模式及原因分析。

5.4　使用部队贮存信息收集

在产品交付使用后，通过产品的实际贮存、维护、训练和发射积累贮存信息，评定产品的各项贮存参数。使用贮存试验使装备（产品）经受自然、诱发环境和人为因素的综合作用，是加速贮存试验和自然环境贮存试验无法替代的实际使用环境对装备贮存性能的考核。

收集的信息主要包括：

1）产品的使用状况；

2）故障报告、分析、纠正措施及其效果；

3）可靠性增长情况；

4）维修时间、工时、费用及其他维修性信息；

5）产品的贮存信息；

6）产品的检测信息；

7）产品的使用寿命信息；

8）严重异常、一般异常质量与可靠性问题分析、处理及其效果；

9）产品的改装及其效果；

10）产品在退役、报废时的质量与可靠性状况；

11）综合保障情况，存在问题及分析；

12）产品质量与使用可靠性的综合分析报告；

13）其他有关信息。

5.5　导弹贮存数据收集的方法

导弹贮存数据收集要求具有全面性、系统性，重点针对导弹的薄弱环节进行导弹贮存数据的收集。导弹贮存数据收集内容的要求如图 5 - 3 所示。

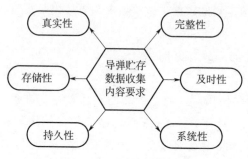

图 5-3　导弹贮存数据收集内容要求

5.5.1　贮存数据的真实性要求

导弹贮存数据的真实性是其准确性的前提，只有对导弹状况如实地记录与描述，才能准确判断问题。因此，对于导弹的检测、故障以及维修状况应如实记录，并保证原始数据的真实性和有效性。影响数据真实性的因素有：抽样方法、试验的环境设计（如工作条件和试验应力的选择）、统计设计（如样本容量、测试周期、试验停止时间、抽样方案等的选择），以及试验设备和测试仪器的精度等。注意对试验结果进行去伪存真的分析处理。

在进行登记的过程中，不能只登记导弹良好的情况，对于故障情况也要如实地进行登记，因为故障数据是对导弹故障状况的描述。对于一些在故障发生时不能准确判断的导弹，应该通过分解检查等手段，准确确定其故障部位、故障原因等具体情况，避免误判。

在收集故障数据时，首先根据故障判别标准确定装备是否故障，进一步判别故障是关联故障还是非关联故障。从非关联故障的定义可以看出，从属故障、误用以及人为因素、非使用条件下使用等引起的故障等都属于非关联故障。当然，在对数据进行剔除时，应根据导弹当时的物理背景进行分析，不能胡乱接受，也不能一律舍弃。应避免将人为故障计入设备故障，否则就有可能造成在进行质量与可靠性分析时产生偏差。

在现场数据中，需要注意导弹实际工作时间的记录。很多导弹在使用中其检测时间和实际工作时间并不一致，检测时间、通电时间及起止工作时间等要区别对待。总之，所有记录均要反映真实情况，不可敷衍了事。

5.5.2　贮存数据的完整性要求

导弹贮存数据的收集应在符合规定的前提下尽量详细完整。例如，对于故障数据而言，哪一部分发生故障，什么原因引起的故障等情况，都应尽可能细化；对于调试的过程以及过程中遇到的问题，发生故障及其修理方法等都应登记。不能只对最后的检测结果给出"正常"或"故障"等结论，应尽量提供对质量分析和设计改进有价值的"可用信息"。

虽然在实际工作中，在业务登记本上登记了比较详细的情况，但是内容多与日常的活动一起登记，不太正规，要从其中找出有用信息并进行整理，否则不宜进行移交和保存。因此，要规范日常的数据登记工作，以保证质量监控登记本上的信息完整和准确。尤其对一些刚刚部署投入使用的新品，或处于贮存后期或者到期甚至超期的装备来讲，其寿命期内的经历必然较多，并且具有代表性。准确分析这些数据对于改进装备设计质量，提高维护水平非常有价值。因此，对这些装备的数据登记要更加完整和详细，尽量减少甚至避免信息丢失。不论是比较重大的故障，还是轻微的，影响装备功能发挥的事件都应该进行详细登记。

5.5.3　贮存数据的及时性要求

在导弹装备刚装备部队、性能检测、值班、维修维护之后，要及时进行相关的数据登记。由于上级有关领导检查工作而出现的"补"登记现象常常存在，这种情况下收集的数据，在准确性、真实性等方面都难以得到保证，数据的可信性不高。

5.5.4　贮存数据的系统性要求

由于导弹寿命期内经历的各个阶段时间跨度长，同时导弹装备一般由许多分系统组成，在数据收集的过程中应注意数据的系统性。在实际使用过程中，往往只有导弹性能的质量状况，而对于单独存放的分系统质量状况登记不够重视，各组件和插板更换修理等方面的数据更欠缺。这对分析分系统的质量状况非常不利。在时间上，所收集的导弹装备信息应该是其在寿命过程中所有事件和经历过程的详细描述。例如，导弹开始贮存或使用、发生故障、中止贮存或使用、返厂修理、经过纠正或报废等情况，所有这些信息系统反映了导弹装备整个寿命期的质量状况。

5.5.5　贮存数据的连续性要求

由于导弹寿命期内各阶段的使用维护人员可能不同，因此，数据收集的连续性非常重要，需要保证数据的可追溯性和连续性。在对导弹装备实行信息的闭环管理时，连续性是对数据的基本要求。在导弹装备移交的过程中，数据特别是故障数据要随行，以便接收单位准确了解装备现状。比如，装备送修时，如果数据详细完整，那么修理厂或工厂的维修人员就可以准确了解装备故障的情况，不必再重新进行测试，便能快速地确定故障情况，实施修理，省时又省力。同样，修理厂或工厂对故障装备进行的修理过程和所采取的方法也应当进行详细记录，便于今后修理和经验的积累。

5.5.6　贮存数据的可存储要求

数据资料的保存是非常重要的工作，不能随导弹装备的消耗或报废，将其相应的数据资料也销毁，否则就无法对其进行相关延续分析。在注意保密工作的同时，应该妥善保存导弹装备的寿命期内的质量与可靠性信息，以便今后的分析和比较。不管是基层使用单位还是修理部门，都应该对检测、故障及修理数据进行保管，在一个阶段后汇总上交，一方面有助于本单位经验的积累，另一方面可以促进信息的交流与共享。导弹贮存数据的形式可根据数据的具体内容选择，其表达形式是多样的，可以是文字、数字，也可以是图纸、图片、图表或录像等图像资料。

5.5.7 贮存数据收集方法的一致性要求

导弹贮存数据收集方法要求具有一致性，同一种类型的数据采用相同的采集手段，以保证贮存数据的可比性，减少误差。

导弹贮存数据的收集可采用以下三种方法进行。

1）"控制性"收集方法：即派专人到现场收集，按预先制定好的计划详细地记录维修性数据，多由专职技术人员完成，通过该方式收集到的数据比较完整、准确、适当。

2）"非控制性"收集方法：在使用现场聘请有关人员，按要求将收集的内容逐项填写事先制定好的表格，定期反馈；其优点是对收集人员的专业水平要求不高，经济性好。

3）"自动化"收集方法：采用自动化测量设备进行现场数据收集，其优点是节省劳动力、连续性好、数据规范。

无论采取哪一种数据收集方式，关键是要在数据收集之前设计出好的数据收集表格，对数据收集内容要求明确、简单明了、可读性强、便于填写。导弹贮存数据收集方法的准则如图 5-4 所示。

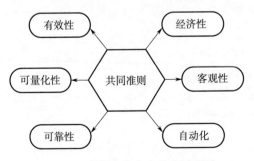

图 5-4 数据收集方法的共同准则

5.6　导弹贮存数据的管理

5.6.1　信息管理要求

1）搜集信息项目及要求，应写进贮存试验大纲及有关的设计文件。

2）贮存试验信息应集中管理，科学分类，便于查询使用。各单位应建立贮存试验信息档案。

3）每次检测工作总结后，应完成规定的信息搜集、传递和反馈工作。

4）贮存试验信息的完整性应列为考核贮存试验工作的项目。

5.6.2　搜集的信息项目

1）产品生产过程的原始记录及产品证明书（或合格证）。

2）产品运输方式、速度、距离、转载次数和维护交接中的问题。

3）贮存现场有代表性的环境参数记录。

4）定期检测时，产品可观测的外观、结构尺寸、气密和各项性能参数，发动机各粘接界面的脱粘和撕裂情况等。

5）定期检测时，产品的可靠性参数和故障现象、原因及排除措施，产品发生故障后，应记录为排除故障所用的修复时间，制作故障卡片。

6）各类平行贮存试验件抽样检查试验结果。

7）鉴定试验测试记录。

5.6.3　信息传递流程

贮存信息传递流程如图 5 - 5 所示。

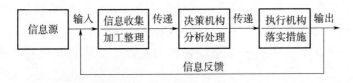

图 5-5　信息传递流程图

5.6.4　信息记录要求

1）记录封面应写明产品的名称、代号、测试日期和测试地点。

2）记录内容包括：产品型号、批组、生产厂、出厂编号、出厂日期、开始贮存日期、现场环境、包装方式、除湿措施、检测日期、外观检查、通电时间、性能参数、通路与绝缘检查测试、气密试验、理化性能分析、发火试验、故障情况和维修情况等。

3）将搜集的信息项目用表格形式记录。

4）记录填写要求。

5）记录须及时，避免回忆、追记。

6）记录要完整，不允许漏项。

7）记录要准确，性能参数要记录实测数据，不允许填写为"合格"或"不合格"的结论。

8）记录填写要有校对和审核。

5.7　导弹贮存数据分析和存储

由于导弹结构的系统性、导弹贮存历程的复杂性，所收集的导弹贮存原始数据必然具有集中性和分散性的特点。为了反映这些数据的统计特征，常用统计量来表示。对数据的集中性常用算术平均值、几何平均值、中位数等统计量来表示；对数据的分散性常用极差、方差或标准方差等统计量表示。通过各类数据分析方法，挖掘所收集数据的变化规律，以方便数据的采用。

　　数据的存储可采取建立可靠数据库的方法，对导弹贮存数据分类整理后进行存储。同时，为数据库设计数据增加、删除、修改、查询、排序、统计分析等基本管理功能，进一步增强数据的服务功能。

第 6 章　防空导弹贮存寿命分析评估

6.1　基于导弹贮存试验数据的评估方法

目前，贮存寿命评估主要包括基于自然贮存和基于加速试验的方法。自然贮存试验，是指组成装备的各类产品在实际库房的长期贮存过程中，通过功能检测、BIT 等手段获取产品的性能退化或失效数据，并对这些自然贮存数据进行统计分析，进而评估产品的贮存寿命。加速贮存试验，是指通过实验室试验，模拟自然贮存条件的单个或多个主要的环境应力，在不改变产品贮存失效机理的前提下适当提高应力等级，对组成装备的各类产品进行试验，加快产品性能退化或失效过程，通过对加速应力下获得的数据进行统计分析，外推出产品正常贮存条件下贮存寿命。

基于自然贮存的贮存寿命评估方法主要通过采集自然贮存中产品性能的变化数据，再对采集到的数据通过回归分析法等统计分析方法进行分析研究，从而得到产品的贮存寿命，目前在实际中有一定的应用研究。尽管自然贮存下得到的数据相对真实，但是由于其需要大量的试验时间以及人力、物力资源等，目前并未得到很广泛的应用。

基于加速试验数据的评估方法目前在实际产品的应用中相对较广，主要是基于加速模型的加速贮存寿命评估方法，对于材料级、元器件级等失效机理相对单一的产品比较适用，但是针对设备级以上的产品而言，采用常规的评估方法不一定精确。因此，目前针对设备级以上产品的加速贮存寿命评估也是众多学者需要突破的研究问题。

加速试验数据评估方法的研究内容主要包括加速模型及其适用

性的研究、寿命分布类型检验方法研究以及参数估计方法研究，本
节首先针对这三方面内容进行研究，然后分别根据加速寿命试验数
据和加速退化试验数据进行其评估方法设计研究。

6.1.1　加速模型及适用性研究

　　加速试验的基本思想是利用高应力下的寿命特征外推正常应力
水平下的寿命特征。实现这个基本思想的关键在于建立寿命特征与
应力水平之间的关系，利用这个关系实现外推正常应力水平下寿命
特征的目的。这种寿命特征与正常应力水平之间的关系就是通常所
说的加速模型，又称加速方程。加速模型（加速方程）描述了产品
寿命与应力水平之间的关系。加速模型的建立是进行贮存寿命外推
的基础，直接影响外推贮存寿命的精度。

　　加速模型按其提出时基于的方法通常分为 3 类：物理加速模型、
经验加速模型、统计加速模型。

　　物理加速模型是基于对产品失效过程的物理化学解释而提出的。
典型的一种物理加速模型是阿伦尼斯（Arrhenius）模型，该模型描
述了产品寿命和温度应力之间的关系。另一种典型的物理加速模型
是艾林（Eyring）模型，它是基于量子力学理论提出的，该模型也
描述了产品寿命和温度应力之间的关系，Glasstene 等扩展了艾林模
型，给出了描述产品寿命和温度应力、电压应力的关系。

　　经验加速模型是基于工程师对产品性能长期的观察总结而提出
的，典型的经验加速模型包括逆幂律模型、Coffin - Manson 模型等。
逆幂律模型描述了诸如电压或压力/应力与产品寿命之间的关系，
Coffin - Manson 模型给出了温度循环应力与产品寿命之间的关系。

　　统计加速模型是基于统计分析方法给出的，常用于分析难以用
物理化学方法解释的数据。统计加速模型又可以分为参数模型和非
参数模型。参数模型中参数的个数及其特性都是确定的，而非参数
模型中参数的个数及其特性是灵活的，而且不需要预先确定。

　　经归纳总结，可得常用加速模型分类如图 6 - 1 所示。目前，工

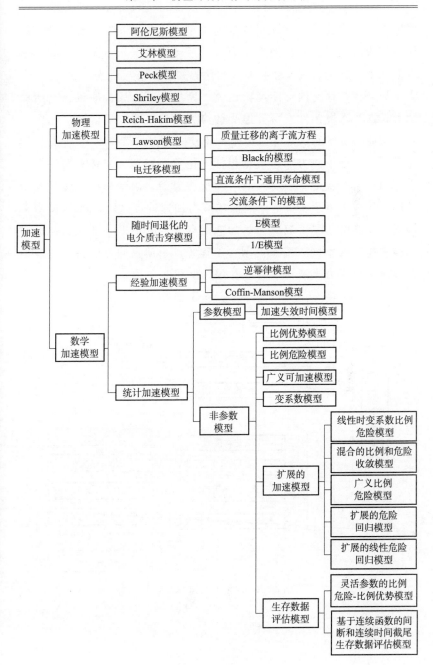

图 6-1 加速模型分类

程上广泛应用的是物理及经验加速模型。因此，以物理及经验加速模型作为研究对象，从加速应力、贮存环境特点、导弹产品特点等方面入手，分析这些模型与导弹贮存的关系。

导弹在贮存期内可能经历运输、库房贮存、战备值班、定期检测等，这些环境条件下可能遭受的应力类型主要有温湿度、电应力和机械应力。针对这些应力类型，经分析研究，归纳出 12 种典型加速模型，其中单应力加速模型包括阿伦尼斯模型、艾林模型，多应力加速模型有温度—振动模型、Peck 模型等。阿伦尼斯、艾林模型常用于导弹上电子、机电产品的单应力加速贮存试验，Peck 模型常用于遭受温度、湿度双应力的加速贮存试验。根据导弹在贮存期经历应力类型的不同，按照美国《工程统计手册》的方法将加速模型初步分为单应力模型和多应力模型，如图 6-2 所示。

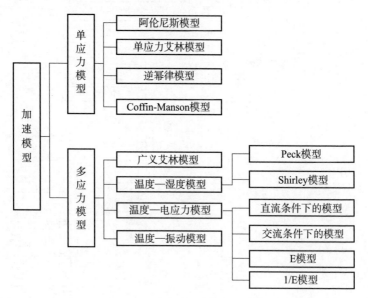

图 6-2　选出的加速模型分类

6.1.1.1　单应力模型

（1）阿伦尼斯模型

19 世纪，阿伦尼斯研究了温度应力激发类化学过程，在大量数据的基础上提出了阿伦尼斯加速模型。该模型适用于加速应力为单一温度应力的产品，导弹在贮存期内遭受的最主要的应力是温度应力，所以，阿伦尼斯模型在电子产品的加速贮存寿命试验中得到了广泛的应用。如在美军导弹研究和发展报告《小型/中型数字和无偏集成电路分析》（ADA053415）中运用阿伦尼斯模型来估计非工作状态下的集成电路的寿命。

阿伦尼斯模型的形式如下

$$t_L = C\mathrm{e}^{\frac{E_a}{kT}}$$

式中，t_L 为产品贮存寿命，E_a 为激活能，T 为温度应力（单位：开尔文），k 为玻耳兹曼常数，C 为常数。

阿伦尼斯模型是基于激活能的模型，激活能是一个量子物理学概念，表征了在微观上启动某种粒子间的重新结合或重组所需要克服的能量障碍。所以，阿伦尼斯模型的物理基础是化学反应速率。因此，它主要用来描述电子产品中非机械（非材料疲劳）的、取决于化学反应、腐蚀、物质扩散或迁移等过程的失效机理。

（2）艾林模型

Eyring 于 1935 年提出了艾林模型。单应力的艾林模型是根据量子力学原理推导出的，它表示某些产品的寿命特性是绝对温度的函数。当绝对温度在较小范围内变化时，单应力艾林模型近似于阿伦尼斯模型，在很多应用场合可以用这两个模型去拟合数据，根据拟合好坏来决定选用哪一个加速模型。所以，艾林模型也常常用于电子产品的加速贮存寿命试验。

Glasstene、Laidler、Eyring 在 1941 年提出了一个加速模型，该模型被称为广义艾林模型，该模型适用于产品同时遭受温度应力与另一其他环境应力的情况，但需要假设温度应力与另一环境应力互不干涉。导弹在贮存期内的运输、装卸和定期检测等环境情况下，弹上产品会同时遭受温度和其他应力，此时就可以使用广义艾林模型。单应力艾林模型的形式如下

$$t_L = CT^\alpha e^{\frac{E_a}{kT}}$$

式中，t_L 为产品贮存寿命，E_a 为激活能，T 为温度应力（单位：开尔文），k 为玻耳兹曼常数，C、α 为常数。

广义艾林模型的模型形式如下

$$t_L = CT^\alpha e^{\frac{E_a}{kT} + \sum_i \left(B_i + \frac{A_i}{T} \right) S_i}$$

式中，t_L 为产品贮存寿命，E_a 为激活能，T 为温度应力（单位：开尔文）；S_i 为除温度应力外的其他应力，k 为玻耳兹曼常数，C、α 为常数。

不管是单应力艾林模型还是广义艾林模型，它们都与阿伦尼斯模型一样是基于激活能的模型。同样，它们主要用来描述电子产品中非机械（非材料疲劳）的、取决于化学反应、腐蚀、物质扩散或迁移等过程的失效机理。

但是它们与阿伦尼斯模型的主要不同点反映在两个方面。

1）阿伦尼斯模型是一个基于实验结果的经验公式，而艾林模型则是一个基于化学和量子力学的理论结果。

2）阿伦尼斯模型只描述了失效与温度之间的关系，而艾林模型则认为失效与其他类型应力间的关系也可以在模型中通过类似的数学形式给出。

（3）逆幂率模型

该模型描述了电压或压力等应力和产品寿命的关系，模型形式如下

$$L(V) = \frac{1}{KV^n}$$

式中，$L(V)$ 为产品贮存寿命，V 为电压或压力应力，K 为常数。

逆幂率模型适用于电应力及机械应力等单一应力，在导弹贮存中，许多产品都要经历运输、装卸、定期检测。这些任务阶段产品

会遭受电应力或机械应力，此时可以考虑使用逆幂率模型。建议在可能由电应力或机械应力引发的失效上使用该模型。

（4）Coffin–Manson 模型

Coffin–Manson（CM）模型描述的是温度循环与产品寿命的关系，成功应用于焊料的裂纹生长失效机理上，模型形式如下

$$N_f = Af^{-\alpha}\Delta T^{-\beta}G(T_{\max})$$

式中，N_f 为产品贮存寿命，$G(T_{\max})$ 为最高温度应力的阿伦尼斯激活能，ΔT 为最高温度与最低温度之间的温差（单位：开尔文），f 为循环频率（单位：赫兹），A、α、β 为常数。

CM 模型用于由热疲劳引起的材料疲劳、变形及裂缝等失效机理，建议使用于焊料及金属材料的器件。

6.1.1.2　多应力模型

（1）Peck 模型

20 世纪 70 年代，研究人员开始在阿伦尼斯模型的基础上通过引入湿度构建新的寿命模型，Peck 模型是稳态条件下的温湿度模型。Peck 汇总了众多稳态实验的结果，并以 $85℃/85\%RH$ 的结果为基准进行了比较和分析，在 1986 年给出如下形式塑封器件的寿命表达式

$$t_L = CH^{-n}\mathrm{e}^{\frac{E_a}{kT}}$$

式中，t_L 为产品贮存寿命，E_a 为激活能，T 为温度应力（单位：开尔文），H 为相对湿度（单位：$\%RH$），k 为玻耳兹曼常数，C 为常数，n 为大于 0 的无单位常数。

Peck 模型适用于由温度、湿度两种应力引起的产品失效。建议使用在失效由温度、湿度两种应力引发的非密封性电子或机电器件。

（2）温度—电应力模型

在导弹贮存期内要经历定期检测、战备值班等，部分器件需要同时遭遇温度与电应力两种应力。如产品失效由这两种应力引起，可选用温度—电应力模型。

由温度和电应力共同引起的失效机理主要有两种，一种是电迁移，一种是电介质击穿。在电流流过金属线时，金属离子会在电流及其他因素的相互作用下移动并在金属层内形成孔隙或裂纹，这种失效机理被称为电迁移。电介质击穿是指在电场作用下，电介质丧失绝缘能力的现象。电场强弱对电介质击穿的影响很大，使用的失效物理模型也不一致。

①电迁移模型

电迁移是由于金属离子的扩散所引起的，这种扩散有三种基本形式，即表面扩散、晶格扩散、晶界扩散。不同的金属材料所涉及的扩散形式可能不同，例如，凸点中的扩散主要是晶格扩散，Al互连线的扩散主要是晶界扩散，而Cu互连线的扩散主要是表面扩散等。

影响电迁移的因素可以归纳为如下三类：

1) 导致扩散的外力。这些外力包括了由电子与金属离子动量交换和外电场产生的综合力、非平衡态离子浓度产生的扩散力、由纵向压力梯度产生的机械应力，以及温度梯度产生的热应力。这些应力的存在会导致金属的离子流密度不连续从而产生电迁移。

2) 几何因素。转角、台阶、接触孔的存在都会加大局部的应力梯度，从而加速电迁移现象的发生。此外，当线宽变得可以和晶粒大小相比拟甚至更小时，晶界扩散会减少且向晶格扩散和表面扩散转化。

3) 金属材料本身。通常合金可有效地抑制电迁移，正如前面所提到的那样，掺一点铜能大大提高铝金属层的寿命，加入少量硅也可提高可靠性。因为，铜原子沿晶粒界面的吸收使可扩散的部位减少。

电迁移失效物理模型建立了元器件的电迁移与流过金属的电流密度以及金属的几何尺寸、材料性能和温度分布的关系。流过金属的电流可以是直流或交流，交流条件下的电迁移研究是建立在直流物理模型基础上的，通常采用平均电流密度并对电迁移寿命作近似评估。

②直流模型

直流条件下的电迁移失效物理模型如下式

$$MTTF = \frac{wdT^m}{Cj^n} \mathrm{e}^{\frac{E_a}{kT}}$$

式中，$MTTF$ 为产品的平均故障前时间，E_a 为激活能，T 为温度，j 为电流密度，w、d 为金属的几何尺寸参数，k 为玻耳兹曼常数，C 为常数，低电流情况下 $m = n = 1$，高电流情况下 $m = n = 3$。

电子、机电、光电设备发生失效，如果失效原因是战备值班或定期检测时，直流电应力引起的电迁移失效机理，建议使用该模型。

③交流模型

在交流条件下，大致说来电迁移失效寿命比直流条件下都要长，对这一现象的物理解释为：在正半周期内产生的离子流扩散在负半周期内发生了部分回扩散，根据这一解释，在交流条件下的电迁移可以认为是一种平均电流密度 j 的结果。交流情况下的电迁移失效物理模型如下式

$$MTTF = \frac{wdT^m}{Cj^n} \mathrm{e}^{\frac{E_a}{kT}}$$

式中，$j = \frac{1}{\tau} \int_0^\tau j(t)\mathrm{d}t$，$MTTF$ 为产品的平均故障前时间，E_a 为激活能，T 为温度，j 为电流密度，w、d 为金属的几何尺寸参数，k 为玻耳兹曼常数，C 为常数，τ 为通电时间。

电子、机电、光电设备发生失效，如果失效原因是战备值班或定期检测时，交流电应力引起的电迁移失效机理，建议使用该模型。

④介质击穿模型

1）E 模型。E 模型是一种随时间退化的电介质击穿模型，建立在偶极子与电场作用基础上的，认为氧化层的退化与击穿实际上是电场作用的结果，由缺陷的产生和积累决定。其方程形式如下

$$\ln(TF) \propto \frac{Q_1}{kT} - \gamma E_{ox}$$

式中，TF 为产品贮存寿命，Q_1 为激活能，T 为温度，k 为玻耳兹曼常数，E_{ox} 为电场加速因子，γ 为常数。

电子、机电、光电设备发生失效，如失效原因是战备值班或定期检测时，电应力引起的介质击穿失效机理，建议使用该模型。特别是在低电场范围内该模型更为适用。

2）1/E 模型。1/E 模型是一种随时间退化的电介质击穿模型，是建立在电子隧穿注入基础上的，认为氧化层击穿是由空间电荷积累造成的，并认为击穿所需的总俘获空穴电荷量一定。其方程形式如下

$$\ln(TF) \propto \frac{Q_2}{kT} - G(1/E_{ox})$$

式中，TF 为产品贮存寿命，Q_2 为激活能，T 为温度，k 为玻耳兹曼常数，$G(1/E_{ox})$ 为电场加速因子。

电子、机电、光电设备发生失效，如失效原因是战备值班或定期检测时，电应力引起的介质击穿失效机理，建议使用该模型。特别是在高电场范围内该模型更为适用。

（3）温度—振动模型

1991 年 Donald B. Barker 等人经过对印制电路板焊点的研究，提出了温度与振动应力共同加载时对产品寿命影响的加速模型。其公式描述如下

$$N_f = \frac{1}{2} \left[\frac{F}{2\varepsilon} \cdot \frac{L_D \Delta\alpha \Delta T_e}{h} \right]^{\frac{1}{c}}$$

式中，N_f 为产品贮存寿命；如果芯片载体使用无铅焊料，$F > 1.0$，反之 $F = 1.0$；ε 为疲劳延性系数；h 为焊点高度；ΔT_e 为等价温度范围；L_D 为器件焊点间最大距离；$\Delta\alpha$ 为部件和衬底间 TCE 绝对误差。

电子、机电、光电设备发生失效，如失效原因是运输或装卸时，振动及温度应力引起的焊点疲劳或脱落等失效机理，建议使用该模型。

6.1.1.3　适用性分析

本节主要通过查阅国内外关于加速模型的相关文献以及标准，

进行加速模型的搜集，包括阿伦尼斯模型、艾琳模型、逆幂律模型等单应力加速模型以及 Peck 模型、温度—电应力模型以及温度—振动模型等多应力加速模型，并针对其适用性进行研究。具体情况见表6－1。

表 6－1　常见加速模型的适用性

序号	模型名称	适用性	备注
1	阿伦尼斯模型	适用于加速应力为单一温度应力的产品	单应力
2	艾琳模型	与阿伦尼斯模型类似，艾林模型通常用于电子产品的加速贮存寿命试验	单应力
3	逆幂律模型	适用于电应力及机械应力等单一应力下的加速贮存寿命试验	单应力
4	Coffin－Manson 模型	描述温度循环与产品寿命的关系，应用于焊料的裂纹生长失效机理上	单应力
5	Peck 模型	使用在失效由温度、湿度两种应力引发的非密封性电子或机电器件	多应力
6	温度—电应力模型	产品同时遭遇温度与电应力两种应力，由于战备值班或定期检测时电应力引起的介质击穿失效机理	多应力
7	温度—振动模型	产品同时遭遇振动及温度应力引起的焊点疲劳或脱落	多应力

6.1.2　寿命分布类型检验方法

对于获得的试验数据，对其进行剔除等预处理之后，进行寿命评估之前，首先应该对其进行寿命分布类型的检验。下面，首先对常用的分布类型检验方法进行研究，根据各种检验方法的优缺点，选择合适的寿命分布检验方法。

分布检验是通过试验或现场使用等得到的产品统计数据，推断产品寿命是否符合所选定的分布，推断的依据是拟合优度检验。拟合优度是观测数据的分布与选定的理论分布之间符合程度的度量。

6.1.2.1 分布类型检验方法

根据大量的试验数据对未知的总体分布进行推断而求得分布类型；对于已有经验参考的情况可做小样本的试验，先假设分布类型，再进行相应的拟合性检验，这种方法称为统计法。

假设检验的步骤为：

1）假设母体的分布函数为 $F_0(x)$，即提出原假设 H_0：$F(x) = F_0(x)$；

2）构造一个反映母体分布与由子样所获得的分布之间偏差的统计量 D；

3）从母体中抽取子样（x_1，x_2，$\cdots$，x_n），根据子样观测值计算统计量 D 的观测值 d；

4）确定适当的显著水平 α（一般为 0.10、0.05、0.01 等），相应求得 D 的临界值 d_0，使 $P = \alpha$；

5）比较 d 和 d_0 的大小，当 $d > d_0$ 时拒绝原假设 H_0，即原假设的分布函数 $F_0(x)$ 不真；当 $d \leqslant d_0$ 时接受原假设 H_0，即原假设的分布函数 $F_0(x)$ 为真。

（1）皮尔逊 χ^2 检验法

χ^2 检验法一般用于大样本。χ^2 检验法是计算理论频数与实际频数之间的差异，将检验统计量 χ^2 的观测值与 χ^2 的临界值进行比较。

满足条件 $\chi^2 = \sum_{i=1}^{m} \dfrac{(m_i - np_i)^2}{np_i} \leqslant \chi_\alpha^2(m-r-1)$ 接受原假设；否则拒绝原假设。

式中，n 为样本容量，m 为数据分组数，m_i 为 i 组的失效数（实际频数），p_i 为按假设的理论分布计算所得落入第 i 组的失效概率，np_i 为第 i 组的理论失效数（理论频数），r 理论分布中需要利用样本观测值估计的未知参数的个数，α 为给定的显著性水平，$\chi_\alpha^2(m-r-1)$ 为 χ^2 的临界值，可查表得到。

χ^2 检验法注意事项：

1) 要求样本容量 $n \geqslant 50$，数据分组 m 为 $7 \sim 14$，样本观测值落入各子区间的频数都相当大，一般 $m_i \geqslant 5(i=1, 2, \cdots, m)$。如果某些子区间内的频数太小，则应适当把相邻的两个或几个子区间合并使频数足够大。此时，必须相应地减少 χ^2 分布的自由度。

2) 落入子区间内的理论概率 $p_i = F(x_i) - F(x_{i-1})$。

(2) K-S 检验法

K-S 检验法（又称 d 检验法）比 χ^2 检验法精确，而且还适用于小样本的情况，但要求所检验的分布中不能含有未知参数。将 n 个试验数据由小到大次序排列，根据假设的分布计算每个数据 x_i 和 $F_0(x_i)$，与 $F_n(x_i)$ 的差的最大绝对值即为检验统计量 D_n 的观测值。再将 D_n 与临界值 $D_{n,\alpha}$（可查表获得）比较。若满足

$$D_n = \mathop{\mathrm{SUP}}_{-\infty < x < +\infty} | F_n(x) - F_0(x) | = \max\{d_j\} \leqslant D_{n,\alpha}$$

其中，$d_j = \max\{| F_n(x_i) - F_0(x_i) |, | F_n(x_{i+1}) - F_0(x_i) |\}$，则接受原假设。

(3) 图解检验法

图解法的核心，是利用各种概率坐标纸对实验数据的分布类型进行检验，具体方法如下：

1) 把获得的试验结果按数值从小到大（或从大到小）排列起来，如 $x_1 \leqslant x_2 \leqslant \cdots \leqslant x_i \leqslant \cdots \leqslant x_n$ 这样经过游戏化的随机变量。如果进行的不是一组试验，而是 m 组试验，且保持每组试验得到 n 个观测值（及子样大小一样），则每个次序统计量都遵循一定的分布。

2) 计算数学期望或者中值：

数学期望　　　　　　$$E(x_n^i) = \frac{i}{n+1}$$

中值　　　　　　　　$$\tilde{x}_i = \frac{i - 0.3}{n + 0.4}$$

式中，E 为数学期望，x_n^i 为子样数为 n 的第 i 个次序统计量，$\tilde{x}_i$ 为出现概率为 50% 的随机变量。根据数学期望和中值的公式计算出对应

于 x_1，x_2，…，x_n 的概率，只需计算其中一种，平均值或者中位值。

3）根据上个步骤得到的值，将点 $[x_i，E(x_n^i)]$ 或 $(x_i，\tilde{x}_i)$ 描到对应的分布（正态、对数正态以及威布尔分布）概率坐标纸中，若得到的是一条直线，则说明服从相应的函数分布。

6.1.2.2　各种寿命分布的检验方法

常见的寿命分布一般为指数分布、正态分布以及威布尔分布，根据不同寿命分布的特点，其分布类型的检验方法也各不相同，其各个寿命分布类型的检验方法如下。

（1）指数分布检验

当产品寿命服从指数分布时，其失效率 $\lambda(t)$ 是一个常数。因此，检验产品的寿命分布是否服从指数分布，只要检验 $\lambda(t)$ 是不是常数即可。其检验的原假设为 H_0：$\lambda(t) =$ 常数，而备择假设为 H_1：$\lambda(t) \neq$ 常数，或为非降函数，或为非增函数。如果通过检验，接受 H_0：$\lambda(t) =$ 常数，那么，具有常数失效率的寿命服从指数分布；如果 H_0 被否定，那么其寿命不服从指数分布。

对于定数、定时实验子样，国际标准的检验统计量为

$$\chi^2 = 2\sum_{k=1}^{d} \ln \frac{T^*}{T_k}$$

上式中，T^* 为总试验时间

$$T^* = \begin{cases} \sum_{i=1}^{n} t_i + (n-r)t_0，定时 \\ \sum_{i=1}^{n} t_i + (n-r)t_r，定数 \end{cases}$$

T_k 为出现第 k 次故障时的总试验时间

$$T_k = \sum_{i=1}^{k} t_i + (n-r)t_k$$

$$d = \begin{cases} r-1，定数截尾或定时截尾 \ t_i = t_r \\ r，定时截尾 \ t_r < t_0 \end{cases}$$

r 为试验样本失效个数。

统计量 χ^2 服从自由度为 $2d$ 的卡方分布。对给定的显著水平 $\alpha(0, 1)$，查 χ^2 分布表，检验规则是：满足 $\chi^2_{1-\frac{\alpha}{2}}(2d) \leqslant \chi^2 \leqslant \chi^2_{\frac{\alpha}{2}}(2d)$ 接受，否则拒绝。

（2）正态分布检验

①Shapiro – Wilk 检验法

国际及国家标准（GB/T 4882—2001《数据的统计处理和解释 正态性检验》）对所假设的分布是否符合正态分布的拟合优度检验使用 Shapiro – Wilk 检验法，该方法适用于 $8 \leqslant n \leqslant 50$ 的完全样本，简称为 W 检验法。此方法是 Shapiro – Wilk 在 1965 年提出的，其具体步骤如下。

1）将样本从小到大排列成次序统计量 $x_1 \leqslant x_2 \leqslant x_3 \leqslant \cdots \leqslant x_n$。

2）按照 n、k 值查表求出 $a_{n, k}$（$k = 1, 2, \cdots$）。

3）计算统计量

$$W = \frac{\left\{ \sum\limits_{k=1}^{l} \alpha_{k,n} [x_{n+1-k} - x_k] \right\}^2}{\sum\limits_{k=1}^{n} [x_k - \bar{x}]}$$

其中，$l = \begin{cases} \dfrac{n}{2}, & n \text{ 为偶数} \\[2mm] \dfrac{n-1}{2}, & n \text{ 为奇数} \end{cases}$

4）根据显著水平 α 和 n 查表求出 W 的临界值 Z_α。

5）作出判断：若 $W \leqslant Z_\alpha$，拒绝，否则接受假设。

②D 检验方法

对正态分布的拟合优度检验推荐使用除了上述分布类型检验方法中的 Shapiro – Wilk 检验方法以及图解检验法，还包括 D（D'Agostina）检验方法，其具体检验方法如下。

1）将样本从小到大排列成次序统计量 $x_1 \leqslant x_2 \leqslant x_3 \leqslant \cdots \leqslant x_n$；

2）按公式 $D = \dfrac{\sum\limits_{k=1}^{n}(k - \frac{n+1}{2})x_k}{(\sqrt{n})^3\sqrt{\sum\limits_{k=1}^{n}(x_k - \bar{x})^2}}$ 和 $Y =$

$\dfrac{\sqrt{n}\,(D - 0.282\ 094\ 79)}{0.029\ 985\ 98}$ 计算统计量 Y 的值；

3）根据 α 和 n 查表，得到 $Z_{\alpha/2}$ 和 $Z_{1-\alpha/2}$；

4）作出判断，若 $Y < Z_{\alpha/2}$ 或 $Y > Z_{1-\alpha/2}$，则拒绝 H_0，即寿命分布不服从正态分布；若 $Z_{\alpha/2} \leqslant Y \leqslant Z_{1-\alpha/2}$，则不拒绝 H_0，即寿命分布服从正态分布。

Shapiro‑Wilk 检验方法和 D（D'Agostina）检验方法均属于无方向检验，其中，Shapiro‑Wilk 检验方法所需的样本量为 $8 \leqslant n \leqslant 50$，而 D（D'Agostina）检验方法所需样本量为 $50 < n \leqslant 100$。

③偏峰度检验法

偏峰度检验也可以用来判断数据是否符合正态分布。具体步骤如下。

定义偏度为 $C_s = \dfrac{\mu_3}{\sigma^3}$，定义峰度为 $C_e = \dfrac{\mu_4}{\sigma^4}$。

其中，μ_3 为三阶中心矩，μ_4 为四阶中心矩，σ^2 为方差。

由于正态分布 $N(\mu, \sigma^2)$ 的偏度为 0，峰度为 3，所以，可以通过样本偏度和峰度是否接近 0 和 3 来判断数据是否服从正态分布。

从总体为 $F(t)$ 的分布中，抽取容量为 n 的样本（t_1，t_2，t_3，…，t_n），则可以由样本矩得到总体偏度和峰度的估计。需要计算出样本均值，样本二阶中心矩，样本三阶中心矩，样本四阶中心矩，再将对应值代入公式进行计算，即可得到样本的偏度和峰度，看是否接近 0 和 3，然后作出数据是否服从正态分布的判断。

（3）威布尔分布检验

①1F 检验法

对 n 个产品进行寿命试验，在 t_0 时截止实验，将故障时间排列，得到 r 个故障时间为 $0 < t_1 \leqslant t_2 \leqslant t_3 \leqslant \cdots \leqslant t_r \leqslant t_0$。

设 $X_i = \ln t_i$ ，建立原始假设

$$H_0 : F_n(t) = 1 - \mathrm{e}^{-(\frac{t}{\eta})^m}$$

其中，m、η 是未知参数，可用极大似然估计得到其估计值。检验统计量为

$$W = \frac{\displaystyle\sum_{i=r_1+1}^{r-1} \frac{l_i}{r-r_1-1}}{\displaystyle\sum_{i=1}^{r_1} \frac{l_i}{r_1}}$$

上式中，$r_1 = \left[\dfrac{r}{2} \right]$，$l_i = \dfrac{x_{i+1} - x_i}{\ln\left(\ln\left(\dfrac{4(n-i-1)+3}{4n+1}\right) / \ln\left(\dfrac{4(n-i)+3}{4n+1}\right)\right)}$，

统计量 W 渐进的服从自由度为 $(2(r-r_1-1),\ 2r_1)$ 的 F 分布。

在置信度 $1-\alpha$ 时，其检验规则为

$$F_{\frac{\alpha}{2}}[2(r-r_1-1), 2r_1] \leqslant \omega \leqslant F_{1-\frac{\alpha}{2}}[2(r-r_1-1), 2r_1]$$

若符合上述检验规则，则假设成立。

此方法适用于定时或定数截尾实验数据。其优点是不需要查找特殊的专用表格，只需要使用普通的 F 分布检验表，计算也比较方便。在故障数超过 10 的时候效果比较好，但样本量比较少的时候也可以使用。

②皮尔逊 χ^2 检验法

令 $V_i = (r-i)(X_{(r-i+1)} - X_{(r-i)})$，$i = 1, 2, \cdots, r-1$，则 $V_i/\sigma = (r-i)$，$i = 1, 2, \cdots, r-1$ 是近似相互独立，且同时服从标准指数分布的随机变量。根据指数分布的性质可知 $2V_i/\sigma = (r-i)(i=1, 2, \cdots, r-1)$，都是近似相互独立，且服从具有自由度为 2 的 χ^2 分布。由巴特利特统计量可得

$$B^2 = 2(r-1)\lg\left[\sum_{i=1}^{r-1} V_i/(r-1)\right] - 2\sum_{i=1}^{r-1} \lg V_i$$

$$c = 1 + \frac{r}{6(r-1)}$$

且 B^2/c 是自由度为 $r-2$ 的 χ^2 变量。如果给定显著性水平 α，则

可由 χ^2 分布表查得 $\chi^2_{\alpha/2}(r-2)$ 和 $\chi^2_{1-\alpha/2}(r-2)$，当 $B^2/c < \chi^2_{\alpha/2}(r-2)$ 或 $B^2/c > \chi^2_{1-\alpha/2}(r-2)$ 时，拒绝假设 H_0。

6.1.2.3　适用性分析

本节首先通过调研国内外关于分布类型检验方法的相关文献和标准，进行分布类型检验方法的研究，主要包括 χ^2 检验法、K-S检验法、Shapiro-Wilk 检验法以及图解检验法，并对其进行对比分析研究，选择合适的检验方法对不同的寿命分布类型进行检验，具体情况见表 6-2。

表 6-2　常见检验方法的适用性

序号	检验方法名称	适用性
1	皮尔逊 χ^2 检验法	一般用于大样本，母体可以为离散型随机变量或连续型随机变量；母体分布的参数可以已知，也可以未知；可用于完全样本，也可用于截尾样本和分组数据
2	K-S检验法	一般只适用于连续分布，并且要求指定分布中不含未知参数；K-S检验比 χ^2 检验来的精细，并且 K-S检验还适用于小样本情况
3	图解检验法	比较直观，其计算也比较简单，目前只适用于正态分布、对数正态分布以及威布尔分布类型的检验
4	Shapiro-Wilk 检验法	只适用于正态分布的检验，该方法适用于 $8 \leqslant n \leqslant 50$ 的完全样本

6.1.3　参数估计方法

进行产品加速贮存寿命的评估主要是针对加速模型参数的评估，根据评估精度的不同要求，经常采用的估计方法也各不相同。下面主要对一些常用的估计方法进行研究。

6.1.3.1　参数的点估计

用一个点值来估计母体分布参数的方法，称为参数的点估计法。点估计的目的是通过样本观测值对未知参数给出接近真值的一个估计值，根据不同试验样本的观测值得到的点估计不同，不同的方法给出的点估计也不同。常用的点估计法主要有：图估计法、矩法、最小二乘法、极大似然法等，它们在可靠性数据分析中有广泛的应用；同时，根据可靠性数据的特点，还发展了最佳线性不变估计（BLUE）、简单线性无偏估计（GLUE）以及最佳线性不变估计（BLIE）。

（1）图估计法

多数分布函数在直角坐标系中描绘出来都是一些直线，但是有些可利用一些变换将其线性化，经过相应的坐标变换，这些曲线在新坐标系中就变成了一条直线。根据分布函数的特点，经过相应变换构成新的坐标。将各种观测数据在相应的概率纸上描点作图，配出一条直线，然后利用所配的直线检验数据的分布类型和估计分布参数，该法即为图估计法。

（2）矩法

在待估参数中，往往有一些是总体 X 的原点矩或中心矩的函数，例如，数学期望是一阶原点矩，方差是二阶中心矩等。在 n 足够大时，将 n 次试验中事件 A 出现的频率 $\dfrac{v_i}{n}$ 作为它出现的概率 P_i 的点估计值，将子样观察到的平均值 $\bar{x} = \dfrac{1}{n} \sum\limits_{i=1}^{n} x_i$ 作为母体数学期望 μ 的点估计值，将子样观察值的方差 $s_n^2 = \dfrac{1}{n} \sum\limits_{i=1}^{n} (x - x_i)^2$ 作为母体方差 δ^2 的点估计值。这种估计方法，称为矩估计。

（3）最小二乘法

最小二乘法是确定因变量与自变量之间经验关系的一种方法。对于一次线性回归方程 $y = ax + b$，由试验观测值 (x_i, y_i) 可以得到系数 a、b 的点估计式

$$\hat{a} = \frac{\overline{xy} - \bar{x}\bar{y}}{\overline{x^2} - \bar{x}^2}$$

$$b = \bar{y} - \hat{a}\bar{x}$$

（4）极大似然法

极大似然估计的基本思想是：由于样本来自总体，因此，样本在一定程度上能够反映总体的特征。如果在一次试验中得到了样本的观测值（x_1，x_2，…，x_n），可以说既然在一次试验中就发生了这个事件，那这个事件发生的概率应该很大。因此，如果总体待估参数为 θ，在 θ 的一切可能值中，选取一个使样本观测值结果出现概率达到最大的值作为 θ 的估计值，记为 $\hat{\theta}$，这就是极大似然估计。通常是先构造一个似然函数，然后变换出使似然函数取极大值的似然方程或对数似然方程，对应似然方程的解即为待估计参数的极大似然估计值。

6.1.3.2　最佳线性无偏估计（BLUE）法

如果 $\hat{\theta}$ 是观测值的线性函数，并且具有无偏性，则称 $\hat{\theta}$ 是 θ 的线性无偏估计量。假如 θ 的所有线性无偏估计量中 $\hat{\theta}$ 又具有方差最小的性质，则称 $\hat{\theta}$ 是 θ 的最佳线性无偏估计量。求这种估计量的方法，称为最佳线性无偏估计法。

（1）简单线性无偏估计（GLUE）法

不完备的线性无偏估计量，称为简单线性无偏估计量。求这种估计量的方法，称为简单线性无偏估计法。对于分布函数 $F((y-\mu)/\sigma)$ 中的参数 μ 和 σ，在样本量 $n > 25$ 时，用最佳线性无偏估计和最佳线性不变估计，可以得到精度较高的估计。

（2）最佳线性不变估计（BLIE）法

如果 θ 的所有线性不变估计量中，$\hat{\theta}$ 又具有均方误差 $E=(\hat{\theta}-\theta)^2$ 的最小性质，则称 $\hat{\theta}$ 是 θ 的最佳线性不变估计量。这种求估计量的方法，称为最佳线性不变估计法。对于分布函数 $F((y-\mu)/\sigma)$ 中的参数 μ 和 σ，在样本量 $n \leqslant 25$ 时，用最佳线性无偏估计和最佳线性不变估计，可以得到精度较高的估计。

6.1.3.3　小结

本节主要对参数的估计方法进行研究，通过搜集和查阅国内外关于参数估计方法的相关文献，并对其进行分析研究，主要对参数的图估计法、点估计、矩法、最小二乘法、极大似然法以及最佳线性无偏估计进行了分析研究，以保证评估结果的精确性。

同时，根据可靠性数据的特点，对后续发展的最佳线性无偏估计（BLUE）方法，包括简单线性无偏估计（GLUE）以及最佳线性不变估计（BLIE）也进行了总结分析。

6.1.4　加速寿命试验数据评估方法设计

加速寿命试验数据统计分析的主要任务是对加速应力水平下产品的寿命信息进行加工，估计出加速模型中的未知参数，再利用该模型外推出正常条件下的性能和可靠性指标，其研究主要包含如何利用统计分析方法建立加速模型以及基于模型的外推等相关问题。

本节主要进行了加速模型及适用性、寿命分布类型检验以及参数估计方法三个方面的研究，因为，其常规的基于加速模型的加速寿命数据评估方法主要包括这三部分，加速寿命试验数据的评估流程如图 6-3 所示。

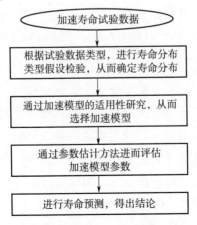

图 6-3　加速寿命试验数据评估流程图

　　根据上图，加速寿命试验数据的评估步骤如下。

　　步骤 1：收集加速寿命试验中产品的试验数据，根据试验数据类型以及寿命分布类型检验方法，对所得的试验数据进行寿命分布类型的假设检验，从而确定寿命分布。

　　步骤 2：根据所收集的加速模型以及基于蒙塔卡罗仿真的模型适用性方法研究，选择合适的加速模型。

　　步骤 3：结合步骤 2 中选择的加速模型以及步骤 1 中确定的寿命分布，根据参数估计方法，对加速模型中的参数进行估计。

　　步骤 4：根据步骤 3 得到的加速模型，将正常的贮存应力代入，从而得到产品的贮存年限。

　　本节主要通过调研国内外关于加速寿命试验数据评估方法的相关文献及标准，并结合前面所研究的内容，进行加速寿命试验数据评估方法设计，也为后续的加速退化试验数据评估方法设计奠定一定的基础。

6.1.4.1　加速退化试验数据评估方法设计

　　加速退化试验数据评估方法与加速贮存寿命评估方法大致相同，首先是将退化数据根据失效阈值转换为伪寿命数据，然后通过与加速寿命试验数据相同的方法对其进行评估。因此，加速退化试验数据评估方法主要是进行退化数据转换伪寿命数据的研究，主要有两种方法：基于退化量分布的加速退化数据评估方法以及基于伪寿命的加速退化数据评估方法。

6.1.4.2　基于退化量分布的加速退化数据评估方法

　　基于退化量分布的加速退化数据评估方法是将产品退化量分布的均值和标准方差均视为时间与应力的函数，求出各应力水平下各个测量时刻产品退化量的分布均值和标准方差，然后利用加速方程求出其与时间及应力的关系，再利用性能可靠性评估方法与正常使用应力条件下的寿命进行评估。

　　假设在不同应力作用下，同一类产品样本的性能退化量服从的分布形式在不同的测量时刻是相同的，分布参数随着事件不断变化，即产品性能退化量在不同测量时刻服从同一分布族，该分布族分布参数为时间变量、应力变量的函数。

由于不同产品性能之间具有某种差异性，不同产品的性能退化量随时间、应力的退化过程不相同，因此，产品性能退化量之间的差异与时间、应力相关，即退化量分布参数既是应力水平的函数，又是试验时间的函数。通过对不同应力水平、不同测量时刻产品性能退化量所服从分布参数的处理，即可找出其分布参数与时间及应力的关系，从而利用加速寿命数据的评估方法，对产品在正常使用应力条件下的寿命做出合理的评估。

依据上述基本思想，可得基于退化量分布的加速退化数据的寿命评估方法，步骤如下：

1）收集不同应力作用下，每个试验产品在不同测试时刻的性能退化数据，利用图估计法或其他分布假设检验方法对各个测量时刻性能退化数据进行分布假设检验，选择性能退化数据可能服从的分布，将性能退化数据视为完全寿命数据，求出各个测量时刻分布参数的估计值。

2）依据步骤 1）求得的各个时刻性能退化量所服从分布参数估计数据，画出各部分参数随时间变化曲线轨迹，根据轨迹变化趋势，选择适当的曲线模型，并求出各个应力水平下曲线模型系数。

3）根据求得的样本均值、样本均方差或尺度参数、形状参数随时间变化的函数，根据模型适用性分析选择合适的加速模型，求出参数曲线模型系数与应力水平的关系。

4）假定失效阈值，利用上述得到的参数曲线方程系数与应力水平的关系，可以求出正常使用条件下，产品性能退化量的样本均值、样本均方值或尺度参数、形状参数随时间变化的函数关系。

5）根据以上得到的性能退化量的样本均值、样本均方值或尺度参数、形状参数随时间变化的函数，可以外推得到正常使用应力条件下，性能退化量的样本均值、样本均方值或尺度参数、形

状参数，利用产品寿命与性能退化量分布的关系即可对产品进行
可靠性评估。

上述步骤流程如图 6-4 所示。

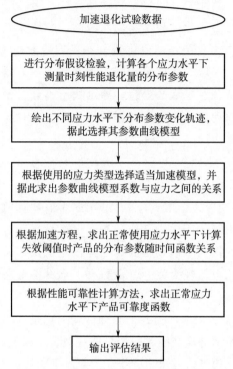

图 6-4　基于退化量分布的加速退化试验数据评估方法流程图

6.1.4.3　基于伪失效寿命的加速退化数据评估方法

基于伪失效寿命的加速退化数据可靠性评估方法，是利用样本
退化轨迹得到各个应力下伪失效寿命时间，通过对其进行分布假设
检验选择适当的寿命分布类型，然后再利用加速寿命试验的统计分
析方法获得正常使用条件下的产品寿命。

基于伪失效寿命的加速退化数据评估方法是假设同一类试品的
退化轨迹可以使用具有相同形式的曲线方程来描述；由于试品间的

随机波动性，不同试品的退化曲线方程具有不同的方程系数。

由于产品样本处于不同的应力水平下，样本性能退化量达到失效阈值的时间随应力水平的增加而降低，样本间的随机波动性导致样本伪失效寿命的随机性，因此，样本伪失效寿命的分布参数与应力水平相关。对于不同应力水平，不同的仅为全部或者部分分布参数，这些参数往往是应力的函数，针对这些参数建立加速方程，即可外推求出正常应力水平下产品伪失效寿命的分布参数，从而可以对产品进行寿命评估。

根据上述基本思想，可得基于伪失效寿命的加速退化数据评估方法步骤：

1）收集试验产品在不同应力水平下，不同试验样本在不同测试时刻的性能退化数据，并画出不同应力水平下每个试验样本的性能退化量随时间变化的曲线，根据性能退化曲线趋势，选择适当的退化轨迹模型，结合失效阈值，计算每个应力水平下各个样本的伪失效寿命。

2）对所得到的不同应力水平下样本伪失效寿命进行分布假设检验，选择适当的分布类型，采用参数估计方法，估计出每一应力水平下样本伪失效寿命分布的分布参数。

3）利用加速寿命试验处理不同应力水平下总体参数之间关系的方法，对上个步骤得到的不同应力水平下样本分布的总体参数，找出总体参数与应力水平之间的关系，并根据加速模型的适用性选择合适的加速模型。这样，根据不同应力水平下样本分布的总体参数与所选择的加速模型，可以得到产品寿命分布参数与应力的函数关系。

4）得到样本总体参数与应力之间的关系后，利用外推法估计正常使用条件下产品总体参数，根据其估计值即可得到产品在正常使用条件下的寿命。

上述步骤流程如图6-5所示。

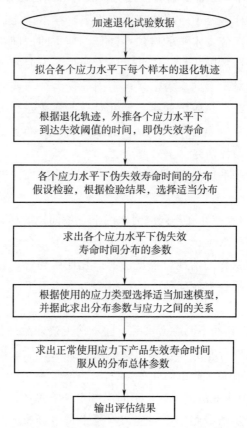

图 6 - 5　基于伪失效寿命的加速退化试验数据评估方法流程图

6.1.4.4　两种评估方法的对比分析

　　上述两种评估方法对于加速退化数据均可适用，但是根据试验数据的特性以及处理方法的简易程度，可以选择不同的处理方法。两种处理方法对比见表 6 - 3。

表 6 - 3　两种处理方法过程对比

步骤	基于退化量分布的加速退化数据评估方法	基于伪失效寿命的加速退化数据评估方法
第一步	对每个应力水平下每一测试时刻所有试品的退化量进行分布假设检验,找到合适的分布后拟合分布参数随时间的变化轨迹	拟合每个应力水平下每个试品退化量随时间的变化轨迹,结合失效阈值得到所有试品在该应力水平下的伪寿命
第二步	由每个应力水平下的分布参数随时间的变化轨迹,结合该分布下的可靠度公式、失效阈值可以求得该应力水平下的可靠寿命	不同应力水平下的伪寿命进行分布假设检验,得到不同应力水平下的寿命特征(或可靠寿命)
第三步	选择加速模型,拟合模型参数	
第四步	进行正常应力水平下寿命评估等	

　　基于退化量分布的加速退化数据评估方法的关键之一是求得不同应力水平下的可靠寿命,基于伪失效寿命的加速退化数据评估方法的关键之一是求得不同应力水平下的寿命特征（或可靠寿命）,只是得到的每个应力水平下的寿命特征（或可靠寿命）的途径不同。得到可靠寿命之后并进行寿命评估的后半部分两者是相同的:由不同应力水平下的可靠寿命,选择加速模型,求得加速模型参数,进而进行可靠寿命评估等。

6.1.5　小结

　　通过搜集和查阅国内外关于加速退化试验数据评估方法的相关文献以及标准,本节主要进行了加速退化试验数据评估方法设计研究,包括基于退化量分布的加速退化数据评估方法研究以及基于伪失效寿命的加速退化数据评估方法研究,并对两种评估方法的主要过程及适用范围进行对比分析研究,为加速退化试验数据评估方法的一般设计进行指导和借鉴。

　　由于两种方法的特点及主要过程有所不同,因此,在进行数据处理的时候,可以相互比较。有时两种方法都是可以用的,可以相互印证。其适用范围详见表 6 - 4。

表 6 - 4　两种处理方法适用范围对比

基于退化量分布的处理方法	基于退化轨迹的处理方法
• 某一测试时刻所有试品的退化量服从某一合适的分布； • 分布参数对时间变化可以用模型进行拟合； • 每个应力水平下任一时刻所有试品的退化量都服从同一个分布族	• 试品退化量随时间有明显变化轨迹，可以用模型进行拟合； • 不同应力水平下的退化时间便于折算； • 每个应力水平下的寿命分布存在且属于同一个分布族

6.2　基于导弹贮存信息融合的贮存寿命评估方法

6.2.1　基于信息融合的可靠性评估方法研究

导弹产品在研制和服役中存在变母体试验数据、变环境试验数据、相似产品信息等多种信息源，应用信息融合技术对产品可靠性进行评估。

6.2.1.1　变母体试验数据可靠性评估方法

产品在不同阶段的技术状态是有差异的，因此，在可靠性评估时不能视为同一母体，其试验数据也不能只做简单的累加处理。由于试验次数较少，在进行可靠性评估时，评估值往往低于应达到的实际值。

产品研制往往是随着研制阶段进展，薄弱环节不断改进而实现可靠性增长的过程。一般有原理样机、初样机及正样机等研制阶段。在每个研制阶段，都要对设计、材料和工艺等进行试验考核，同时对暴露出来的问题进行分析，找出原因并加以改进。各个研制阶段的产品因为技术状态的不同，不能视为同一批次。多数情况下，同一次大型试验的产品才属于同一批次，属变母体情况，而变母体的试验数据在可靠性评估时不能进行累加处理。但每次试验的样本较少，用来评估其可靠性往往因数据不充分，而使可靠性评估值偏低，与实际达到的可靠性水平不符。

变母体试验数据可靠性评估方法充分利用各研制的试验信息，

反映了研制产品的可靠性增长过程，为多研制阶段、变母体、试验数据较少的产品可靠性验证，提供了有效的评估途径。

　　常见的有杜安 Duane 模型、AMSAA 模型等。由于可靠性增长试验需要相当长的试验时间，而可靠性研制费用普遍短缺，往往在工程上推行可靠性增长摸底试验，但由于试验时间偏短，进行可靠性评估的风险偏大，效果不甚理想。

6.2.1.2　变环境试验数据可靠性评估方法

　　在工程应用中，产品的试验样本量通常较小，为了扩大样本量以提高可靠性评估精度，需要利用产品的各种试验数据进行综合评估。然而这些试验数据所属的试验环境往往不尽相同，一般称之为变环境试验数据。产品的可靠性受环境的影响较大，在不同的环境下会表现不同的可靠性水平。因此，在利用变环境试验数据进行可靠性评估时，需要对变环境试验数据进行折合，即将不同环境条件下的试验数据折合为同一环境条件下（通常为工作或使用条件）的试验数据。

　　关于数据折合，国内外基本采用两种方法：一是环境因子法，二是基于失效物理原理的统计模型法。对于环境因子法，由于需要以大量的试验数据为基础，而且环境因子的确定也缺乏工程上可行的分析办法。对于基于失效物理原理的统计模型法，通常利用加速寿命模型描述寿命参数和环境应力变量的关系。不过它给出的通常是单因素模型，只能用于处理简单的环境因素对可靠性的影响，但在工程中通常存在较为复杂的环境因素而且因素存在交互作用，该方法难以描述复杂环境因素对可靠性的影响。

　　北京某大学提出一种利用变环境试验数据的可靠性综合评估方法。该方法利用 Cox 比例风险模型来描述产品的可靠性与试验环境因素的关系，给出不同环境因素对产品可靠性影响的定量度量，结合产品的可靠性模型提出一种数据折合方法。分别以指数分布和双参数 Weibull 分布为例，把不同环境条件下的试验数据折合为相同环境条件下的试验数据，进而利用这些试验数据对产品进行可靠性综合评估。

要利用产品在不同环境条件下的故障数据进行可靠性综合评估，关键的问题是要将不同环境条件下的试验结果转换为同一种环境条件下的试验结果。进行环境折合需要以大量的试验数据为基础，因此，其实用性在工程上受到较大质疑。

6.2.1.3　基于相似产品信息的可靠性评估方法

在装备的研制过程中，由于受经费和时间等客观因素的限制，现场得到的试验数据样本量一般很小，而使用经典统计对成败型产品进行可靠性评估需要较大样本量，这导致难以进行评估或者评估结果精度过低。为解决这一工程中普遍存在的问题，通常采用 Bayes 方法充分利用各种先验信息，提高估计精度，这样便可以有效地减少现场试验样本量。

在实际中针对传统 Bayes 评估方法对于复杂情况评估不准确的情况，北京某大学提出一种基于融合后验的 Bayes 评估方法。首先，根据历史样本确定先验分布，结合当前样本数据，得到产品可靠性的后验分布，称为历史后验，反映产品对原型产品的继承性；由于反映新产品独有特性的信息较少，采用 Bayes 假设作为先验，结合样本数据，得到产品可靠性的后验分布，称为更新后验，反映产品的独有特性；然后，通过继承因子，综合历史后验和更新后验，得到产品可靠性的融合后验，并以此进行可靠性推断。对于继承因子，从系统的相似性出发，通过相似系统分析得到的产品对相似产品的继承程度来确定。

6.2.2　信息融合技术在寿命评估中的适用性分析

信息融合起源于 1973 年美国国防部资助开发的声纳信号处理系统，其概念在 20 世纪 70 年代曾出现在一些文献中。在 20 世纪 90 年代，信息融合技术广泛发展，主要应用于军事目标（舰船、飞机、导弹等）的检测、定位、跟踪和识别。近年来，多源信息融合系统在民事应用领域上也得到了较快的发展，主要包括图像融合、工业智能机器人、遥感、刑侦、故障诊断等五个方面。

6.2.2.1　基于变环境试验数据的信息融合方法

产品的贮存寿命受环境因素影响较大，在不同的环境条件下会表现出不同的水平。由于产品任务剖面的多样性及使用环境的复杂性，产品的工作环境条件也有较大的变化。传统的贮存寿命分析通常只关注产品在给定环境条件下的寿命情况，而忽略了产品寿命随环境改变而发生的动态变化。

目前，针对变环境试验数据的可靠性评估，一般的处理方法是结合产品的可靠性模型提出一种数据折合方法，将不同环境试验数据折合成某一确定的环境试验数据来进行计算。相关的数据折合方法主要有两种，一是环境因子法，二是基于失效物理原理的统计模型法。

1）对于环境因子法，需要以大量的试验数据为基础，并且环境因子的确定也缺乏工程上可行的分析方法。

2）对于基于失效物理原理的统计模型法，通常是利用加速寿命模型描述寿命参数和环境应力变量的关系，并且只能用于处理简单的环境因素对可靠性的预测。

以上是基于信息融合技术利用便环境试验数据进行可靠性评估中的典型方法，目前尚没有相关文献或者资料记录基于信息融合技术进行贮存寿命评估的方法和案例。

1）如果仿照环境因子的方法，则需要获取大量的试验数据为基础。然而对于导弹这种产量有限、需要长期贮存的高可靠产品，获取大量的试验数据需要长时间、高成本的投入，因此，这种方法对于导弹的贮存寿命评估是不适用的。

2）如果仿照基于失效物理原理的统计模型方法，只能用于简单的环境因素下的预测。该方法的预测原理与开展加速贮存试验对寿命进行评估的原理基本一致，由于加速贮存试验的评估方法已经比较成熟，国内外已经具有多年的成功案例，而且能够对单、多加速应力下的贮存寿命进行评估。因此，根据以上的分析，采用基于失效物理原理的统计模型的信息融合方法，不如直接采用加速贮存试验对导弹的贮存寿命进行评估。

6.2.2.2 基于变母体试验数据的信息融合方法

产品研制特点往往是随着研制阶段进展，薄弱环节不断改进而实现可靠性增长的过程。一般有原理样机、初样机及正样机等几个研制阶段。在每个研制阶段中，都要对设计、材料和工艺等进行试验考核，同时对暴露出来的问题进行分析，找出原因并加以改进。各个研制阶段的产品因为技术状态的不同，不能视为同一批次，多数情况下同一次大型试验的产品才属于同一批次，属变母体情况。

由于变母体的试验数据在可靠性评估时不能进行累加处理，且由于试验样本量较小，用来评估其可靠性时往往数据不充分，所以，针对这种情况，变母体试验数据的评估一般采用可以反映出各个阶段母体试验信息的可靠性增长数学模型来进行评估。

通过搜集到的文献和资料显示，变母体数据的可靠性综合评估的常见的模型有 Duane 模型、AMSAA 模型等。由于可靠性增长试验需要相当长的试验时间，而可靠性研制费用普遍短缺，往往在工程上推行可靠性增长摸底试验，但由于实验时间偏短，进行可靠性评估的风险偏大，效果不甚理想。

针对导弹的贮存寿命评估而言，目前尚没有基于变母体试验数据的信息融合的相关方法研究和案例介绍。鉴于相关研究的缺乏，以及变母体数据的可靠性评估案例有限并且结果不太理想，因此，不建议采用变母体试验数据的信息融合方法对导弹贮存寿命进行评估。

6.2.2.3 基于相似产品法的信息融合方法

根据搜集和调研的文献和资料显示，利用相似产品信息的可靠性综合评估中，通常是采用 Bayes 方法将相似产品信息作为先验信息引入到评估模型中。其特点是能充分有效地利用验前信息（相似或相关产品的试验信息、专家或工程师的意见及经验等），对系统可靠性进行综合评定，这些信息的采用弥补了现场试验信息的不足，可以在不降低置信度的前提下减少试验次数。

一般情况下，装备的研制、设计是一个逐步完善的过程，新产品是以老产品为基础，继承了老产品的许多特征，同时新导弹也有不同于老导弹之处，对老导弹的相应环节进行改进以满足特定的任务需求。对于可靠性评估问题，装备的继承性是利用 Bayes 方法减少新导弹试验次数的基础，因为老导弹装备的可靠性指标已经得到了验证；而装备的进一步改进、发展却引入了可靠性中的不确定性，可靠性试验正是为了评估这种不确定性；另外，一些与所研究武器装备不同系列的，但具有相似特征的武器装备也含有利用 Bayes 方法对所研究装备进行评估的有价值信息。

但是在实际中，新产品和老产品（或相似产品）属于不同的导弹或批次，它们之间存在不同程度的相似性，又有一定变异性。因此，它们本质上不属于同一总体，Bayes 评估将导致评估结果和实际有较大差距。

进行基于相似产品信息的可靠性评估时，要求新老产品的环境条件一致，这种案例并不多，应用范围比较有限。并且考虑到目前尚没有基于相似产品的信息融合方法对导弹贮存寿命进行评估的相关资料和案例，因此，不建议采用基于相似产品的信息融合方法对导弹的贮存寿命进行评估。

6.2.3　小结

信息融合方法需要事先对评估对象进行建模，但导弹产品结构极为复杂，参数繁多，选择何种方法、何种参数进行建模并不清晰。另外信息融合的数学方法极为抽象，如推理网络、神经网络等。其工程实用性很低，操作困难。

（1）变环境试验数据分析

产品的贮存寿命受环境因素影响较大，在不同的环境条件下会表现出不同的水平。由于产品任务剖面的多样性及使用环境的复杂性，产品的工作环境条件也有较大的变化。传统的贮存寿命分析通常只关注产品在给定环境条件下的寿命情况，而忽略了产品寿命随环境改变而发生的动态变化。目前尚未发现有相关文献进行尝试，其适用性有待检验。

（2）变母体试验数据分析

变母体试验数据评估方法充分利用各研制的试验信息，反映了研制产品的可靠性增长过程，为多研制阶段、变母体、试验数据较少的产品可靠性验证提供了有效的评估途径。常见的有 Duane、AMSAA 模型等。由于可靠性增长试验需要相当长的试验时间，受费用限制，工程上往往推行可靠性增长摸底试验，由于试验时间偏短，进行可靠性评估的风险偏大。目前，尚没有基于变母体试验数据的信息融合的相关方法研究和案例针对导弹贮存寿命评估。鉴于相关研究的缺乏，以及变母体数据的可靠性评估案例有限并且结果不太理想，因此不建议采用变母体试验数据的信息融合方法对导弹贮存寿命进行评估。

（3）基于相似产品法的信息融合方法

采用基于相似产品信息的可靠性评估要求新老产品的环境条件一致，案例并不多，应用范围有限。但基于相似产品的信息有与研制产品具有较强类比性，相似产品的研制数据、方法、流程都可以参考借鉴，建议进行基于相似产品的信息融合方法对导弹贮存寿命进行评估。

6.3　基于仿真分析的导弹贮存寿命评估方法

6.3.1　基于失效物理模型的仿真分析方法

基于失效物理的可靠性评估方法的基本原理是：电子产品潜在的失效总是由基本的机械、电、热和化学等应力作用的过程导致。因此，只要充分了解产品的失效模式、失效机理和失效位置等信息，就能采取适当措施防止这些潜在失效的发生。

该方法是一种前期可靠性分析方法，通过健壮性设计和生产实践来防止失效，该方法基于：寿命—周期载荷与应力、产品结构、潜在缺陷以及失效机理。通过对新材料、结构和技术确定一个科学依据，加上设计试验、筛选、安全系数和加速仿真方法，基于失效物理的仿真试验评估方法可实现设计阶段可靠性的具体化。该方法通过理解如何利用和强化生产能力以提高质量，使生产阶段的可靠性具体化。传统评估技术因为缺乏足够的失效数据并不适用于新材料、结构和技术。而仿真评估方法是基于失效物理模型，可进行创新设计的评估，适用于商业和军用的可靠性评估。

一般情况下，在一个新的或经过修改的产品的研制初期主要考虑的是产品的性能，而不考虑可靠性这些方面。传统的探索可靠性的方法是进行可靠性增长试验和可靠性鉴定试验，而这些试验成本一般都非常高。

近年来，工业界和学术部门都意识到要准确地评估产品可靠性，必须结合产品的设计信息和相应的环境条件，明确产品的失效定义和失效机理。在此基础上发展了基于失效物理的可靠性评估方法。基于失效物理的可靠性方法已经日益受到工程界的关注。一些著名的企业，如通用汽车公司、英特尔公司和波音公司等宣布将不再采用基于手册和标准的可靠性预计方法，转而采用基于对失效模式和失效机理深刻理解的可靠性评估方式；美国陆军装备分析中心（AMSAA）早已专门成立了一个"基于失效物理的可靠性"小组，开展对该方法的应用研究，并在军用电子设备中进行了大量的可靠性评估和可靠性加速试验案例，比如，对联星（Joint Stars）、长弓（Longbow）和布雷德利战车（Bradley）等军用装备的电子系统的可靠性进行分析和评估，在增强产品的健壮性和可靠性、降低寿命周期费用方面成绩卓越；马里兰大学电子产品与系统寿命研究中心（CALCE）与世界 100 多家电子工业行业的公司、研究机构和组织等联合，共同开展基于失效物理的可靠性分析并研发预计建模、数据库和软件，已经能够利用建模和仿真工具（CADMP - 2，

CALCE) 对元器件级和组件级的电子产品的主要失效模式和机理进行分析和评估。如图 6-6 所示，根据实际工作、环境条件及产品属性、失效机理，利用失效物理的方法给出了基于失效机理的加速环境剖面。马里兰这一软件工具使可靠性评估更加容易而省时。但是此套软件存在以下缺点：第一，该软件只能针对元器件级和板级的产品进行失效物理分析，而部件级与系统级产品的失效机理、失效模式、失效应力相关研究仍然处于空白，此部分内容亟待研究；第二，该软件主要针对工作状态下的电子产品。

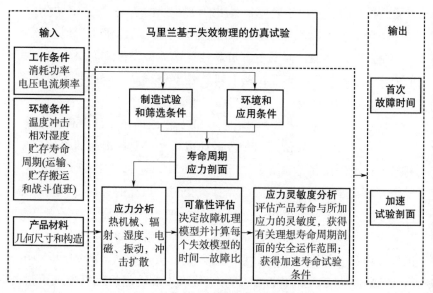

图 6-6　基于失效机理的仿真试验图

基于失效物理模型的仿真试验评估方法可以减少耗时而昂贵的试验。仿真试验评估方法提供了一种确定产品在假设载荷条件下量化失效时间的方法。而我们在这一分析过程中使用的失效模型和失效机理都应当有据可查。基于失效物理的可靠性评估模型能够准确地评估产品的可靠性，是因为它具备以下基本要素和特点。

1）结合了产品的具体设计特性。产品的设计特性，尤其是产品的材料和几何特性对可靠性的影响非常大。由于电子元器件不同的封装材料和不同的几何外形对特定的应力响应也是完全不同的,其可靠性寿命也必然不同。忽视这些设计上的差异将极大地影响预计结果的准确性。

2) 考虑了环境及工作载荷的影响方式。环境和工作载荷是导致产品失效的原因。首先,产品的失效不但与稳定的载荷有关,而且与变化的载荷历程,如循环温度、循环湿度、动力循环、电压偏差、振动、灰尘、辐射有关,并且化学变化的过程等对电子产品可靠性的影响也非常大;其次,必须区分产品外部载荷和产品局部应力的不同之处。有时较大的外部载荷并不意味着产品特定位置必然承受较大的应力水平;反之,较小的外部载荷也并不意味着产品特定位置处不会遭遇较大的应力。因此,必须全面考虑载荷在产品各处的应力分布情况。

3) 对产品失效的详细定义。基于失效物理的可靠性评估过程是根据具体的失效机理、失效模式、失效位置和相应的电功能参数值等信息来定义产品失效的。由于失效可能包含多种失效模式,因此,可靠性预计模型必须能对各种失效模式的失效时间进行评估,以保证评估结果的完整性。同时,又能根据一定的标准确定关键的失效模式和失效机理。这样的评估方式比单纯依据产品失效数据的统计分析效力更高。

4) 考虑了制造过程的影响。工艺制造过程的波动必然对产品的可靠性有一定的影响。例如,在某型集成电路的封装过程中,由于集成电路上的压合点和衬底上的压合点没有对齐而严重影响产品的可靠性;另外,不同制造商的产品质量与可靠性水平也不尽相同。因此,在评估产品的可靠性时一定要搞清产品制造过程的质量保证情况。

5) 考虑了随机因素的影响。由于在设计、制造和使用过程中存在各种随机因素的影响,预计模型建立了随机统计分布,以模拟可靠性寿命的随机波动情况。

6) 对加速试验的指导作用。基于失效物理的可靠性评估方法可用来验证产品是否达到期望的寿命要求，也可用来确定产品设计的薄弱环节，以便采取适当的改进措施。此外，基于失效物理的可靠性评估方法还可以用来对设计过程和制造过程进行预先鉴定。还有一点需要强调的是，它对加速试验的指导作用。可靠性加速试验的假设前提是高应力水平下的失效机理和正常工作应力水平的失效机理是相同的。这个假设在工程实践中并不好把握。例如，对于某些塑料封装的器件，不同的温变率水平导致的失效机理完全不同；即使在相同的应力水平下，某些电子器件在寿命周期不同时间的失效机理也会有所不同。由于基于失效物理的可靠性评估方法能够根据具体情况确定可靠性加速试验的应力界限和加速因子，方便设定试验方案，因此，可为可靠性加速试验提供指导。

综上所述，基于失效物理的仿真分析方法技术主要优点是可以避免昂贵的试验费用及较长试验时间，但将此方法用于导弹贮存的可靠性分析中有以下几个难点。

1) 弹上产品多数属于复杂结构，其失效模式、失效机理很多，难以准确地确定引发失效的失效机理。

2) 目前，基于失效物理的仿真分析方法主要针对的是工作状态下的产品，对于贮存状态下的产品仿真分析属于空白状态。

3) 基于失效物理的仿真分析方法仍需要结合部分试验数据来做仿真分析，但是目前导弹的贮存试验数据较少。

4) 可靠性仿真中两个比较重要的环节：一是所用的物理模型是否反映真实系统；二是校证仿真模型是否正确地实现了物理模型，即仿真模型的校验。只有当物理模型和仿真模型都得到了验证，可靠性仿真才是可信的。

基于失效物理模型的仿真试验（工作状态下）的基本流程如图 6-7 所示。

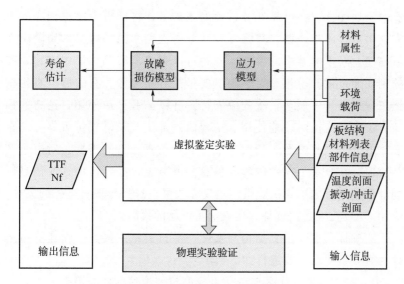

图 6 - 7　基于失效物理模型的仿真试验流程

6.3.1.1　设计信息获取

失效物理（PoF）分析方法强调了对材料信息的理解，所以，对所有材料的本质属性都需要进行确认和整理。已确认材料的属性可以从材料数据库中得到并直接应用于应力模型的建立。如果对某种构成材料的属性没有了解清楚，或者在材料数据库中没有找到相关信息，那么就有必要对该材料的属性进行深入描述。为了简化起见，所需的相关信息包括：组件及连接件间的材料结构，组件的物理几何尺寸，用于确定寿命周期负载条件下的组件的机械行为。材料信息包括温度膨胀系数（CTE）、弹性模量及强度和疲劳特性。组件的物理特性方面，较为重要的装配特性包括构件在印制电路板上的位置、功率消耗、振动支撑结构以及散热路径。结构信息要包括组件中所有的部件、连接器和基底的信息。

6.3.1.2　虚拟试验建模

建立仿真模型需要可靠性工程专业技术人员和仿真专业技术人

员的密切配合。在可靠性分析模型基础上，将分析程序与相应的可靠性仿真程序相连接，并将可靠性分析模型中的一些参数用随机变量描述。对于模型中的参数，有的可以直接从有关手册中查得，有的则要通过试验求得。对于随机变量的分布参数，有的可以直接根据工程判断认可使用，有的应安排一些试验验证后使用，还有的须经有关数据变换后才能使用。工程研制部门应及时提供可靠性仿真必需的有关试验参数，切实保证可靠性仿真模型的需要。对电子产品而言，在收集了完备的输入信息的基础上，需要运用这些信息对物理原型进行虚拟样机建模，建模方式可以选择模块—整机的方式，运用 CAD 三维建模软件，建立电子产品的模型。

为确保可靠性仿真结构与实际产品试验结果接近，在建立可靠性仿真模型之后，要进行如下工作。

1）模型校验：主要验证仿真模型与理论模型是否相符合。

2）程序校验：在计算机上运行可靠性仿真程序，通过试算等手段对程序进行测试。

3）模型验证：将仿真试验结果与真实试验结果对比，对可靠性仿真模型作部分修改，逐步完善模型。

4）模型确认：用经过验证后的仿真模型进行仿真试验，并将仿真试验结果与有关的试验数据进行对比分析，在此基础上可邀请各方面专家对仿真模型予以确认。经过确认的模型认为是可信的模型，在此模型上进行大量的仿真试验，同时给出可靠性仿真结果。正确建立可靠性仿真模型和可靠性仿真模型的验证确认，是可靠性仿真成败的关键，也是顺利完成仿真试验，得出令人信服的结果的保证。

6.3.1.3　寿命周期负载描述及载荷分解

寿命周期负载描述是界定虚拟试验对象被用于预测方案的过程。设计中，一般认为预期载荷包括由操作过程中机械运动所引起的振动应力和周围环境等所引起的温度应力。

载荷分解包括振动载荷分解和温度载荷分解两个方面。振动载荷分解是产品振动响应分析的过程，包括模态分析、频响分析和特定位置随机响应分析。振动载荷分解模型可以用产品设计的 CAD 模型，在该模型基础上加入产品的其他设计信息，如材料参数、零部件重量分布等信息。建立模型后采用有限元方法对其模态和响应分析。温度载荷分解是电子产品热分析的一个过程，即对电子产品在工作状态下的温度场进行分析和计算，得到功能模块上的热分布，进而分析出其局部温度载荷。

6.3.1.4　虚拟仿真分析

此部分包括应力分析和应力损伤分析两个方面，应力分析以前述产品级载荷分解得到的相应局部环境载荷作为输入，其分析结果将作为基于应力损伤的故障物理预计模型的输入，再基于应力损伤模型，进行应力损伤分析。

6.3.1.5　失效评估

虚拟试验基于数学模型的应用，称为故障模型，用以评估产品的预期寿命。基于虚拟试验的故障评估由以下几个过程。

1）确定产品失效形式。

2）确定相应失效模式下的失效机理（如疲劳、腐蚀）：

• 确定产品潜在故障位置（如组件连接件、电路板金属层或外部连接件），包括几何与材料方面，以及制造缺陷与纰漏。

• 确定相应故障机理即位置处的故障模型，以估计产品故障前时间（TTF）。

• 确定基于外部操作条件、环境状态及几何、材料、潜在缺陷条件下的适当的应力分布（稳态下应力状态和电压、电流、湿度、温度、振动等瞬变情况）。

• 计算 TTF 及不同输入状态下的 TTF 的变化。

• 确定最小故障时间（MTTF）。

3）确定分析结果是否满足设计需求，或超过预期寿命。

6.3.1.6　物理验证

传统的可靠性仿真遵循以下步骤：问题描述与解释，仿真建模，数据采集，仿真试验，可靠性指标统计，可靠性结果处理。仿真过程缺少验证与反馈，仿真过程的准确度和仿真结果的可信度不能得到保证。

在产品的开发过程中，不管有多少种预测其可靠性的方法，在产品的实际使用过程中，其预测和实际性能之间还是会有很大的偏差。因此，在仿真试验之后，需设计一个物理加速试验，以便对仿真试验得到的结果进行验证。PoF 的方法包括定量模拟由根因导致的失效机理，其基础是应力的定量估计和材料特性，可以输出的一个加速因子，将其乘以相应的加速试验数据，得到寿命周期条件下的寿命。

6.3.1.7　小结

基于失效物理的仿真试验的主要步骤包括设计信息的获取、虚拟试验建模、寿命周期负载描述以及载荷分解、虚拟仿真分析、失效评估以及物理验证。由以上分析可知，基于失效物理的仿真试验的关键技术在于：

1) 收集尽可能多的信息，包括组件及连接件间的材料结构，组件的物理几何尺寸，温度膨胀系数（CTE）、疲劳特性、位置、功率消耗、振动支撑结构等信息，运用相应的有限元分析软件，对虚拟样机模型进行应力分析，得出应力分布。

2) 如何有效校验模型以及对应的程序，验证模型的适用性以及确认最终的模型，如何对载荷进行正确分解；如何运用合适的应力损伤模型对应力结果进行分析，得到无故障工作时间，并使得其与设计的可靠性指标更为接近。

3) 如何确定产品的失效模式以及分析对应的失效机理，设计加速试验，确定加速因子，设置实验条件及试验时间，对仿真试验得到的结果进行鉴定，确定设计是否合理，并提出改进方向。

4) 确定分析结果是否满足设计需求，是否超过预期寿命。

6.3.2 基于失效物理模型的仿真适用性分析

基于失效物理的仿真试验评估方法可实现设计阶段可靠性的具体化。该方法可通过理解如何利用和强化生产能力来提高质量，使生产阶段的可靠性具体化。传统评估技术因为缺乏足够的失效数据而不适用于新材料、结构和技术。

基于失效物理的仿真分析方法技术主要优点是可以避免昂贵的试验费用及较长试验时间，但将此方法用于导弹贮存的可靠性分析中有以下几个难点。

1）弹上产品多数属于复杂结构，其失效模式、失效机理很多，难以准确的确定引发失效的失效机理。

2）目前，基于失效物理的仿真分析方法主要针对的是工作状态下的产品，对于贮存状态下的产品仿真分析属于空白状态。

3）目前，导弹的贮存试验数据较少，基于失效物理的仿真分析方法仍需要结合部分试验数据来做仿真分析。

6.3.3 基于仿真的可靠性预计方法

可靠性仿真预计方法与传统的可靠性预计方法不同，它是利用材料、结构、工艺和应力等性能参数建立产品的数字模型进行失效模式、机理与影响分析（FMMEA，Failure Mode Mechanism and Effect Analysis），得到其所有的潜在失效点与对应的物理模型，再利用应力损伤分析对每个模块进行故障预计，得到每一个潜在失效点在某一失效机理下仿真的大样本量失效时间数据，利用"最早失效时间"来确定产品故障前时间，从而能够及时地发现产品在设计初期的设计缺陷，预计可靠性指标。

在国外，基于故障物理的可靠性仿真分析和预计有了一些研究，但目前的软件工具只能计算产品故障前时间，在数据分析和处理等方面未提出相关的研究成果。国内航空电子产品的可靠性仿真分析和预计主要在设计初期阶段开展，研制单位比较关心电子产品在可靠性仿真分析中发现的早期缺陷，更希望得到早期缺陷改进后的产品可靠性指标的预计值，如故障率、MTBF等，为后续整机的可靠性预计和评价提供依据。因此，以故障前时间作为最后的可靠性预计结果不能满足国内工程研制的需求。由于国内基于故障物理可靠性仿真预计研究刚刚起步，军工电子产品可靠性仿真分析和预计工作仍依赖于国外软件，相关的研究开展得很少。

下面以典型电子产品为例，来分析可靠性仿真预计的具体方法。

典型电子产品通常由机箱、母板、连接器和若干块电路板组件组成，其功能、性能的实现在硬件上主要依赖于各电路板组件。统一将电子产品分为三个层次：系统层次、模块层次、单元层次。其中，电子产品系统由至少一块模块（电路板）组成；每个模块由元器件、接插件和互联走线等零部件按一定的功能结构组成，这些基本的元器件、零部件被统称为单元，如图6-8所示。在可靠性仿真条件下，电子产品的可靠性层次模型如图6-9所示。与常规可靠性模型的差别在于构成系统的模块和单元划分更加深入，根据可靠性仿真预计原理，产品故障都是由基本的机械、电、热和化学等应力作用的过程导致的。因此，每个单元又分为多个有可能存在的不同失效机理引起的失效点。

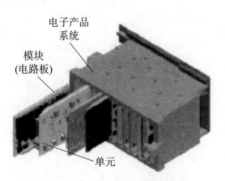

图6-8　典型电子产品的组成

基于失效时间矩阵的可靠性指标计算，通过可靠性模型可知，

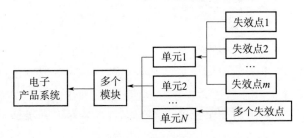

图 6 - 9　电子产品的可靠性层次

若得到系统的可靠性指标，需利用每个失效点的失效数据（失效时间矩阵），逐层分析计算得到。该过程与传统的单元到系统的可靠性预计过程有所不同，流程如图 6 - 10 所示。由图 6 - 10 可知，提出的数据处理流程主要包含 3 个实施方法，分别为失效分布拟合、故障聚类和多点分布融合。

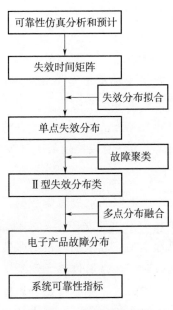

图 6 - 10　数据处理流程

6.3.3.1　失效分布拟合

失效分布拟合是根据得到的失效时间矩阵（产品中各潜在失效点仿真的大样本失效时间组成的数据矩阵，按失效时间的列向量表示），对每个失效点通过失效分布拟合，得到每个失效点的单点失效分布，为后续的故障聚类和多点分布融合做准备。在失效分布拟合中，需通过检验拟合优度的方法得到每个失效点最优失效分布拟合并获得分布参数，一般失效分布包含指数分布、威布尔分布、正态分布以及对数正态分布等。

6.3.3.2　故障聚类

产品由设计生产到报废，整个寿命期内其故障率曲线形似浴盆曲线，分为 3 个阶段：早期故障阶段（Ⅰ类），偶然故障阶段（Ⅱ类），耗损故障阶段（Ⅲ类）。可靠性仿真预计通常在产品设计初期实施，这个时期往往存在设计缺陷（早期故障）。同时，也存在耗损期故障（耗损故障），但通常并不关心，而可靠性仿真预计的重点是要得到电子产品在设计缺陷改进后的偶然故障期（Ⅱ类）内的可靠性指标。因此，故障聚类是根据单点失效分布以及失效时间矩阵，通过合理的聚类方法，获取Ⅱ类故障类。为了从所有失效点中提取Ⅱ类故障，可利用统计聚类方法，结合失效点的实际失效机理进行聚类。可采用的统计聚类方法有模糊聚类法和 K -均值聚类法。

6.3.3.3　多点分布融合

多点分布融合是通过提取Ⅱ类故障类数据，得到系统的故障分布。实际上，每个单元失效可能是多个失效机理共同作用的结果。本节假设多个失效机理是相互独立的，根据多失效机理的竞争机制可获得每个单元的失效时间，再通过单元到系统的蒙特卡洛仿真可靠性评估方法，得到系统的故障分布以及可靠性指标。MTBF 与产品的修复状态有关，在工程应用中，电子产品的"修复"通常被定义为完全修复，修复后的故障率与新产品刚投入使用时的故障率相同，即"修复如新"。组成产品的模块一般被认为故障后以更换新的模块来修复，而一般不会修复失效点或更换元器件，那么模块也是"修复如新"的，因为模块本身也是"电子产品"，其寿命分布服从指数分布。

6.3.4　基于仿真的可靠性预计适用性分析

根据国内航空电子产品的研制需求，以可靠性仿真分析和预计软件工具得到的数据结果（失效时间矩阵）为基础，通过建立单点失效分布拟合、故障聚类和多点分布融合等步骤计算电子产品故障率、MTBF 等可靠性指标的方法，解决国内航空电子产品在利用国外可靠性仿真软件进行可靠性预计时不能满足研制需求的实际问题。

从以上航空电子产品的仿真可靠性预计方法来看，将仿真试验方法用于导弹的贮存可靠性预计中有以下几个难点。

1）仿真可靠性预计方法需要明确产品的失效模式、失效机理，但导弹产品失效模式及机理复杂，难以分析清楚，需要对导弹失效模式、失效机理进行统计分析。

2）仿真可靠性预计方法主要针对工作状态下的产品，将其用于贮存状态下的产品是否有效有待研究。

6.3.5　小结

通过调研整理了两种仿真分析方法：基于失效物理模型的仿真分析技术方法和基于仿真的可靠性预计方法。

基于失效物理的仿真试验的关键技术在于：收集尽可能多的信息，运用相应的有限元分析软件，对虚拟样机模型进行应力分析，得出应力分布；验证模型的适用性以及确认最终的模型，对载荷进行正确分解；运用合适的应力损伤模型对应力结果进行分析，得到无故障工作时间，并使其与设计的可靠性指标更为接近；确定产品的失效模式以及分析对应的失效机理，设计加速试验，确定加速因子，设置实验条件及试验时间，对仿真试验得到的结果进行鉴定，确定设计是否合理，并提出改进方向。以失效物理为基础的可靠性预计可以从根本上保证预计的准确性；但由于失效物理研究和应用的对象主要集中在器件级，所以，系统级产品基于失效物理的仿真试验方法尚需进一步探索。

仿真试验方法用于导弹的贮存可靠性预计中有以下难点：导弹产品失效模式及机理复杂，难以分析清楚，需要对导弹失效模式、失效机理进行统计分析；仿真手段用于预计虽然可以保证真实准确，但从建模难度和预计效率方面考虑，很难推广使用；调研到的仿真可靠性预计方法主要针对工作状态下的产品，将其用于贮存状态下的产品是否有效有待研究。

6.4　基于导弹多层次数据的寿命评估方法

6.4.1　整机产品可靠度评估方法

整机贮存后发射飞行可靠度的评估，主要采取两种方法：一是基于二项分布的成败型可靠度评估方法；二是基于安全系数的加严条件下可靠度评估方法。

6.4.1.1　成败型可靠度评估方法

如果条件允许，可采用基于二项分布的成败型可靠度评估方法。经过贮存后的 n 个产品，独立地进行 n 次验证试验，用 f 表示在 n 次试验中不通过的次数，记 R 为整机的可靠度，$P = 1 - R$ 为不可靠度，单边置信下限 R_L 应由下式解得

$$\sum_{x=0}^{f} C_n^x R_L^{n-x} (1-R_L)^x = 1 - \gamma \qquad (6-1)$$

式中，γ 为置信度。

当 $f = 0$ 时，有下式成立

$$R_L(n) = (1-\gamma)^{1/n} \qquad (6-2)$$

6.4.1.2　加严条件下可靠度评估方法

成败型可靠度评估方法忽略了产品性能分布特点所提供的信息，

所以，在高可靠性要求时，所需样本量很大。因此，在样本量不满足要求的情况下，可从导弹贮存的特点出发，采用基于安全系数的加严条件下可靠度评估方法。

下面以正态分布为例，给出加严条件下整机产品贮存后发射飞行可靠度评估方法，对于寿命服从指数分布、威布尔分布及逆高斯分布的情况，推导过程类似。

一般认为贮存应力造成的累积损伤与应力的持续时间成正比，则贮存期为 Y 年后，整机产品的贮存后发射飞行可靠度下限可表示为

$$R_L(Y) = \Phi\left[\frac{u_L - Y}{\sigma}\right] \qquad (6-3)$$

式中，$R_L(Y)$ 表示产品的贮存 Y 年（额定条件）后的发射飞行可靠度下限；u_L 表示产品实际贮存寿命的期望下限；σ 表示产品实际贮存寿命的方差；Y 表示产品要验证的贮存期限（年）。

设定安全系数 k，加严条件下需验证的贮存期为 kY 年，产品的贮存后发射飞行可靠度下限为

$$R_L(kY) = \Phi\left[\frac{u_L - kY}{\sigma}\right] \qquad (6-4)$$

式中，$R_L(kY)$ 表示产品贮存 kY 年（加严条件）后发射飞行可靠度下限，k 表示实际贮存期限的倍数（安全系数）。

明显的，在加严条件下的贮存期验证试验后，采用成败型验证方案，整机产品的可靠度置信下限 $R_L(n)$ 可由式（6-1）解得。明显的，有

$$R_L(kY) = R_L(n) \qquad (6-5)$$

由式（6-3）～式（6-5），可得到

$$k = \frac{kY}{Y} = \frac{1 - \Phi^{-1}[R_L(n)]c}{1 - \Phi^{-1}[R_L(Y)]c} \qquad (6-6)$$

式中，c 表示变差（变异）系数（$c = \dfrac{u_L}{\sigma}$，如现场不具备精确的分布信息，可认为标准差为均值的 10%）。

根据式 (6-2)，对于无失效的情况，则式 (6-6) 可表述为

$$k = \frac{1 - \Phi^{-1}[(1-\gamma)^{1/n}]c}{1 - \Phi^{-1}[R_L(Y)]c} \qquad (6-7)$$

试验前，可对加速贮存试验的样本量进行预估。对于规定的置信度 γ，发射飞行可靠度 $R_L(Y)$、安全系数 k、变差（变异）系数 c，无故障情况下的试验样本量计算如下

$$n = \ln(1-\gamma)/\ln\Phi\left\{\frac{1 - k + k\Phi^{-1}[R_L(Y)]c}{c}\right\} \qquad (6-8)$$

在具体应用中，可以通过查阅表 6-5 确定加速贮存试验样本量。

试验后，应根据试验结果对产品的贮存后发射飞行可靠度进行评估。对于给定的变差系数 c，无故障情况下产品的贮存后发射飞行可靠度评估如下

$$R_L(Y) = \Phi\left\{\frac{k - 1 + \Phi^{-1}[(1-\gamma)^{1/n}]c}{kc}\right\} \qquad (6-9)$$

在具体应用中，可以通过查阅表 6-6 确定贮存后发射飞行可靠度。

表 6-5　加速贮存试验样本量确定方案表（$\gamma = 0.8$，$c = 0.1$）

k	R						
	0.95	0.96	0.97	0.98	0.99	0.995	0.999
1.0	31.377 2	39.425 8	52.839 1	79.664 5	160.137 7	321.082 2	803.914 0
1.1	6.858 6	8.247 3	10.463 9	14.657 0	26.236 3	47.419 9	105.381 6
1.2	2.253 3	2.613 1	3.165 0	4.155 0	6.673 5	10.868 7	21.231 7
1.3	0.982 7	1.109 7	1.298 2	1.621 6	2.387 9	3.560 0	6.183 6
1.4	0.518 4	0.574 4	0.655 5	0.789 9	1.090 9	1.520 0	2.402 4
1.5	0.311 0	0.340 0	0.381 2	0.447 7	0.590 3	0.782 7	1.152 2

表 6 - 6　贮存后发射飞行可靠度评估方案表（$\gamma = 0.8, c = 0.1$）

k	n						
	2	3	4	5	6	7	8
1.0	0.447 2	0.584 8	0.668 7	0.724 8	0.764 7	0.794 6	0.817 8
1.1	0.784 8	0.865 2	0.904 2	0.926 7	0.941 2	0.951 2	0.958 5
1.2	0.940 2	0.967 5	0.978 8	0.984 8	0.988 3	0.990 7	0.992 3
1.3	0.986 6	0.993 3	0.995 9	0.997 2	0.997 9	0.998 4	0.998 7
1.4	0.997 1	0.998 7	0.999 2	0.999 5	0.999 6	0.999 7	0.999 8
1.5	0.999 4	0.999 7	0.999 9	0.999 9	0.999 9	0.999 9	1.000 0

6.4.2　导弹发射飞行可靠度综合评估方法

给出了导弹的飞行试验信息、地面试验信息收集格式，信息转化方法，以及防空导弹贮存后发射飞行可靠度综合评估的方法。

6.4.2.1　数据收集

飞行试验信息：导弹飞行试验信息（n, f），其中 n 为导弹飞行试验次数，f 为打靶失败试验次数。

地面试验信息：第 i（$i = 1, 2, \cdots, k$）个弹上整机第 j（$j = 1, 2, \cdots, m$）次的试验时间及故障次数为（t_{ij}, f_{ij}）。

6.4.2.2　信息转换

将第 i 个弹上整机的地面试验信息转换为飞行任务次数（n_i, f_i），其中，n_i 为第 i 个整机等效试验次数，f_i 为第 i 个整机等效失败次数。

对电子/机电整机，信息转换关系见式（6 - 10）和式（6 - 11）

$$n_i = \sum_{j=1}^{m} \frac{t_{ij}}{t_0} \qquad (6 - 10)$$

式中，t_0 为电子/机电整机的任务时间。

$$f_i = \sum_{j=1}^{m} f_{ij} \qquad (6 - 11)$$

对其他成败型整机，信息转换关系见式（6‑12）和式（6‑13）

$$n_i = \sum_{j=1}^{m} n_{ij} \tag{6‑12}$$

$$f_i = \sum_{j=1}^{m} f_{ij} \tag{6‑13}$$

6.4.2.3　导弹（贮存后）发射飞行可靠度评估

根据简化模型，导弹系统由 k 个成败型整机单元串联而成，防空导弹系统级试验 n 次，失效 f 次，第 i 个整机试验 n_i 次，失效 $f_i(i=1,2,\cdots,k)$ 次，采用成败型单元串联系统的 L‑M 评估方法，则导弹的评估样本（N，F）由下式计算

$$N = n + \min_{1 \leqslant i \leqslant k}\{n_i\}$$

$$F = f + \min_{1 \leqslant i \leqslant k}\{n_i\}\left(1 - \prod_{i=1}^{k}\frac{n_i - f_i}{n_i}\right)$$

$$S = N - F$$

式中，N、F 为导弹的等效试验次数和失效次数，S 为导弹等效成功次数。

依据 GB 4087.3—85《数据的统计处理和解释　二项分布可靠度单侧置信下限》，采用经典法进行区间估计，计算可靠度的置信下限

$$\sum_{x=0}^{F} C_N^x R_L^{N-x}(1 - R_L)^x = 1 - \gamma \tag{6‑14}$$

式中，R_L 为导弹可靠度置信下限值，γ 为置信度。

当 $F=0$ 时，有式（6‑15）成立

$$R_L = (1 - \gamma)^{1/N} \tag{6‑15}$$

6.4.3　多层次寿命数据综合评估

6.4.3.1　贮存寿命数据的来源和融合

为了获取较高置信度的防空导弹贮存寿命评估结果，需要获取对导弹和弹上设备各层次产品的寿命数据，包括：

　　1）导弹地面测试数据（包括库房贮存和战备值班测试数据）；

　　2）导弹飞行试验数据；

　　3）典型弹上电子、机电设备加速贮存和可靠性鉴定试验数据；

　　4）火工品加速贮存试验数据；

　　5）其他与导弹贮存寿命相关的数据。

　　用于导弹贮存寿命评估的数据包括导弹地面测试数据、导弹飞行试验数据、弹上设备试验数据等多种来源的数据。数据收集的具体内容包括：

　　1）导弹地面测试数据收集的内容包括检测日期、检测地点、是否故障及故障部位等；

　　2）导弹飞行试验数据收集的内容包括试验时间、试验地点、发射数量、发射方式、试验结论等；

　　3）弹上设备（包括电子设备、机电设备和火工品等）试验数据收集的内容包括设备名称、贮存时间、设备数量、是否故障、故障部位及模式等。

　　对导弹分解后的弹上设备贮存试验、加速贮存试验折算后得到的最短贮存时间为导弹的贮存试验时间，导弹失效数据处理原则如下：

　　1）如果弹上设备进行贮存试验研究后有产品发生失效，则认为导弹失效，并且导弹的失效数为弹上设备失效数之和；

　　2）如果没有弹上设备发生失效，认为导弹未发生失效。

　　将导弹测试数据、飞行试验数据，分解导弹折算后的贮存试验数据，转化为数据形式为 $(t_i, \delta_i)(i=1, 2, \cdots, n)$，$t_i$ 为弹上设备的失效寿命或截尾寿命，δ_i 为

$$\delta_i = \begin{cases} 1 \\ 0 \end{cases} \qquad (6-16)$$

其中，$\delta_i = 1$ 表示弹上设备失效，$\delta_i = 0$ 表示弹上设备未失效。

　　导弹地面测试数据用于导弹发射可靠度的评估，导弹飞行试验数据和弹上设备试验数据用于导弹飞行可靠度的评估。

6.4.3.2　导弹贮存寿命评估

（1）基于指数分布的导弹贮存寿命评估方法

通过转化得到导弹全弹测试数据，假定弹上设备为贮存寿命 T 服从指数分布 $\mathrm{Exp}(1/\theta)$ 的不可修复产品，其中 θ 为平均寿命，密度函数为

$$f(t)=\exp\left\{-\frac{t}{\theta}\right\},\quad \theta>0,\quad t>0 \qquad (6-17)$$

根据整理得到的产品贮存数据 $(t_i,\delta_i)(i=1,2,\cdots,n)$，可得弹上设备总的贮存时间和总失效数为

$$\begin{cases}\tau=\displaystyle\sum_{i=1}^{m}t_i\\[2mm]r=\displaystyle\sum_{i=1}^{m}\delta_i\end{cases} \qquad (6-18)$$

当总失效数 $r>0$ 时，产品平均寿命估计 $\hat{\theta}$ 和置信水平 $1-\alpha$ 的置信下限值 θ_L 为

$$\begin{cases}\hat{\theta}=\tau/r\\[2mm]\theta_L=2\tau/\chi^2_{1-\alpha}(2r+2)\end{cases} \qquad (6-19)$$

其中，$\chi^2_{1-\alpha}(2r+2)$ 为自由度为 $2r+2$ 的 χ^2 分布 $1-\alpha$ 下侧分位数。

当总失效数 $r=0$ 时，利用自由度为 2 的 χ^2 分布求解置信下限 θ_L，数学表达式为

$$\begin{cases}\hat{\theta}=\tau/0.7\\[2mm]\theta_L=2\tau/\chi^2_{1-\alpha}(2)\end{cases} \qquad (6-20)$$

贮存寿命估计值 $\hat{t}_R$ 和置信下限值 $t_{L,R}$ 的表达式为

$$\begin{cases}\hat{t}_R=-\hat{\theta}\ln R\\[2mm]t_{L,R}=-\theta_L\ln R\end{cases} \qquad (6-21)$$

（2）基于 Weibull 分布的导弹贮存寿命评估方法

导弹寿命分布服从 Weibull 分布，对定时截尾样本，其评估的

似然函数为

$$L = \frac{n!}{(n-r)!} \prod_{i=1}^{r} \frac{m}{\eta^m} t_i^{m-1} \exp\left[-\left(\frac{t_i}{\eta}\right)^m\right] \left\{\exp\left[-\left(\frac{\tau}{\eta}\right)^m\right]\right\}^{n-r}$$

$$(6-22)$$

式中，n 为样本总数，r 为失效数，τ 为定时截尾时间，m 为形状参数，η 为尺度参数。

将上式取对数后分别对 m、η 求导数建立似然方程组，利用 Fisher 信息阵法求解，得到未知参数的极大似然估计。

Fisher 信息阵是待估参数的方差和协方差矩阵的逆矩阵

$$\boldsymbol{I} = \begin{pmatrix} E(-\dfrac{\partial^2 \ln L}{\partial m^2}) & E(-\dfrac{\partial^2 \ln L}{\partial m \partial \eta}) \\ E(-\dfrac{\partial^2 \ln L}{\partial \eta \partial m}) & E(-\dfrac{\partial^2 \ln L}{\partial \eta^2}) \end{pmatrix}^{-1} = \begin{pmatrix} \mathrm{var}(\hat{m}) & \mathrm{cov}(\hat{m},\hat{\eta}) \\ \mathrm{cov}(\hat{\eta},\hat{m}) & \mathrm{var}(\hat{\eta}) \end{pmatrix}^{-1}$$

$$(6-23)$$

其中，$\hat{m}$、$\hat{\eta}$ 为参数的极大似然估计值，具有渐近正态分布，设 $u_{\frac{\alpha}{2}}$ 为正态分布的分位数，则 $\hat{m}$、$\hat{\eta}$ 的 $1-\alpha$ 近似置信区间为

$$\left(\hat{m} - u_{\frac{\alpha}{2}}\sqrt{\mathrm{var}(\hat{m})}, \quad \hat{m} + u_{\frac{\alpha}{2}}\sqrt{\mathrm{var}(\hat{m})}\right) \qquad (6-24)$$

$$\left(\hat{\eta} - u_{\frac{\alpha}{2}}\sqrt{\mathrm{var}(\hat{\eta})}, \quad \hat{\eta} + u_{\frac{\alpha}{2}}\sqrt{\mathrm{var}(\hat{\eta})}\right) \qquad (6-25)$$

利用参数估计值可求得贮存期为 t 的贮存可靠性估计值 $\hat{R}(t)$，贮存可靠性为 R 的贮存寿命估计 $\hat{t}_R$，数学表达式为

$$\hat{R}(t) = \exp\left\{-\left(\frac{t}{\hat{\eta}}\right)^{\hat{m}}\right\} \qquad (6-26)$$

6.4.4　小结

防空导弹装备部队的数量较少，能够用于导弹贮存寿命研究的子样更少，只使用整弹的飞行试验数据，使用有限的数据无法获得较高置信度的贮存寿命评估结果。若只使用弹上设备的寿命数据评估整弹的贮存寿命，可信度无法令人满意。因此，只有将导弹飞行

试验数据、导弹地面测试数据以及弹上设备贮存寿命数据多层次充分利用，才能进行有效的导弹贮存寿命评估，这就需要形成一种基于多层次数据的导弹贮存寿命评估方法。

6.5　贮存寿命评估技术应用

6.5.1　基于自然贮存的贮存寿命评估技术应用现状

目前，自然贮存期的工程分析评估主要利用能获得的一切信息，如装备部队的贮存信息，产品的贮存时间和失效信息，产品的各次检测记录的性能参数和检测时间，结合贮存期设计评审、贮存试验执行情况评审、贮存期管理评审内容，进行贮存期间的贮存寿命分析评估，对是否满足贮存期指标要求做出结论。自然贮存寿命评估方法耗时长、费用大，但评估结果相对准确，贮存失效率数据符合实际。

近十多年来，国内已制定了一些有关贮存试验的航天航空标准。如"装备贮存试验工作程序""固体火箭发动机贮存试验规范""海防弹道贮存规范""战略导弹弹头贮存试验规范""战略导弹控制系统贮存试验规范""航天产品非工作状态可靠性设计与评价指南"，但是还没有实际的措施，没有建立工程可行的导弹贮存试验规范。

国内多家单位共同对某无线电引信贮存寿命和可靠性进行了深入研究，取得了一系列成果。航天某院曾对海防导弹贮存寿命和可靠性预测方法作了许多研究并应用到工程中，取得较好的效果。但是，目前国内的研究主要是在理论层面上，对导弹特别是固体导弹的失效分布规律性还缺乏深入的研究，对贮存失效机理等都研究得不够，还未形成自己的贮存寿命和可靠性理论体系。

某研究所曾对近万只元器件在北京室内的贮存数据进行分析，确定贮存失效率随时间的变化规律、失效模式和影响贮存可靠性的主要因素，进而结合广州广元和桂林等地的长期贮存试验结果，估算出国产半导体器件的一般贮存寿命，允许管腿沾锡处理的情况可达 14 年或 14 年以上。

　　自然贮存数据和长期贮存试验是评价贮存可靠性最直接的方法，了解元器件自然贮存失效信息、失效件、失效时间等及维护、维修信息，分析贮存可靠性的影响因素，从中找出薄弱环节，研究失效模式及失效原因，提出改进措施，并结合寿命数据分布类型经验值，估算出元器件的贮存寿命。长期贮存试验是评价元器件贮存寿命的重要依据，根据贮存试验中的元器件失效率，统计出其平均寿命或满足一定可靠度的可靠寿命等，对于同种结构和同种工艺的元器件可等同采用长期贮存试验数据，包括测试数据、失效样品比率、失效样品的失效分析，对于新型、关键和贮存失效原因还不清楚的元器件，推荐该方法进行可靠性寿命评估。这种方法尽管评估结果相对准确，但耗时长，费用大，预测能力不强。

6.5.2　基于加速试验的贮存寿命评估技术应用现状

　　加速贮存试验主要通过模拟现场贮存试验的单个或几个环境因素，适当提高应力等级，不改变产品失效机理，可在短期内得出与现场长期贮存试验相似结果的试验。基于加速试验的方法通过适当提高试验应力水平，记录加速应力水平下的性能退化或失效数据，在一定假设条件下对试验数据进行建模分析，外推评估出正常应力水平下的贮存寿命。

　　加速试验可根据试验中对产品寿命或性能的监测，将加速试验的贮存寿命评估技术现状分析分为两大类：基于加速寿命试验的寿命评估和基于加速退化试验的寿命评估。

　　贮存加速寿命试验是在寿命试验的基础上产生的。早在 20 世纪五六十年代，寿命试验被广泛应用于验证电子元器件、火工品及化工原材料的可靠性试验中。美国自 70 年代初期以来，对贮存可靠性等进行了比较广泛和深入的研究，在贮存失效分析、贮存可靠性设计和试验等方面都取得了一定成果。到 80 年代中期，美国伊利诺斯理工学院提出了技术报告（RADC - TR - 85 - 91，AD - A158843），其目的是建立一种方法预测贮存期对装备可靠性的定量影响。该报告在美国被公认为贮存可靠性预计方面的权威性文献，得到广泛应用。同期，美国还出版了国防报告《导弹武器贮存可靠性预计手册》，收集并分析了大量的贮存失效数据，对导弹武器材料的贮存可靠性预计进行了总结分析，逐步实现贮存寿命和可靠性的规范化。美国 1984 年颁布的《导弹设计与制造通用规范》，对导弹在各种贮存条件下的贮存寿命和要求都作了明确规定，如规定包装贮存寿命至少 10 年，在贮存期间导弹应能承受 MIL‐STD‐210 规定的海面环境条件。

此外，美国导弹加速贮存试验取得了非常好的效果，除了对橡胶、电子元器件、推进剂等进行了大量的加速贮存寿命试验外，还进行了分系统、整机，乃至全弹的加速贮存试验。美国于 1959 年开始实施了导弹全面老化和监测计划，主要用民兵导弹进行加速贮存寿命试验。在此之后的 20 世纪 70 年代，美国空军又实施了长期使用寿命分析计划。

俄罗斯导弹贮存试验的突出特点是加速贮存试验水平比较高，可以做到整机级和全弹级。从 20 世纪 80 年代初开始，苏联就开始用加速贮存试验技术与加速运输试验技术来确定导弹的贮存寿命，而且将两种试验技术应用于导弹延寿。

在国内，加速贮存试验技术的研究已经多年，贮存试验工作已提到议事日程。贮存试验工作已开始被重视，贮存试验规范化取得初步进展。例如，在硫化橡胶、高分子材料、火工品和复合固体推进剂等材料方面制定了加速贮存试验规范；对显像管、晶体管、铝电解电容器、热敏电阻器等器件的加速贮存试验，有相关研究论文发表；反坦克导弹在野外环境条件下进行了加速贮存试验的尝试；对有关部、组件进行了模拟环境下的加速贮存试验。

我国从 20 世纪 60 年代就开始探讨导弹的加速寿命试验，曾对固体火箭发动机的贮存寿命进行过探索和研究。航天某院曾对海防导弹贮存寿命和可靠性预测方法作了许多研究。广某所借鉴了美国

AD－A158843 报告《非工作期对装备可靠性的影响》，根据我国实际情况，对非工作失效率数据的统计分析方法和非工作失效率预计模型的建立方法予以改进，确立了国产电子元器件的非工作失效率预计模型，获得了较满意的预计效果。

防空导弹承研单位研究了各级产品开展加速贮存寿命试验的工作程序，以伺服机构为例，具体说明了进行加速贮存寿命试验的方法和步骤。认为整机加速贮存寿命试验的目的是加速产品薄弱环节的失效，并确定其在正常贮存条件下的贮存寿命。通过对伺服机构一例进行若干层次的分析，找出其加速贮存寿命试验的方法。任何其他类型的整机也可通过此程序和类似分析，找到它的加速贮存寿命试验的方法。

国内学者探讨了基于性能参数退化方法进行整机加速试验的思路。当产品受到各种能量（环境应力）作用时，材料的性能或状态会随之产生变化（此变化与复杂的物理—化学现象紧密相关），经过一定的作用累积期并达到某种量级时，会导致产品损伤的出现，表现为产品输出参数的变化，当损伤达到某一极值时，产品就会发生故障。因此，产品发生故障的可能性与其性能参数逼近极限状态的过程密切相关。如果产品的失效属于退化型失效，那么，可以使用性能退化分析代替传统的失效数据分析进行产品的可靠性评估。实际上，相对于失效数据来说，产品的退化数据包含更多的可靠性信息。另外，通过产品的退化信息进行可靠性分析更节省试验时间和费用。

某研究所探讨了加速贮存寿命试验的有效性问题，指出目前对整机、整弹的研究，通用的办法是分析其薄弱环节和利用"木桶理论"，认为其寿命就是薄弱环节的寿命。而薄弱环节的分析又往往"深入"至板件级以下，即元器件级。由于在整机、整弹中存在不准（可）维修的产品，对这些产品而言，只要出现故障，产品就会失效报废。但是在我国，对于大多数武器装备，特别是大型导弹武器，目前还无法实现这个要求。也就是说，在我国，维修性对大多数整机、整弹来说，是一种必不可少的属性。在这种情况下，上述的方法就出现了问题。例如，在整机、整弹的可靠性试验中，根据某些元器件一致的寿命，及时予以更换，即维修，这是常有的事情。对贮存期中的整机、整弹显然也有类似的维修情况。因此，整机、整弹的贮存寿命不会因为它们之中某部分寿命到（可以更换）而失效报废。故上述的准换方法不适用于可维修的整机、整弹贮存寿命试验与分析。

此外，研究所还根据整机、整弹的实际情况，对于已交付部队，能获得寿命分布及相应参数产品及数据不全、不能获得寿命分布参数的情况给出了确定产品平均寿命的"对比法"；针对定型阶段和刚投产的整机、整弹产品，提出了基于利用可靠性增长理论是一种新的获取导弹寿命的加速贮存试验方法。

6.5.2.1　加速寿命试验数据统计分析

加速寿命试验是在进行合理工程及统计假设的基础上，利用与失效物理规律相关的统计模型，在对超出正常应力水平的加速环境下获得的可靠性信息进行转换，得到试品在额定应力水平下可靠性特征估计值的一种试验方法，其评估流程如图 6-11 所示。

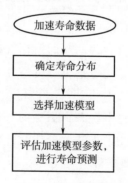

图 6-11　加速寿命试验数据评估流程图

加速寿命试验的概念是由美罗姆航展中心于 1967 年提出来的，但是加速寿命试验对产品的适用早于 1967 年。早在 20 世纪五六十年代，美国已经将加速寿命试验用于军品的组件级产品中，随着加速寿命试验试验对象的复杂性逐步增加，其评估技术也逐渐成为国内外学者研究的热点。

对于材料级以及元器件级的产品而言，由于其失效机理的单一性，国内外的加速寿命评估方法理论较为成熟，其主要评估流程如图 6-11 所示。目前，主要是对其参数评估方法的精确性以及加速模型的适用性进行研究，使其评估结果更为精确。

针对设备级产品而言，由于其结构复杂，失效机理的研究难以行通，国内外针对设备级产品的加速贮存寿命研究反而愈来愈热。国外从 20 世纪 80 年代起，开始对设备级产品进行加速贮存试验以及评估方法研究。Pollack 和 Mazzuchi 提出了步进加速贮存试验方法，采用 Bayesian 方法对其进行寿命评估。但是使用 Bayesian 方法进行评估首先要具有一些先验信息，Pollack 和 Mazzuchi 使用 MIL-HDBK-217 中的电阻、电容以及感应机电部件等器件的失效率、环境因子等参数作为先验信息，但是军标中产品的数据信息一般并不是特别精确，对于评估结果的精确性会有较大影响。Derringer 和 Cassady 提出了恒定应力加速贮存试验方法，此方法寿命评估需要有至少 12 个试验样本数据。在美国 AD 报告 ADA277989 中，美国空军装备指挥部 Rome 试验室于 20 世纪 90 年代进行了设备级产品综合环境加速贮存试验方法研究，使用部分因子设计法分别进行了电压、振动以及温度三个应力水平的步进加速试验设计，利用 1/3 因子设计表进行了最高应力、中间应力以及最低应力的设计，并对威布尔分布下各试验应力持续时间的确定方法进行了研究，使用 MIL-HDBK-217F（电子设备的可靠性预计）中的数据处理方法对试验数据进行处理，最后得出了产品的可靠寿命。

20 世纪 70 年代开始，加速寿命试验开始进入我国，立即引起了工程界和统计学家的兴趣，在电子、机械、仪表等行业中边使用边研究。多年来，我国在加速寿命试验中积累了很多实际操作经验，制定了国家标准 GB 2689.1～4—81，提出了一些新的加速寿命试验模型和数据处理方法，大大丰富了加速寿命试验的理论与方法。"十一五"期间，北京某大学可靠性工程研究中心开展了导弹贮存寿命加速试验技术研究工作，给出了地空导弹基于贮存期主要失效机理、加速模型以及地空导弹贮存寿命加速试验数据统计分析方法，加速模型的建立方法，提出了加速寿命试验数据统计分析方法。

　　针对加速寿命试验统计分析，目前国内外已进行了相应软件的编写，主要有俄罗斯编写的定量加速寿命试验数据分析软件，以及航天航空高校、院所编写的针对不同加速模型的加速寿命试验数据分析软件。

（1）恒定应力加速寿命试验数据评估

　　恒定应力下加速寿命试验数据评估流程如图 6 - 11 所示，其评估方法较为简单。目前，国内外针对恒定应力加速寿命试验数据评估的理论和方法已经较为成熟，国外主要是 Nelson 研究了恒定应力试验的模型以及图分析、最小二乘、极大似然估计（Maximum Likelihood Estimation，MLE）等统计分析方法；Bugaighis 对 MLE 和 BULE（Best Linear Unbiased Estimation）进行了分析精度对比，得出了前者估计性能更好的结论，并讨论了各种截尾方式（定时、定数）对 MLE 的影响。Watkins 深入研究了 MLE 的数值解法。国内从 20 世纪 70 年代开始，首先对恒定应力加速寿命试验数据评估进行研究，并于 1981 年，颁布了关于恒定应力加速贮存寿命数据统计分析方法的四个标准：GB 2689.1—81《恒定应力寿命试验和加速寿命试验方法总则》、GB 2689.2—81《寿命试验和加速寿命试验的图估计法（用于威布尔分布）》、GB 2689.3—81《寿命试验和加速寿命试验的简单线性无偏估计法（用于威布尔分布）》、GB 2689.4—81《寿命试验和加速寿命试验的最好线性无偏估计法（用于威布尔分布）》。

　　1）GB 2689.1—81《恒定应力寿命试验和加速寿命试验方法总则》规定了电子产品进行加速寿命试验基本试验应力、失效标准及相关试验方法，适用于电子产品的恒定应力寿命试验和加速寿命试验通用方法，定量分析产品的可靠性。

2）GB 2689.2—81《寿命试验和加速寿命试验的图估计法（用于威布尔分布）》主要为电子产品寿命服从威布尔分布，形状参数 $m > 0$，$\eta > 0$，为止参数 $\gamma = 0$ 的情况，判断试验数据是否异常或分析试验结果是否符合试验假设的寿命试验的图估计法程序，适用于电子产品的恒定应力寿命试验和加速寿命试验（用于威布尔分布）图估计法的一般程序。

3）GB 2689.3—81《寿命试验和加速寿命试验的简单线性无偏估计法（用于威布尔分布）》为电子产品寿命服从威布尔分布，形状参数 $m > 0$，$\eta > 0$，为止参数 $\gamma = 0$ 的情况，各组投试样品数 $n > 25$ 的定数结尾的寿命试验和加速寿命试验的数据处理，适用于电子产品的恒定应力寿命试验和加速寿命试验的简单线性无偏估计法的程序和方法。

4）GB 2689.4—81《寿命试验和加速寿命试验的最好线性无偏估计法（用于威布尔分布）》是电子产品寿命服从威布尔分布，形状参数 $m > 0$，$\eta > 0$，为止参数 $\gamma = 0$ 的情况，各组投试样品数 $n \leqslant 25$ 的定数结尾的寿命试验和加速寿命试验的数据处理，适用于电子产品的恒定应力寿命试验和加速寿命试验最好线性无偏估计。

在实际工程应用中，恒定应力加速寿命试验也有很广泛的应用。1981 年，由南京某高校主持，汇聚我国四所高校、四所研究单位、十四家工厂共同开展了 He - Ne 激光器的加速寿命试验，采用加大激光器工作电流来进行加速寿命试验，得到了 He - Ne 激光器的加速模型。国外针对材料级、元器件级以及设备级产品均已进行了恒定应力加速寿命试验，针对材料级、元器件级产品一般采用基于加速模型的恒定应力加速寿命实验数据评估方法对其进行评估；针对设备级产品以及大批量的材料级以及元器件级产品，一般采用可靠性预计方法，进行恒定应力加速寿命试验数据评估，得到产品的可靠寿命。

（2）步进应力加速寿命试验数据评估

步进应力试验的样本失效一般是几个不同加速应力水平共同作用的结果，如何从这样的失效数据中分离出每个加速应力水平下产品的寿命信息，是步进应力试验统计分析的关键问题。1980 年，Nelson 在步进应力试验统计分析研究中提出了著名的累计失效模型。根据累计失效模型，产品在不同加速应力水平下的试验时间可以互相折算，从而使步进应力试验的统计分析取得突破。

在 Nelson 研究的基础上，步进应力试验统计分析方法的研究工作取得了较大进展。国外针对步进应力加速寿命试验的参数区间估计问题建立了非参数模型，以及基于 Nelson 原理在分析无失效步进应力水平时提出了线性累计模型。国内众多学者，结合产品的寿命分布以及众多估计方法，分别对指数分布、威布尔分布以及正态分布等场合下步进应力试验统计分析方法进行了研究。

步进应力加速寿命试验在实际工程中也有很广泛的应用。某电子仪表质量中心试验所将步进应力加速寿命试验应用于某变容二极管的可靠性研究中，实现了对高可靠二极管的可靠性评估。

（3）步退应力加速寿命试验数据评估

步退应力加速寿命试验流程和步进应力加速寿命试验基本一致，只是施加应力等级相反。因此，其关键问题也是从失效数据中分离出各个应力等级下产品的加速寿命信息。基于 Nelson 理论，国内外学者针对步退应力加速寿命试验数据统计分析方法进行了相关研究。步退应力加速寿命试验相对于步进应力加速寿命试验而言，其试验时间短，试验效率高。因此，步退应力加速寿命试验以及步退应力加速寿命试验数据统计分析方法的研究愈来愈热。

20 世纪 80 年代初，美国 Rome 实验室针对设备级产品进行了综合环境应力下的步退应力加速寿命试验，采用可靠性预计方法对设备级产品进行了可靠寿命的评估。2000 年之后，由于步退应力加速寿命试验优于步进应力加速寿命试验，国内学者针对步退应力加速寿命试验数据统计分析方法进行了相关研究。2002 年，国防某大学验证了步退应力加速寿命试验的高效率性，并进行了步退应力加速寿命试验数据在寿命分布为威布尔场合下，基于加速模型加速寿命试验数据统计分析方法的研究。国内各大高校以及院所均对基于加速模型的步退应力加速寿命试验数据统计分析方法进行了相关研究，其评估方法较多，但是并没有较为成熟的理论基础。

　　传统的基于加速模型的步退应力加速寿命试验数据评估方法都依赖于对产品失效机理的分析与研究。针对设备级产品而言，其结构复杂，失效机理难以研究，因此，基于加速模型的步退应力加速寿命试验数据评估方法针对设备级产品并不适用。2009 年，某高校针对某航空院所弹上设备级产品"贮存时间长、故障率发生低"的特点提出了基于可靠性增长模型的加速寿命试验数据统计分析方法，利用步退应力加速寿命试验与可靠性增长的等同性，使用产品MTBF、试验中的失效数等与可靠性增长模型之间的关系对设备级产品进行步退应力加速寿命试验数据的相关评估，并得到了专业人士的认可。

　　步降应力加速试验是通过对样本加载应力水平步降减小的加速应力进行试验，进而分析样本寿命统计特征的加速试验方法。

　　相对于步进应力加速试验而言，步退应力加速试验时间短，试验效率高。虽然国内外对基于步退应力加速试验数据统计分析方法进行了研究，但是目前并没有较为成熟的理论基础。

　　组部件级的加速贮存试验开展较少，目前组部件级产品加速贮存试验以加速寿命或加速退化试验为主，以自然贮存为辅。当失效机理明确时，通常先将组件级产品转化为各元器件级产品进行评价分析，然后再对组件级产品进行综合评价分析。但是组部件级产品结构较为复杂，在相同的应力下，贮存时间长且故障发生率低，其失效模式及失效机理相对于器件级产品更为多样化，更难分析，多数组部件级产品都存在竞争失效问题，研究技术难度大。

　　步退应力加速试验等同于可靠性增长试验，通过调研发现，有可能利用可靠性增长模型对产品尤其是组件级产品贮存期的贮存寿

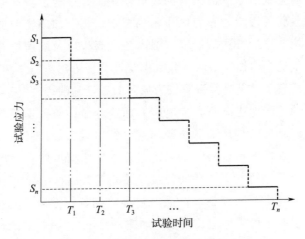

图 6 - 12　步退加速试验应力施加方式

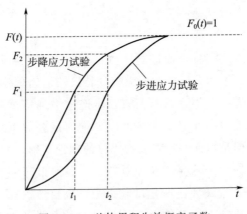

图 6 - 13　总体累积失效概率函数

命进行预测。

　　ADA115577 报告中对 10 种增长模型进行了研究，从中挑选了 5 种常用的可靠性增长模型——Duane 模型、Crow 模型、Lipow Hyperbolic 模型、Gompertz 模型和 Bonis 模型，进行了增长模型对贮存期产品可靠性评估方法的研究。

使用了蒙特卡罗方法对 Duane 模型、Bonis 模型和 Gompertz 模型进行仿真，采用 AGM65A/B 型空地导弹系统现场贮存 20 年的试验数据，得到了 3 种模型下导弹的可靠性随时间变化的曲线，如图 6 - 14 所示。

分别进行了 6 年、9 年以及 12 年下 50、70、80、90、100 枚导弹的可靠寿命的比较，其中 Bonis 模型得到的可靠寿命不到 12 年；Gompertz 模型得到的寿命曲线与真实曲线非常接近，能得到 20 年寿命的真实结论。

因此，有可能利用可靠性增长模型对产品贮存期的贮存寿命进行预测。

总而言之，步退应力加速寿命试验数据评估方法也是目前众多学者的一个研究热点，尤其对于设备级产品以及高于设备级产品而言，步退应力加速寿命试验统计分析方法必定成为众多学者专家重点关注以及突破的研究课题。

6.5.2.2　加速退化试验数据统计分析

国外对加速退化试验的研究始于 20 世纪 80 年代，最早是由 Shiomi 和 Yangisawa 在进行薄膜电阻的加速寿命试验中开始的，且加速性能退化试验相对于传统的以获取失效数据为目的的加速寿命试验而言，不必观测到产品故障发生。因此，在试验时间上具有明显的优势，可大大缩短试验时间，节省试验费用。

1981 年，美国质量控制协会通用电气公司的员工 Wayne Nelson 最早研究了基于性能退化关系的寿命时间分布。自此，直至 1991 年，Lu 和 Meerker 使用 Monte Carlo 仿真方法得到了基于退化数据可靠性预计的点估计和置信区间。且从 20 世纪 90 年代开始，世界各国开始将加速退化试验运用于产品的可靠性与可靠寿命的评估当中，均取得了一定的成果。然而，加速退化试验数据的统计分析理论和方法还处于探索阶段，研究时间不长，大多数的研究是针对某一具体问题和数据而提出的具体模型和方法，缺少一般性模型和方法，比较深入的理论研究则更少。

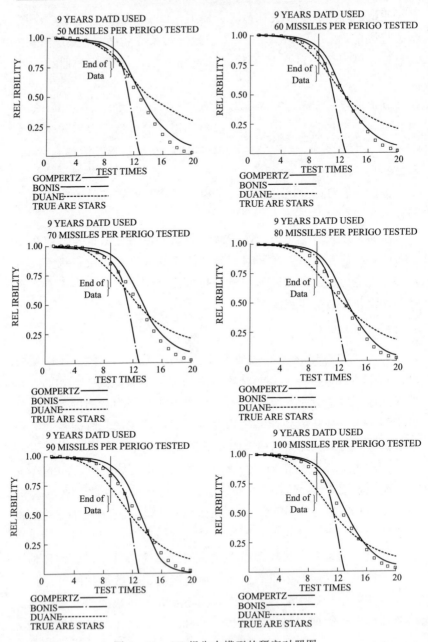

图 6 - 14　AD 报告中模型的研究对照图

目前，加速退化试验数据统计分析主要分为两种方法：基于退化量分布的加速退化数据评估方法和基于退化轨迹的加速退化数据评估方法。基于退化量分布的加速退化数据评估方法，主要是基于样品性能退化量在不同时刻，服从同一分布族且该分布族分布参数为时间变量的函数的假设，其大致评估流程如图 6-15（a）所示；基于退化轨迹的加速退化数据评估方法，主要是基于同一类样品的退化轨迹可以使用具有相同形式的曲线方程来进行描述的假设，其大致评估流程如图 6-15（b）所示。

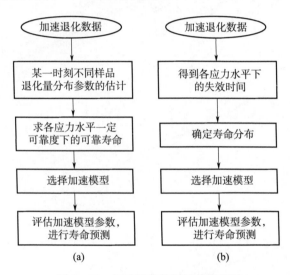

图 6-15　加速退化数据评估流程图

国内从 20 世纪 90 年代开始，将加速退化试验用于评估产品的贮存寿命与工作时间中。在国家某课题中，针对弹上某些产品均进行了加速退化试验，并采用上述基于退化轨迹的加速退化试验数据评估方法进行了评估，得到了试品的贮存年限。2010 年，某所进行了某发光二极管和光敏三极管配对使用的加速退化试验，通过施加温度应力考核试件的贮存年限，通过施加电应力考核试件的工作时间，并对贮存年限和工作时间进行考核，某高校采用基于退化轨迹的加速退化试验数据评估方法和基于退化量分布的加速退化试验数据进行评估，其加速模型分别选择阿伦尼斯模型和逆幂律模型，按照图 6 – 15 中两种方法的评估流程，最终得到两种方法下的试品的贮存年限和工作时间，并将两种结果进行对比，最终得到了试品的贮存年限以及工作时间。

总而言之，目前的加速退化试验主要应用在包括发光二极管、激光器、逻辑集成电路、电源、绝缘体、药品等产品的可靠性评估上，对于无法监测到退化量的产品并不适用。

第7章 防空导弹贮存延寿工程实施

导弹长期贮存及延寿，具有持续时间长、投入经费大、综合效益高等特点，是一项长效工程。导弹贮存寿命试验与评估技术基于科学的测试检测技术，通过长期贮存/使用监测或加速试验监测，研究产品性能变化规律及寿命特征，以评价导弹装备经长期贮存后性能满足规定要求的程度。通过导弹贮存寿命试验与评估技术研究及延寿修理实施，可实现以较小的代价实现导弹长期服役、快速恢复，保持和提升其作战性能，优化整修（翻修）时机与整修（翻修）内容，提高导弹的维护管理水平，实现规定保障条件下的作战使用要求。对保持导弹装备战斗力、降低装备采购费用、部队科学使用导弹装备具有重要意义。

型号从立项研制到定型，再到交付形成战斗力，所投入的人力和财力是巨大的。如何使装备的导弹具有更长的贮存使用寿命，发挥更大的军事效益，是使用方极为关注的。导弹结构复杂，经历的环境条件多样，材料器件的问题、工艺的问题、设计的问题、使用的问题等，最终都会在贮存使用过程中暴露出来。贮存延寿工程不仅仅包含寿命问题，还包含了对导弹研制的再认识。

7.1 导弹延寿流程

防空导弹延寿是对寿命到期或即将到期的导弹进行寿命分析研究，通过理论分析和试验的方法，在推断评估导弹各个组成部分贮存寿命的基础上，综合评估导弹的贮存寿命，同时找出影响导弹贮存寿命的薄弱环节，并采取一定的技术措施和途径，对弹上设备进行维修或更换，延长导弹的贮存寿命。通常按照地面试验与飞行试验相结合、整弹试验与部件试验相结合、自然环境试验和加速寿命试验相结合、导弹试验数据和履历数据相结合的基本原则开展导弹的寿命研究工作，防空导弹延寿总体工作流程如下。

1）延寿总体策划阶段。在确定导弹延寿任务及目标后，制定延寿工作计划，形成导弹贮存寿命研究总体方案。

2）贮存寿命研究阶段。收集寿命信息，按照导弹贮存寿命研究总体方案，抽取部分导弹运回生产厂，完成导弹分解，开展弹上设备试验和检测，形成导弹贮存寿命研究结论。若只对导弹可继续贮存期限进行评定则"指标延寿"工作结束，若需延寿则制定导弹延寿技术措施与实施方案，完成"维修延寿"。

3）延寿工作实施阶段。根据导弹延寿技术措施与实施方案，对部队需要延寿的导弹进行维修或弹上设备更换，延寿后的导弹测试合格后交付，并进行导弹延寿后信息跟踪。

防空导弹延寿总体工作流程如图 7-1 所示。

7.2 延寿工作内容

7.2.1 导弹的测试和分解

对运回生产厂的导弹进行导弹测试，并记录导弹测试结果，对发生故障的产品进行故障原因分析。按照导弹分解大纲，由生产厂对导弹进行分解，并对分解后的弹上设备和非金属材料等产品进行登记。

7.2.2 产品维修更换

根据导弹延寿技术措施与实施方案，对导弹进行延寿，包括以下几方面。

1）到寿的产品或即将到寿的产品采取更换的措施，延长导弹的贮存寿命；

2）未到寿但经检测出现故障的产品也需采取维修或更换措施；

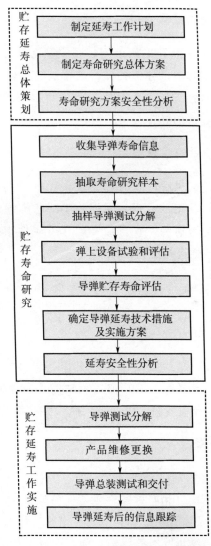

图 7-1　防空导弹延寿总体工作流程

3）对需要维护的产品采取维护保养措施（如重新涂覆润滑脂等）；

4）完成各级产品维修后的筛选。

7.2.3　导弹总装测试和交付

弹上设备采取维修和更换措施，完成筛选及必要的验证后，进行导弹总装。对修理后的导弹抽样，进行试验验证，包括环境试验、可靠性试验、安全性试验等。具体试验项目根据导弹具体情况进行确定，总装测试合格的导弹交付后根据需要开展飞行试验验证。

7.2.4　导弹延寿后的信息跟踪

延寿后的导弹交付后，应定期收集导弹的贮存信息、使用信息，包括导弹测试数据、靶试数据，根据收集的各类导弹寿命信息，分析延寿后的导弹是否达到贮存寿命和贮存可靠性指标，对导弹采取的延寿措施的有效性进行分析总结。

7.3　筒（箱）弹贮存延寿目的和原则

7.3.1　贮存延寿目的

通过对筒（箱）弹开展贮存延寿工作，找出其寿命薄弱环节，采取适当的措施，恢复筒（箱）弹各项功能，在保证安全性与可靠性的前提下，科学合理地确定筒（箱）弹贮存寿命及延寿措施。

7.3.2　贮存延寿原则

筒（箱）弹贮存延寿的原则如下。

1）确保安全。筒（箱）弹贮存延寿实施应保证筒（箱）弹在贮存延寿研究过程中及筒（箱）弹采取延寿措施后的安全性。

2）充分借鉴。继承既有筒（箱）弹贮存延寿的成熟经验和技术成果，科学合理地开展贮存寿命试验，挖掘筒（箱）弹的贮存寿命潜力，合理制定延寿维修措施。

3）经济可行。筒（箱）弹贮存延寿维修方案应经济、合理、可行，原则上应保证筒（箱）弹的战术技术指标（除寿命指标外）与设计鉴定保持一致。

7.4　筒（箱）弹贮存延寿工作职责

7.4.1　型号两总

型号两总工作职责如下：

1）负责本型号筒（箱）弹贮存延寿工作资源保障，决策贮存延寿过程中的重大事项；

2）负责审查本型号筒（箱）弹贮存延寿工作计划、贮存延寿研究总体方案、贮存延寿维修方案及贮存延寿研究总结。

7.4.2　科研生产部门

科研生产部门工作职责如下：

1）负责型号筒（箱）弹贮存延寿工作的归口管理；

2）负责筒（箱）弹贮存延寿工作的组织和协调；

3）负责制定筒（箱）弹贮存延寿工作计划并落实；

4）负责筒（箱）弹贮存延寿维修措施的组织落实；

5）负责筒（箱）弹贮存延寿相关产品的组织协调。

7.4.3　产品保证部门

产品保证部门工作职责如下：

1）负责组织审查筒（箱）弹贮存延寿研究总体方案、贮存延寿维修方案及贮存延寿研究总结；

2）负责型号筒（箱）弹贮存延寿数据的组织管理；

3）负责筒（箱）弹贮存延寿专家队伍管理。

7.4.4　导弹总体部门

导弹总体部门工作职责如下：

1）调研和收集筒（箱）弹贮存延寿所需信息，包括筒（箱）弹的使用信息和弹上设备的贮存试验信息；

2）制定筒（箱）弹贮存延寿研究总体方案，论证筒（箱）弹贮存延寿的可行性，提出拟采取的贮存延寿研究技术途径；

3）制定筒（箱）弹贮存延寿研究总体技术要求，明确筒（箱）弹贮存延寿需要开展的工作项目及要求；

4）负责制定筒（箱）弹贮存延寿相关试验大纲并落实试验；

5）负责筒（箱）弹贮存延寿研究的结果分析；

6）制定筒（箱）弹贮存延寿维修方案。

7.4.5　产品承制方

产品承制方工作职责如下：

1）制定产品的贮存延寿研究方案和试验大纲；

2）负责开展产品的试验和检测；

3）负责产品贮存延寿研究的结果分析；

4）确定需要维修和更换的产品，制定并落实产品贮存延寿维修方案。

7.4.6　总装厂

总装厂工作职责如下：

1）负责制定导弹分解大纲；

2）负责筒（箱）弹的分解和总装；

3）负责筒（箱）弹的检测和记录；

4）按照筒（箱）弹贮存延寿维修方案落实维修措施。

7.4.7　试验承担方

试验承担方工作职责如下：

1）参与产品试验大纲的制定；

2）制定产品试验实施细则；

3）负责产品试验的实施和记录；

4）负责产品试验的总结，并编写试验报告。

7.5　筒（箱）弹贮存延寿工作内容

7.5.1　延寿总体策划

7.5.1.1　明确贮存延寿任务输入

筒（箱）弹到达技术文件规定的贮存寿命后，根据用户需求，获取筒（箱）弹贮存延寿任务，明确筒（箱）弹贮存延寿的计划年限及预期达到的贮存可靠度。

7.5.1.2　制定贮存延寿工作计划

根据用户下达的筒（箱）弹贮存延寿任务，成立贮存延寿工作队伍，制定贮存延寿工作总体计划。

7.5.2　延寿研究

7.5.2.1　制定筒（箱）弹贮存延寿研究总体方案

依据筒（箱）弹贮存延寿要求，根据筒（箱）弹情况，由导弹总体制定筒（箱）弹贮存延寿研究总体方案。

筒（箱）弹贮存延寿研究总体方案中应明确用户、军代室、总体部和产品研制单位等的工作职责和时间要求。

筒（箱）弹贮存延寿研究总体方案应获得用户认可，筒（箱）弹贮存延寿研究总体方案主要包括以下内容（示例参见附录 A）：

1）导弹服役情况；

2）贮存延寿研究目标；

3）贮存延寿研究工作流程；

4）导弹抽样原则与方案；

5）贮存延寿研究的工作项目和内容；

6）研究周期；

7）任务分工。

7.5.2.2　收集筒（箱）弹贮存延寿信息

现役导弹的数量、技术状态、出厂年份。

检查筒（箱）弹的存放条件，包括库房环境（库房温度、值班地点温度等）、存放方式、有无异常情况等内容。

检查筒（箱）弹的履历书，并对库房所有筒（箱）弹进行100%外观检查，记录检查结果。

收集筒（箱）弹的使用情况，包括使用维护（加电次数和时间、值班时间等）、运输转运（里程、路况、方式等）、维修情况（故障信息、更换或修理的弹上产品相关检测和使用信息等）、归零措施落实信息等。空空导弹还需收集挂飞时间、次数，舰空导弹还需收集上舰值班时间、海况信息等。

收集筒（箱）弹的检测数据，包括生产阶段出厂筒（箱）弹测试数据。筒（箱）弹在服役期间进行定期检测的，收集筒（箱）弹贮存期间的检测数据；筒（箱）弹在服役期间不进行定期检测的，可抽取一定数量超期服役的筒（箱）弹，由总装厂（或大修厂）进行检测并记录。

收集筒（箱）弹和弹上设备的贮存试验信息，包括筒（箱）弹和弹上设备贮存试验的开展情况、历次的测试数据、平行件的贮存试验信息等，筒（箱）弹贮存试验按照 QJ 2794—96《地（舰）空导弹贮存试验规程》执行。

收集各类实物靶标飞行试验的信息以及相似型号的产品贮存寿命信息。

7.5.2.3　抽取贮存延寿研究样本

根据筒（箱）弹贮存延寿研究总体方案确定的抽样原则，从用户库房抽取贮存延寿研究所需的筒（箱）弹，用于地面试验和靶试试验。

应考虑抽样导弹的代表性，尽量抽取寿命消耗多（例如，服役时间长、运输里程长、加电时间长、加电次数多）的导弹。

抽样导弹应覆盖不同的地域、不同的值班和贮存环境。

地面试验样弹主要用于弹上产品深度解剖分析，开展性能测试、加速贮存寿命试验、环境试验和性能考核试验等，地面试验样弹数量一般不少于 8 发，筒（箱）弹具有多种技术状态和存放环境的，应增加抽样数量。

靶试试验弹用于贮存延寿维修方案的验证，靶试试验弹数量一般不少于 6 发，筒（箱）弹具有多种技术状态的，应增加抽样数量。

7.5.2.4　抽样筒（箱）弹测试分解

对抽取的地面试验样弹进行测试，并记录导弹测试的结果，对发生故障的产品进行故障机理分析。

制定导弹分解大纲，包括导弹分解工艺流程、导弹结构外观检查、导弹结构分解检测等内容。

由总装厂（或大修厂）对导弹进行分解，并对分解后的弹上设备和非金属材料、结构件等产品进行登记和编号。

各弹上设备研制厂家根据需要对弹上设备进一步分解、检测，将测试结果同产品出厂状态进行对比分析，确定超期服役导弹的功能性能变化情况。

7.5.2.5　寿命薄弱环节分析

各弹上设备基于贮存失效模式和机理分析，结合服役使用信息初步确定薄弱环节，再根据返厂检测信息、加速贮存寿命试验、环境试验等信息，确定薄弱环节。

弹上火工品和非金属材料在贮存期间会逐渐老化，如果不能通过测试及时发现问题，火工品和非金属材料的寿命会严重制约导弹的寿命，在贮存延寿研究过程中应重点关注。

在对各弹上设备薄弱环节分析的基础上，对筒（箱）弹研制和生产阶段的可靠性信息、导弹售后服务信息、用户历年飞行试验信息、工业部门测试与贮存件信息、地面试验样弹分解测试结果等进行综合分析，确定筒（箱）弹的薄弱环节。

筒（箱）弹贮存延寿需要重点关注的典型贮存失效模式如下：

1）火工品装药老化；

2）火工品装药药柱断裂、脱粘；

3）密封圈和减震器老化；

4）密封件失封、变形、龟裂、脱漆、生霉等；

5）高、低频电路频率漂移；

6）加速度表精度下降；

7）陀螺参数漂移；

8）机械零件氧化、腐蚀、锈蚀；

9）功放电路输出功率下降；

10）弹上电池放电性能下降等。

7.5.2.6 弹上产品试验和寿命评估

根据导弹总体制定的贮存延寿总体要求，确定弹上设备贮存延寿指标，明确试验项目、试验剖面、试验数据输出等要求，制定弹上设备延寿研究方案，弹上设备贮存延寿实施方法应用案例参见附录 B。

根据产品特点，将弹上设备划分为电子产品、机电产品、火工类产品、结构和材料、其他，详见图 7－2。根据不同类型产品的特点，制定各自加速贮存寿命试验方案，开展弹上产品贮存延寿研究，形成延寿研究结论。

加速贮存寿命试验应力应考虑产品寿命期内经受的主要环境应力，对于存放于密闭贮运发射筒（箱）中的产品，影响其寿命的主要因素为环境温度，可选择温度作为加速贮存寿命试验应力。对于服役期间经历海上值班运输、随载机挂飞等工况，还应考虑舰载振动环境、挂飞振动环境等不同工况对产品寿命的影响。加速贮存寿命试验应力上限以不破坏产品失效机理为准。

舱段、电子设备和机电设备具备条件时，通过开展加速贮存寿命试验和可靠性摸底试验，评估其贮存寿命与贮存可靠度，试验方法按照 QJ 20233—2012《战术导弹弹上电子组件加速贮存寿命试验

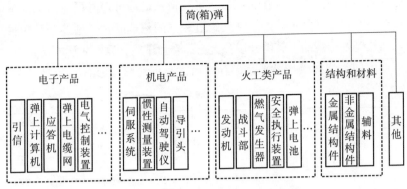

图 7-2　筒（箱）弹延寿的产品类别

方法》执行，弹上设备加速贮存试验方法应用案例参见附录 C。

　　火工品可通过加速贮存寿命试验或分析评估获得其随筒（箱）弹长期贮存的寿命，试验方法按照 GJB 736.8—90《火工品试验方法　71 ℃试验法》、GJB 736.13—91《火工品试验方法　加速寿命试验　恒定温度应力试验法》、QJ 2338B—2018《固体火箭发动机贮存试验方法》执行。火工品按照 GJB 736.8—90《火工品试验方法　71 ℃试验法》开展试验时应注意加速系数、高温条件（71 ℃）的适用性。

　　筒（箱）弹分解出的非金属材料（如橡胶密封件、胶粘剂等），通过加速贮存寿命试验或理化分析等方法，研究其试验前后外观、物理化学性能、机械性能的变化情况，获得贮存寿命。非金属材料的加速贮存寿命试验及寿命分析应考虑其在弹上的使用工况。

　　发射筒（箱）和各弹上设备完成加速贮存寿命试验后，应抽取至少 1 台整机进行环境试验，环境试验项目按照产品贮存延寿研究方案执行；电子机电产品应抽取样品进行可靠性摸底试验，评估产品可靠性水平；其他产品应进行可靠性分析评估。

　　进行导弹弹体结构外观检测和分解检测，分析弹体结构随筒（箱）弹长期贮存带来的影响；对于在贮存期间，处于长期受力变形状态的结构件（如弹簧等），进行功能分析，必要时进行试验测试。

对样本数量不足的弹上产品，可视情从返厂修理时更换下来的弹上产品、弹上产品平贮件、批生产过程中的例试品及备件等产品中抽取功能完好的产品，辅助开展弹上产品寿命试验，以补充样本量。

不同类型弹上产品加速贮存寿命试验可参照的标准见表 7-1。

表 7-1　产品加速贮存寿命试验

序号	产品类别	寿命评估方法
1	电子产品 机电产品	QJ 20233—2012《战术导弹弹上电子组件加速贮存寿命试验方法》
2	火工类产品	GJB 736.13—91《火工品试验方法 加速寿命试验 恒定温度应力试验法》 GJB 736.8—90《火工品试验方法 71℃试验法》 QJ 2338B—2018《固体火箭发动机贮存试验方法》
3	结构和材料	GB/T 14522—93《机械工业产品用塑料、涂料、橡胶材料人工气候加速试验方法》 GB/T 7759—96《硫化橡胶、热塑性橡胶在常温、高温和低温下压缩永久变形测定》

7.5.2.7　筒（箱）弹试验和寿命评估

在各弹上设备完成加速寿命试验和环境试验的基础上，根据型号要求开展整弹可靠性摸底试验和环境试验。

根据筒（箱）弹和各弹上设备开展的试验和检测结果及贮存延寿信息收集情况，分析形成筒（箱）弹贮存延寿研究的结论，确定筒（箱）弹长期贮存的薄弱环节。

根据筒（箱）弹检测情况及弹上设备试验情况，对筒（箱）弹贮存寿命进行综合评估。

7.5.2.8　筒（箱）弹贮存延寿维修措施制定

分析筒（箱）弹寿命薄弱环节维修的必要性和可行性。

确定筒（箱）弹需要维修更换的产品，制定筒（箱）弹贮存延寿维修措施，并据此进行筒（箱）弹延寿成本核算。

根据筒（箱）弹贮存寿命和延寿成本的综合评估结果，确定筒（箱）弹的延寿措施。

7.5.2.9　筒（箱）弹贮存延寿措施验证

从用户超期服役的筒（箱）弹中抽取样弹，返回总装厂（或大修厂）进行延寿维修，根据筒（箱）弹延寿维修方案开展延寿维修工作。

将筒（箱）弹分解到部件级，各弹上产品返回生产单位采取延寿措施并加速贮存到预测的贮存期，进行性能测试并与出厂相关指标进行对比分析。

各产品验收合格后返回总装厂（或大修厂），开展导弹总装测试并加装遥测装置。

制定筒（箱）弹贮存延寿验证飞行试验大纲，规定飞行试验弹道及试验结果评定准则等内容。

对飞行试验结果进行评定，并结合地面延寿研究试验数据，采用综合评估方法评估导弹的贮存可靠度。

确定筒（箱）弹贮存延寿维修措施的合理性，若筒（箱）弹贮存延寿维修方案存在问题，还需调整寿命薄弱环节的延寿维修措施。

7.5.2.10　确定筒（箱）弹贮存延寿维修方案

根据筒（箱）弹贮存延寿研究结果，确定筒（箱）弹延寿维修方案，作为开展贮存延寿工作实施的依据。

筒（箱）弹贮存延寿维修方案主要包括以下内容：

1）筒（箱）弹延寿需要开展的工作内容；

2）筒（箱）弹延寿需要维修更换的产品；

3）筒（箱）弹延寿工作实施流程；

4）筒（箱）弹延寿工艺要求；

5）筒（箱）弹延寿后试验和测试要求；

6）筒（箱）弹延寿安全性要求。

7.5.3　延寿维修方案实施

7.5.3.1　筒（箱）弹的测试和分解

对运回总装厂（或大修厂）的筒（箱）弹进行导弹测试，并记录导弹测试的结果，对发生故障的产品进行故障原因分析。

按照导弹分解大纲，由总装厂（或大修厂）对筒（箱）弹进行分解，并对分解后的弹上设备和非金属材料等产品进行登记。

7.5.3.2　产品维修更换

根据筒（箱）弹贮存延寿维修方案，对到期的筒（箱）弹采取延寿维修措施。

到寿的产品或即将到寿的产品采取维修更换的措施，延长筒（箱）弹的贮存寿命。

未到寿但经检测出现故障的产品也需采取维修或更换措施。

对需要维护的产品采取维护保养措施。

7.5.3.3　筒（箱）弹总装测试和交付

弹上设备和舱段采取维修、更换措施后，按照型号要求补充开展环境应力筛选，环境应力筛选项目和量级不应影响产品寿命。

弹上设备交付总装厂（或大修厂），进行导弹总装。

总装测试合格的筒（箱）弹经验收合格后交付用户。

7.5.4　筒（箱）弹贮存延寿信息跟踪与总结

7.5.4.1　延寿后的信息跟踪

延寿后的筒（箱）弹交付用户后，应跟踪筒（箱）弹的消耗情况。

定期收集筒（箱）弹的贮存信息、使用信息，包括导弹测试数据、靶试数据等，为延寿措施有效性评价提供数据。

7.5.4.2　延寿效果分析与总结

根据收集的各类筒（箱）弹贮存寿命信息，分析延寿后的筒（箱）弹是否达到贮存寿命和贮存可靠性指标。

对筒（箱）弹采取延寿措施的有效性进行分析总结，为后续型号的贮存延寿工作提供数据和参考。

第8章　贮存可靠性研究工作的建议

防空导弹的贮存可靠性是在研发、鉴定及生产过程中所赋予的，并在贮存、使用过程中体现出来的重要质量指标，也是衡量导弹武器水平的一项重要战术技术指标。鉴于防空导弹贮存可靠性研究和型号应用的需求，以快速准确评估导弹贮存可靠性为目标，后续应加强导弹贮存可靠性问题的研究，建议在以下方面重点开展研究工作。

1) 构建导弹贮存可靠性技术体系。包括建设基础材料、器件贮存数据库，系统收集导弹各层级产品贮存信息；探索导弹贮存退化规律，揭示导弹贮存失效机理，研究导弹寿命在加速贮存应力下的特征映射关系，建立导弹贮存寿命预测模型，突破导弹贮存寿命快速准确预测技术；形成层次分明、互相衔接、各有侧重的贮存信息数据库、贮存寿命预测模型库、贮存寿命标准体系。

2) 建设集成化和智能化加速贮存寿命试验手段。形成由全弹加速贮存试验设备、分段式加速贮存试验设备及全数字仿真试验系统构成的导弹加速贮存寿命试验系统和由无损检测设备、智能扫描设备、状态监测诊断系统构成的导弹智能化检测系统，搭建集导弹加速寿命试验、检测、分析于一体的智能化加速贮存试验软硬件设施。实现诸如导弹加速贮存试验方案生成、试验结果评估、贮存寿命预测等功能，跨越式提升导弹贮存寿命评价能力。

3) 形成导弹定寿延寿标准体系。导弹延寿分为总体策划、寿命研究与延寿实施三个阶段：总体策划阶段形成导弹寿命研究总体方案和延寿工作计划，寿命研究阶段给导弹定寿、发现其寿命的薄弱环节并制定延寿技术措施及实施方案，延寿实施阶段完成对到期的导弹及备件分批实施延寿。建议形成各个阶段的标准规范，指导开展导弹定寿延寿工作。

附录 A 筒（箱）弹贮存延寿研究 总体方案编制示例

A.1 概述

××防空导弹是我国第一个具有拦截精确制导武器能力的近程防空导弹，用于部队攻、防作战时伴随防空保障，主要装备机械化、摩托化步兵师和装甲师，拦截现代战争空中作战平台防区外发射巡航导弹、各种空地导弹、精确制导弹药等，于××年××月开始研制，××年××月完成状态鉴定。

从批量生产开始到现在，××导弹完成了××批导弹的生产和交付。

A.2 贮存延寿研究意义和目标

A.2.1 研究意义

××筒弹设计贮存寿命为××年，××年完成首批交付用户。在××筒弹状态鉴定时，主要通过部件加速贮存寿命试验、整弹寿命分析的方法给出寿命结论，随着大批量导弹交付用户，为充分挖掘导弹的寿命潜力，通过对××导弹开展寿命信息收集、对抽样导弹开展寿命试验工作，达到以下目的和意义。

1）掌握部组件和全弹贮存寿命的变化规律，评估导弹的剩余寿命。

2）通过贮存延寿研究工作，找出导弹贮存寿命薄弱环节，提出导弹需要维修更换的项目及更换时间，形成导弹贮存延寿维修方案，为导弹的延寿维修实施奠定基础。

A. 2. 2 研究目标

1）在满足××导弹战术技术指标的前提下，按照 15 年导弹贮存寿命开展寿命试验，找出导弹贮存寿命薄弱环节。

2）通过采取延寿措施，使导弹寿命延长至 20 年（暂定，根据延寿维修方案确定）。

A. 3 贮存延寿研究工作流程

在收集××导弹已有寿命和可靠性数据的基础上，补充开展加速贮存寿命试验、可靠性摸底试验，进一步获取导弹寿命和可靠性数据。导弹贮存延寿研究总体分为以下四个阶段，研究工作流程如图 A-1 所示。

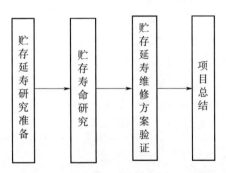

图 A-1 导弹贮存延寿研究工作流程

各阶段需要完成的工作内容如下。

（1）贮存延寿研究准备

1）完成导弹贮存延寿研究总体方案。

2）对导弹贮存条件进行调研，摸清导弹长期贮存及使用情况。

3）收集导弹研制、生产验收、定型试验、飞行试验、维修等寿命信息。

4）分析导弹的寿命剖面，制定导弹和各弹上设备寿命试验大纲，落实试验单位，为试验实施做准备。

5）分析导弹薄弱环节，确定贮存延寿研究重点。

6）试验导弹的抽样和调运。

（2）贮存寿命研究

1）贮存寿命试验实施：

• 完成导弹的测试和分解；

• 加速因子的确定；

• 开展半弹加速贮存寿命试验（加速到 15 年）；

• 电子和机电设备检测和试验；

• 火工品检测和加速贮存寿命试验；

• 弹体结构检测和试验；

• 非金属材料加速贮存寿命试验；

• 各弹上设备寿命总结报告编写和审查。

2）贮存寿命研究结果验证：

• 完成导弹的总装和测试；

• 开展整弹综合环境可靠性摸底试验。

3）贮存寿命研究总结：

• 根据导弹测试和试验结果评估导弹剩余寿命；

• 确定导弹寿命薄弱环节（寿命短板）；

• 完成贮存延寿研究结果审查。

（3）贮存延寿维修方案验证

1）确定导弹延寿维修初步方案：

• 开展半弹加速贮存寿命试验（加速到 20 年）；

• 电子和机电设备检测和试验；

• 火工品检测和加速贮存寿命试验；

• 弹体结构检测和试验；

• 非金属材料加速贮存寿命试验；

• 导弹贮存寿命综合评估；

· 制定导弹贮存延寿维修初步方案。

2）延寿维修方案验证：

· 靶试导弹调拨和测试；

· 导弹加速贮存寿命试验、试修及总装测试；

· 延寿导弹靶试验证。

（4）项目总结

1）形成导弹延寿维修方案，明确导弹延寿技术措施与实施途径。

2）完成贮存寿命评估和贮存延寿维修成果总结和审查。

××导弹贮存延寿研究技术途径如图 A-2 所示。

A.4　导弹抽样原则与方案

A.4.1　导弹抽样原则

导弹抽样遵循以下原则：

1）综合考虑寿命评估的置信度、时间、经费，进行导弹抽样；

2）抽取贮存时间较长的导弹，便于缩短加速贮存寿命试验的时间；

3）抽取经历库房贮存、野战贮存等不同贮存条件的导弹。

A.4.2　导弹抽样方案

在借鉴以往导弹型号贮存延寿成果的基础上，进行地面、飞行检测与试验。

地面检测与试验：第 1 批和第 2 批各抽取 4 发，共计 8 发导弹，用于全弹和部件地面检测与试验，评估导弹的贮存寿命。

飞行试验：第 1 批和第 2 批各抽取 3 发，共计 6 发导弹，用于验证贮存延寿维修措施的有效性。

库存导弹具体抽样方案见表 A-1。

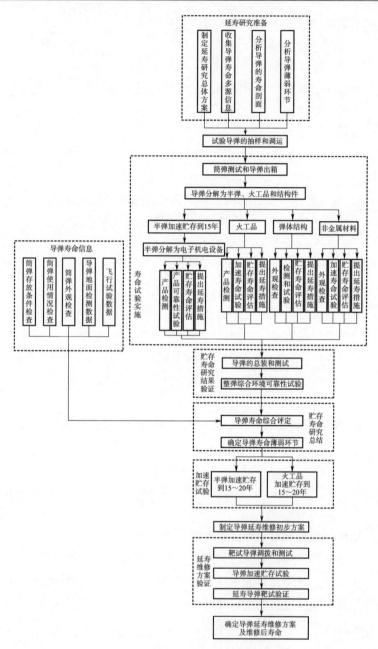

图 A-2　导弹贮存延寿研究技术途径

表 A-1　库存导弹抽样方案（示例）

序号	导弹批次	已贮存年限	地面试验抽样数量	飞行试验抽样数量
1	第 1 批	10	4 发	3 发
2	第 2 批	9	4 发	3 发
总计			8 发	6 发

A.5　贮存延寿研究的工作项目及内容

A.5.1　贮存延寿研究准备

全面收集××导弹在研制、生产、定型、贮存、使用等全寿命各阶段的多源寿命信息，用于判断导弹寿命薄弱环节。

A.5.1.1　筒弹的存放方式和条件

确认筒弹的整个使用期存放方式和环境，明确有无供暖、温度湿度变化范围等，并与相关使用文件对比分析。

筒弹存放方式和条件检查表见表 A-2。

表 A-2　筒弹存放方式和条件检查表

库房编号		库房地点		
库房温度范围		库房湿度范围		
库房有无供暖、窗户		筒弹存放方式		
存放的筒弹编号				
其他问题 （包括异常情况）				
记录人单位		记录人签名		记录时间

A.5.1.2　筒弹的使用情况

参考筒弹履历书，检查筒弹是否通过电，明确通电次数，确定通电使用情况。检查筒弹的空运、铁路运输、公路运输以及随战车的运输里程，确定运输使用情况。

筒弹使用情况检查表见表 A - 3。

表 A - 3 筒弹使用情况检查表

筒弹编号		铁路运输里程	
随导弹运输车运输里程		随运输装填车运输里程	
随战车运输里程		累计通电次数	
累计通电时间		值班时间	
故障情况		发射筒充气压强和湿度情况	
维修及其他问题 （包括异常情况）			
记录人单位		记录人签名	记录时间

A.5.1.3 筒弹的外观检查

检查筒弹的履历书，并对库房所有筒弹进行外观检查，记录检查结果，明确问题性质及是否能够排除。

筒弹外观检查表见表 A - 4。

表 A - 4 筒弹外观检查表

筒弹编号		存放库房	
金属件锈蚀情况		易碎前盖有无裂纹	
漆层有无剥落、起皱、 龟裂或发霉		紧固螺钉及机械接口的 连接螺钉是否松动	
发射筒密封圈是否出现脱落		发射筒是否有破坏	
其他问题 （包括有无凹陷、异常情况等）			
记录人单位		记录人签名	记录时间

A.5.1.4 筒弹地面检测情况

收集筒弹的检测数据，包括筒弹在检测中发现的故障和性能参数的变化情况。筒弹测试项目包括：

1) 导弹初始状态检查；

2) 弹上设备自检；

3）惯导静态测试；

4）弹上电池未激活电压检查。

A.5.1.5　弹上设备测试情况

收集各弹上设备在研制、生产、定型阶段的检测数据，包括各弹上设备在检测中发现的故障和性能参数的变化情况。

弹上设备检测结果表见表 A-5。

表 A-5　弹上设备检测结果表

弹上设备编号			弹上设备生产日期	
检测日期			检测地点	
弹上设备测试情况	测试加电时间			
	是否故障及故障部位			
	性能参数是否变化			
记录人单位		记录人签名		记录时间

A.5.1.6　导弹飞行试验信息

导弹在使用期间，对于各类实物靶标进行的飞行试验信息。导弹飞行试验信息表见表 A-6。

表 A-6　导弹飞行试验信息表

序号	试验时间	试验地点	导弹编号	靶标类型	试验结论	故障现象	存放库房

A.5.2　贮存寿命研究

A.5.2.1　导弹寿命薄弱环节分析

对导弹研制和生产阶段的可靠性信息、导弹售后服务信息、历年飞行试验信息、工业部门测试与贮存件信息、导弹分解测试结果等进行综合分析，初步确定导弹潜在的薄弱环节。

从导弹设计角度分析，弹上火工品均无法进行深度修理，火工品的寿命严重制约了导弹的寿命；从长期贮存导弹和飞行试验导弹的历年测试结果分析，尚未出现与贮存寿命相关的倾向性故障；从历次打靶统计信息来看，惯性测量装置出现问题较多，但主要与设计相关，尚未出现与贮存寿命相关的倾向性故障。因此，初步分析认为导弹延寿的薄弱环节为火工品及非金属材料，在贮存延寿研究过程中应重点关注。

此外，还需通过分析各弹上产品的故障信息、维修记录，结合性能检测结果，找出潜在的薄弱环节，并结合加速贮存寿命试验结果，最终确认弹上产品的薄弱环节。需要重点关注的典型贮存失效模式包括：

1）高、低频电路频率漂移；

2）加速度表精度下降；

3）陀螺参数漂移；

4）密封圈和减震器老化；

5）密封件失封、变形、龟裂、脱漆、生霉等；

6）机械零件氧化、腐蚀、锈蚀；

7）功放电路输出功率下降；

8）火工品装药老化；

9）火工品装药药柱断裂、脱粘；

10）弹上电池放电性能下降等。

A.5.2.2　抽样筒弹性能检测

按照确定的抽样方案，抽取 8 发库存导弹，用于分解后的贮存延寿研究工作。从不同的用户库房，将导弹运输到总装厂。通过导弹测试，对导弹长期贮存后的功能和性能指标是否满足要求进行检验。

对 8 发抽样导弹，完成筒弹外观检查、火工品及安全电路测试、导弹外观检查，记录测试结果。筒弹、导弹外观检查见表 A-7。

表 A-7　导弹外观检查记录表

序号	项目	技术要求	检查结果
1	结构完整	导弹结构完整，紧固件、连接件没有松动	
2	舵、翼折叠完好	导弹的舵面、弹翼要求折叠完好	
3	导弹出筒拉力测试	不大于××N	

A.5.2.3　加速贮存寿命试验

（1）产品组成及类型分析

根据××导弹产品特点，将弹上产品划分为以下 4 类：电子产品、机电产品、火工品、结构和材料。根据不同产品的特点，制定各自加速贮存寿命试验方案，开展弹上产品贮存延寿研究。

××导弹产品分类表见表 A-8。

表 A-8　××导弹产品分类表

类别	包含产品	责任单位	备注
电子产品 机电产品	无线电引信	××	
	舵机	××	
	惯性测量装置	××	
	弹上信息处理器	××	
	遥控应答机	××	
	弹上电缆网	××	
	弹上电气控制装置	××	
火工品	弹上电池	××	
	安全执行装置	××	
	固体火箭发动机	××	
	战斗部	××	
	燃气发生器	××	
	弹射装置	××	

续表

类别	包含产品	责任单位	备注
结构和材料	二舱舱体	××	
	舵面	××	
	三舱舱体	××	
	四舱	××	
	连接件	××	
	发射筒	××	
	非金属材料	××	

（2）开展加速贮存寿命试验的产品

分类开展加速贮存寿命试验，摸清各弹上设备及全弹的寿命和可靠性规律，明确失效模式、失效机理，确定薄弱环节，预估弹上设备贮存寿命。

开展加速贮存寿命试验的产品初步策划见表 A-9，后续根据导弹分解后的产品检查和测试情况进行明确和细化。

表 A-9　产品加速贮存寿命试验

产品类别	试验对象	样本容量	应力水平	寿命评估方法
电子产品机电产品	无线电引信	6	60 ℃	QJ 20233—2012《战术导弹弹上电子组件加速贮存寿命试验方法》
	舵机	6		
	惯性测量装置	6		
	遥控应答机	6		
	弹上信息处理器	6		
	弹上电缆网	6		
	弹上电气控制装置	6		

续表

产品类别	试验对象	样本容量	应力水平	寿命评估方法
火工品	固体火箭发动机	6	71 ℃	GJB 736.13—91《火工品试验方法 加速寿命试验 恒定温度应力试验法》 GJB 736.8—90《火工品试验方法 71 ℃试验法》 QJ 2328A—2005《复合固体推进剂高温加速贮存试验方法》
	战斗部	6		
	安全执行装置	6		
	弹上电池	6		
	燃气发生器	6		
	弹射装置	6		
结构和材料	橡胶密封圈	/	90 ℃	GB/T 14522—93《机械工业产品用塑料、涂料、橡胶材料人工气候加速试验方法》 GB/T 7759—96《硫化橡胶、热塑性橡胶在常温、高温和低温下压缩永久变形测定》

（3）导弹加速贮存寿命试验

①加速贮存寿命试验的应力类型

××导弹存放于密封充干燥空气的贮运发射筒中，影响其寿命的主要因素为环境温度。因此，选择温度作为加速贮存寿命试验应力，应力上限以不改变产品失效机理为准。

②抽样导弹分解及半弹测试

将 8 发导弹分为半弹、火工品和弹体结构件。

半弹包括无线电引信、舵机、惯性测量装置、弹上信息处理器、遥控应答机、弹上电缆网、弹上电气控制装置。

火工品包括固体火箭发动机、战斗部、安全执行装置、弹上电池、燃气发生器、弹射装置等。

半弹测试项目及记录见表 A - 10。

表 A-10 导弹半弹测试记录表

序号	测试项目名称	测试结果
1	导弹初始状态检查	
2	导弹电流、电压及自检检查	
3	遥控应答机指令译码功能测试	
4	过载稳定控制回路指令响应测试	
5	惯测静态测试	
6	无线电引信引爆电容充电电压及引爆延时时间测试	
7	无线电引信动态测试	
8	舵系统测试	
9	遥控应答机同步、异步应答脉冲及应答功率测试	
10	弹上电池未激活电压检查	

③半弹加速贮存寿命试验

火工品的加速贮存寿命试验按照国军标和航天行业标准规定的方法进行，半弹加速贮存寿命试验采用以下方案。

1）温度极限应力摸底试验。使用 1 发半弹进行加速贮存温度应力极限试验，试验起始温度 50 ℃，贮存 24 h 后，恢复常温后测试正常后，温度提升 10 ℃，继续下一循环，直至完成 90 ℃贮存，产品均测试正常。

半弹温度极限确定试验剖面如图 A-3 所示。

温度应力极限 T_L 确定以后，为保证试验过程中产品的失效模式与贮存失效模式保持一致，通常取 $[T_L-(15 \sim 30)]$℃ 为温度应力加速贮存寿命试验的最高应力水平，以下暂定加速贮存寿命试验温度应力为 T_0℃，根据摸底试验结果、收集的寿命信息和类似型号数据确定加速因子。

2）确定加速因子。加速试验中，影响加速因子的因素众多。相同设计下，加速因子还受到产品原材料、元器件、制造工艺等多种因素的影响。火工品的加速因子按照国军标和航天行业标准规定的方法，电子和机电产品参照类似型号确定加速因子，并综合采用×

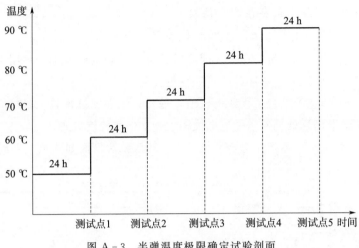

图 A-3　半弹温度极限确定试验剖面

××和××导弹电子和机电产品试验数据进行加速因子验证。

3）半弹加速贮存寿命试验。对 8 发 01 批和 02 批导弹的半弹开展加速贮存寿命试验，加速贮存寿命试验温度应力条件为 $T_0℃$，通过加速贮存寿命试验将半弹的贮存寿命模拟到 15 年，试验每进行加速 1 年完成一次半弹加电性能测试。

若试验过程中发现产品故障，则将故障的半弹分解为弹上设备。

加速贮存寿命试验剖面如图 A-4 所示。

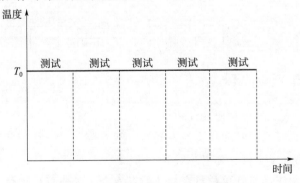

图 A-4　半弹加速贮存寿命试验剖面

A.5.2.4　弹上设备检测和试验

（1）弹上电子机电产品可靠性摸底试验

1）弹上电子机电产品完成高低温、振动和电应力综合环境下的可靠性摸底试验，对产品的可靠性进行验证。

2）参试产品包括无线电引信、舵机、惯性测量装置、遥控应答机、弹上信息处理器、弹上电缆网、弹上电气控制装置。

3）电子机电产品综合环境可靠性摸底试验剖面如图 A-5 所示。

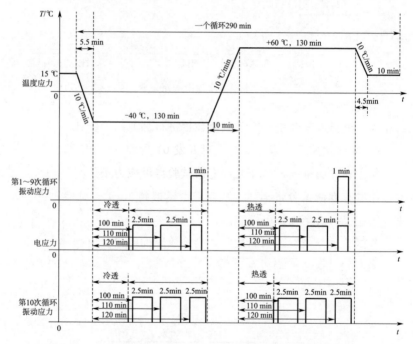

图 A-5　电子机电产品综合环境可靠性摸底试验剖面（示例）

（2）火工品贮存寿命评估

1）火工品包括固体火箭发动机、战斗部、安全执行装置、弹上电池、燃气发生器、弹射装置等。

2）火工品责任单位负责加速贮存寿命试验或分析评估火工品随筒弹长期贮存的寿命（按照贮存延寿研究到 15 年进行试验或分析）。

3）试验依据 QJ 20233—2012《战术导弹弹上电子组件加速贮存寿命试验方法》、GJB 736.13—91《火工品试验方法　加速寿命试验恒定温度应力试验法》、GJB 736.8—90《火工品试验方法　71 ℃试验法》、QJ 2328A—2005《复合固体推进剂高温加速贮存试验方法》。

（3）非金属材料寿命评估

1）针对筒弹可以分解出的非金属材料（包括橡胶密封件、胶粘剂等），通过加速贮存寿命试验或理化分析等方法，研究筒弹使用的非金属材料试验前后外观、物理化学性能、机械性能的变化情况。

2）选取不进行整机加速贮存寿命试验的筒弹的典型非金属材料，完成加速贮存寿命试验或理化分析（按照延寿到 15 年进行试验或分析）。

3）由试验责任单位负责完成试验大纲和试验实施。

（4）弹体结构检测

1）弹体结构完成弹翼、舵面的折叠展开试验，完成导弹结构外观检测和分解检测。

2）由产品责任单位负责完成检测大纲和检测实施。

各弹上设备开展贮存延寿研究需要形成的主要技术文件见表 A-11。

表 A-11　各弹上设备需要编制的文件

序号	产品名称	文件
1	无线电引信	1）无线电引信贮存延寿研究方案； 2）无线电引信检测和试验大纲； 3）无线电引信贮存延寿研究总结报告
2	舵机	1）舵机贮存延寿研究方案； 2）舵机检测和试验大纲； 3）舵机贮存延寿研究总结报告
3	惯性测量装置	1）惯性测量装置贮存延寿研究方案； 2）惯性测量装置检测和试验大纲； 3）惯性测量装置贮存延寿研究总结报告

续表

序号	产品名称	文件
4	遥控应答机	1)遥控应答机贮存延寿研究方案； 2)遥控应答机检测和试验大纲； 3)遥控应答机贮存延寿研究总结报告
5	弹上信息处理器	1)弹上信息处理器贮存延寿研究方案； 2)弹上信息处理器检测和试验大纲； 3)弹上信息处理器贮存延寿研究总结报告
6	弹上电气控制装置	1)弹上电气控制装置贮存延寿研究方案； 2)弹上电气控制装置检测和试验大纲； 3)弹上电气控制装置贮存延寿研究总结报告
7	固体火箭发动机	1)固体火箭发动机贮存延寿研究方案； 2)固体火箭发动机检测和试验大纲； 3)固体火箭发动机贮存延寿研究总结报告
8	战斗部	1)战斗部贮存延寿研究方案； 2)战斗部检测和试验大纲； 3)战斗部贮存延寿研究总结报告
9	弹体结构	1)弹体结构贮存延寿研究方案； 2)弹体结构检测和试验大纲； 3)弹体结构贮存延寿研究总结报告
10	弹上电缆网	1)弹上电缆网贮存延寿研究方案； 2)弹上电缆网检测和试验大纲； 3)弹上电缆网贮存延寿研究总结报告
11	安全执行装置	1)安全执行装置贮存延寿研究方案； 2)安全执行装置检测和试验大纲； 3)安全执行装置贮存延寿研究总结报告
12	弹上电池	1)弹上电池贮存延寿研究方案； 2)弹上电池检测和试验大纲； 3)弹上电池贮存延寿研究总结报告
13	燃气发生器	1)燃气发生器贮存延寿研究方案； 2)燃气发生器检测和试验大纲； 3)燃气发生器贮存延寿研究总结报告
14	弹射装置	1)弹射装置贮存延寿研究方案； 2)弹射装置检测和试验大纲； 3)弹射装置贮存延寿研究总结报告

续表

序号	产品名称	文件
15	发射筒	1）发射筒贮存延寿研究方案； 2）发射筒检测和试验大纲； 3）发射筒贮存延寿研究总结报告
16	非金属材料	1）非金属材料贮存延寿研究方案； 2）非金属材料检测和试验大纲； 3）非金属材料贮存延寿研究总结报告

A.5.2.5 导弹寿命综合评估

（1）贮存寿命评估所需数据

××导弹贮存寿命评估所需数据包括：

1）导弹库房贮存和战备值班测试数据；

2）导弹发射飞行试验数据；

3）弹上电子机电设备检测和试验数据；

4）火工品检测、试验数据或寿命分析评估结果。

（2）导弹贮存寿命评估方法

收集导弹的飞行试验信息、地面试验信息和用户使用维护信息，结合延寿研究试验信息，按以下方法评估导弹发射飞行可靠度。

飞行试验信息：导弹飞行试验信息 (n, f)。

地面试验信息：各弹上设备 (t_{i1}, f_{i1})、(t_{i2}, f_{i2}) …。

将地面试验信息转换为飞行任务次数 (n_{di}, f_{di})。

对电子和机电设备

$$n_{di} = \sum_{j=1} \frac{t_{ij}}{t_0} \qquad (A-1)$$

式中，t_0 为设备的任务时间。

$$f_{di} = \sum_{j=1} f_{ij} \qquad (A-2)$$

对其他设备

$$n_{di} = \sum_{j=1} n_{ij} \qquad (A-3)$$

$$f_{di} = \sum_{j=1} f_{ij} \qquad (A-4)$$

根据简化模型，系统由 k 个成败型单元可靠性串联而成，系统级试验 n 次，失效 f 次，第 i 个弹上设备试验 n_i 次，失效 f_i 次（$i = 1, 2, \cdots, k$），则导弹的评估样本（N，F）由下式计算

$$N = n + \min_{1 \leqslant i \leqslant k}\{n_i\} \qquad (A-5)$$

$$F = f + \min_{1 \leqslant i \leqslant k}\{n_i\}\left(1 - \prod_{i=1}^{k} \frac{n_i - f_i}{n_i}\right) \qquad (A-6)$$

$$S = N - F \qquad (A-7)$$

式中，N、F 为导弹的等效试验数和失效数，S 为导弹等效成功数。

依据 GB 4087.3—85《数据的统计处理和解释　二项分布可靠度单侧置信下限》提供的方法计算可靠度置信下限。

采用经典法进行区间估计，用下式计算可靠度的置信下限

$$\sum_{x=0}^{F} C_N^x R_{L.C}^{N-x} (1 - R_{L.C})^x = 1 - \gamma \qquad (A-8)$$

式中，$R_{L.C}$ 为导弹可靠度置信下限值；γ 为置信度；S 为导弹飞行试验成功次数；F 为导弹飞行试验失败次数；N 为导弹抽样数，即 $S + F$。

当 $F = 0$ 时

$$R_{L.C} = (1 - \gamma)^{1/N} \qquad (A-9)$$

A.5.2.6　地面试验验证

1）各弹上设备完成检测和试验后，完成 2 发导弹总装和测试。

2）按照图 A-6 完成 X、Y、Z 各 1 个循环的导弹综合环境可靠性摸底试验。

3）施加的环境应力包括温度、振动和电应力。

4）对导弹贮存延寿研究阶段给出的导弹剩余寿命结果进行验证。

A.5.3　延寿维修方案验证

A.5.3.1　确定导弹延寿维修初步方案

1）在贮存延寿研究阶段加速贮存寿命试验的基础上，继续进行

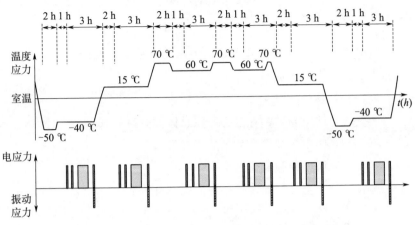

图 A-6 导弹综合环境可靠性摸底试验剖面（示例）

半弹和火工品加速贮存寿命试验（加速到 20 年）。

2）火工品的加速贮存寿命试验按照国军标和航天行业标准规定的方法进行。

3）半弹加速贮存寿命试验方法见 A.5.2.3 节。

4）形成导弹贮存寿命综合评估结果和导弹延寿维修初步方案。

A.5.3.2 延寿维修方案验证

1）从用户服役的 01 批和 02 批导弹中各抽取 3 发导弹，返回大修厂或总装厂，按照导弹延寿维修方案开展导弹延寿维修工作。

2）将导弹分解到半弹、火工品，各弹上产品返回生产单位采取延寿措施并加速贮存到预测的贮存期（20 年），进行性能测试并与出厂相关指标进行对比分析。

3）各产品验收合格后返回总装厂，开展导弹总装测试并加装遥测装置。

4）制定××导弹延寿维修飞行验证试验大纲，规定飞行试验弹道及试验结果评定等内容。

5）按照试验大纲开展飞行试验并对飞行试验结果进行评定。

6）对××导弹延寿维修方案进行确认或完善。

A.5.4　项目总结

完成导弹寿命评估和延寿维修方案，完成贮存验收研究成果总结和审查，形成以下成果。

导弹贮存延寿研究文件：
- 《××防空导弹贮存延寿研究总体方案》；
- 《××防空导弹寿命数据分析报告》；
- 《××防空导弹加速贮存寿命试验大纲》；
- 《××防空导弹加速贮存寿命试验总结报告》；
- 《××防空导弹分解大纲》；
- 《××防空导弹贮存寿命评估报告》；
- 《××防空导弹延寿维修方案》；
- 《××防空导弹贮存延寿研究工作总结报告》；

弹上设备贮存延寿研究文件：
- 《××防空导弹无线电引信贮存延寿研究方案》；
- 《××防空导弹无线电引信贮存延寿研究总结报告》；
- 《××防空导弹舵机贮存延寿研究方案》；
- 《××防空导弹舵机贮存延寿研究总结报告》；
- 《××防空导弹惯性测量装置贮存延寿研究方案》；
- 《××防空导弹惯性测量装置贮存延寿研究总结报告》；
- 《××防空导弹遥控应答机贮存延寿研究方案》；
- 《××防空导弹遥控应答机贮存延寿研究总结报告》；
- 《××防空导弹弹上信息处理器贮存延寿研究方案》；
- 《××防空导弹弹上信息处理器贮存延寿研究总结报告》；
- 《××防空导弹弹上电气控制装置贮存延寿研究方案》；
- 《××防空导弹弹上电气控制装置贮存延寿研究总结报告》；
- 《××防空导弹固体火箭发动机贮存延寿研究方案》；
- 《××防空导弹固体火箭发动机贮存延寿研究总结报告》；
- 《××防空导弹战斗部贮存延寿研究方案》；

- 《××防空导弹战斗部贮存延寿研究总结报告》；
- 《××防空导弹弹体结构贮存延寿研究方案》；
- 《××防空导弹弹体结构贮存延寿研究总结报告》；
- 《××防空导弹弹上电缆网贮存延寿研究方案》；
- 《××防空导弹弹上电缆网贮存延寿研究总结报告》；
- 《××防空导弹安全执行装置贮存延寿研究方案》；
- 《××防空导弹安全执行装置贮存延寿研究总结报告》；
- 《××防空导弹弹上电池贮存延寿研究方案》；
- 《××防空导弹弹上电池贮存延寿研究总结报告》；
- 《××防空导弹燃气发生器贮存延寿研究方案》；
- 《××防空导弹燃气发生器贮存延寿研究总结报告》；
- 《××防空导弹弹射装置贮存延寿研究方案》；
- 《××防空导弹弹射装置贮存延寿研究总结报告》；
- 《××防空导弹发射筒贮存延寿研究方案》；
- 《××防空导弹发射筒贮存延寿研究总结报告》；
- 《××防空导弹非金属材料贮存延寿研究方案》；
- 《××防空导弹非金属材料贮存延寿研究总结报告》。

A.6 研究周期

项目研究总周期为××年××月至××年××月，其中贮存延寿研究周期为××年××月至××年××月，延寿维修方案验证周期为××年××月至××年××月。项目具体研究周期见表A-12。

表 A-12　导弹贮存延寿研究周期

序号	研究阶段		工作内容	完成时间
1	贮存延寿研究准备		完成导弹贮存延寿研究总体方案	××
2			导弹贮存情况和使用情况调研	××
3			收集导弹贮存延寿研究各类信息	××
4			导弹寿命剖面分析	××
5			导弹寿命薄弱环节分析	××
6			各弹上设备的寿命试验方案的编写和审查	××
7			试验导弹的抽样、调运和分解	××
8	贮存寿命研究	贮存寿命试验实施	半弹高温极限应力摸底试验	××
9			加速因子的确定	××
10			半弹加速贮存寿命试验(加速到 15 年)	××
11			电子和机电设备检测和试验 火工品检测和加速贮存寿命试验 弹体结构检测和试验 非金属材料加速贮存寿命试验	××
12		贮存寿命研究结果验证	完成导弹的总装和测试	××
13			开展导弹综合环境可靠性摸底试验	××
14		贮存寿命研究总结	根据导弹测试和试验结果评估导弹剩余寿命确定导弹寿命薄弱环节	××
15			完成贮存寿命评估结果审查	××
16	延寿维修方案验证	确定导弹延寿维修初步方案	导弹和弹上产品延寿研究方案评审	××
17			开展半弹和火工品加速贮存寿命试验(加速到 20 年)	××
18			导弹贮存寿命综合评估 形成导弹延寿维修方案	××
19		延寿维修方案验证	靶试导弹调拨	××
20			导弹加速贮存寿命试验(加速到 20 年)	××
21			导弹试修及总装测试	××
22			延寿导弹靶试验证	××

续表

序号	研究阶段	工作内容	完成时间
23	项目总结	完成导弹贮存寿命评估和延寿维修方案	××
24		完成导弹贮存延寿研究成果总结和审查	××

A.7　任务分工

导弹贮存延寿研究各单位的任务分工见表 A‑13。

表 A‑13　导弹贮存延寿研究任务分工

序号	单位	任务分工
1	××	总体策划、任务部署、指挥协调 全程指导贮存延寿研究工作
2	用户	提供试验用样弹 配合提供导弹使用阶段寿命数据
3	××	开展贮存延寿研究技术文件的质量把关 贮存延寿研究全程工作的质量把关
4	××	导弹贮存延寿研究技术抓总 导弹寿命相关数据收集和分析 制定贮存延寿研究总体方案 开展加速贮存寿命试验 弹体结构贮存延寿研究 导弹薄弱环节分析 导弹寿命评估和延寿维修方案制定
5	××	全弹测试、分解 样弹恢复总装测试 弹上电缆网贮存延寿研究
6	××	无线电引信贮存延寿研究 遥控应答机贮存延寿研究
7	××	舵机贮存延寿研究 发射筒贮存延寿研究 导弹非金属材料贮存延寿研究
8	××	弹上计算机贮存延寿研究

续表

序号	单位	任务分工
9	××	固体火箭发动机贮存延寿研究
10	××	战斗部贮存延寿研究
11	××	弹上电气控制装置贮存延寿研究
12	××	惯性测量装置贮存延寿研究
13	××	安全执行机构贮存延寿研究
14	××	弹上电池贮存延寿研究
15	××	半弹加速贮存寿命试验

附录 B 弹上设备贮存延寿实施方法应用案例

B.1 某弹上设备功能状态分析

某弹上设备主要功能包括测高、成像和匹配定位,除匹配处理功能外,相当于集成了测高和成像两部雷达,工作原理图如图 B-1 所示。发射机输出的信号通过环行器送入测高或成像天线,按测高或成像天线方向图向空间辐射,信号由接收机相干解调后输出视频 I/Q 信号,送入信号处理机进行 A/D 采样。弹上设备将测高和匹配结果实时返回到飞控机,进行复合导航运算,伺服控制系统跟踪飞控机解算的内外框架角指令,使成像天线的波束环扫中心跟踪地垂线。

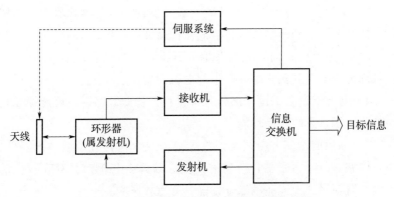

图 B-1 某弹上机电/电子产品组成简化框图

该弹上设备为满足精度提高和抗干扰的要求,对部分硬件进行了重新设计,接收机、发射机和信息交换机 3 个组合的硬件状态不同,技术状态见表 B-1。

表 B-1　某弹上设备技术状态确认表

序号	产品组成名称	型号 1	型号 2	单发(机)配套	生产单位	功能组成
1	结构	××	××A	1	××	一致
2	天线馈线系统	××	××A	1	××	基本一致
3	伺服控制系统	××	××A	1	××	基本一致
4	接收机	××	××A	1	××	不同
5	发射机	××	××A	1	××	不同
6	信号处理与控制机	××	××A	1	××	不同

B.2　某弹上设备贮存薄弱环节分析

通过对某弹上设备的组成和特点进行分析，确定某弹上设备的薄弱环节如下：

1) 某弹上设备采用的微波类元器件，长期贮存后分布参数可能发生变化，造成指标下降；

2) 某弹上设备采用了部分工业级元器件、塑封类元器件，长期贮存期间容易受到环境影响，造成器件腐蚀或损坏；

3) 某弹上设备伺服控制系统的电机，存在电刷、集电环结构，接触部分容易受到氧化腐蚀，影响电机性能；

4) 某弹上设备采用了部分有机材料，长期贮存后，可能存在材料老化问题，影响产品性能；

5) 高频前端、上变频及预放等部分组合，含有微波类元器件、微带电路、真空电子器件等特有产品，与弹上其他产品存在较大的不同，且对某弹上设备的贮存性能具有重要影响。

根据以上薄弱环节分析，结合某弹上设备的硬件组成，确定薄弱环节，见表 B-2。

表 B‑2　某弹上设备贮存薄弱环节分析

序号	产品名称及代号	贮存薄弱环节	薄弱环节失效模式及机理	备注
1	元器件	旋转变压器	××××	
2		软波导	××××	
3		大功率单刀双掷开关	××××	
4		射频电缆组件	××××	
5		高速电机	××××	
6		力矩电机	××××	
7	组件	高频前端	××××	
8		速调管	××××	
9	有机材料	减振垫	××××	
10		吸波材料	××××	
11		导热垫	××××	

B.3　贮存敏感参数分析

根据某弹上设备薄弱环节分析，结合某弹上设备贮存失效判据，确定某弹上设备的贮存期敏感参数，见表 B‑3。

表 B‑3　某弹上设备贮存期敏感参数表

序号	产品名称	表征参数	指标类型	设计要求	是否决定产品贮存期	贮存失效阈值	阈值对应年限/年	退化规律或失效模式	退化或失效机理
1	旋转变压器	外观	B	/		外观正常			存在电刷、集电环结构，接触部分容易受到氧化腐蚀，导致电机工作异常
		接触电阻变化/Ω	B	×	是	×	×	接触电阻变大	
		电气误差/分	B	×	是	×	×	电气误差变大	

续表

序号	产品名称	表征参数	指标类型	设计要求	是否决定产品贮存期	贮存失效阈值	阈值对应年限/年	退化规律或失效模式	退化或失效机理
2	大功率单刀双掷开关	外观	B	/		外观正常			属于大功率微波元器件，且没有气密封设计，随贮存时间加长，在外界环境影响下，有可能出现插损、驻波、隔离等指标下降
		插损/dB	B	×	是	×	×	插损变大	
		驻波	B	×	是			驻波变大	
		隔离/dB	B	×		×			
3	射频电缆组件	外观	B	/		外观正常			随着贮存时间的加长，电缆组件抗折弯能力可能会下降，损耗可能会变大
		插损/dB	B	×	是	×	×	插损变大	
		驻波	B	×	是	×	×	驻波变大	
4	力矩电机	外观	B	/		外观正常	/		存在电刷、集电环结构，接触部分容易受到氧化腐蚀，导致电机工作异常
		空载转速/(r/min)	B	×		×			
		空载启动电压/V	B	×	是	×	×	空载启动电压变大	
5	速调管	阴极电流/mA	B			×			速调管为真空电子器件，长时间贮存会导致真空度下降，导致输出功率降低
		输出功率/W	B	×	是	×	×	输出功率下降	
		外观	B	/		外观正常			

B.4 贮存试验

根据贮存薄弱环节分析和敏感参数分析，确定试验对象和项目，拟采用加速退化试验，制定加速贮存试验方案，见表 B-4。

表 B-4 某弹上设备加速贮存试验方案

序号	名称及型号	检测参数	应力施加方式	总数量	预实验数量	正式试验数量	试验条件	数量	检测次数	每次检测取样数量	是否破坏性检测	使用单位
1	旋转变压器	按技术条件	恒定应力法	×	×	×	3 个温度应力等级	每种温度应力等级下 4 个	×	×	否	××
2	射频电缆组件	按技术条件	恒定应力法	×	×	×	3 个温度应力等级	每种温度应力等级下 4 个	×	×	否	××
3	力矩电机	按技术条件	恒定应力法	×	×	×	3 个温度应力等级	每种温度应力等级下 4 个	×	×	否	××
4	速调管	按技术条件	恒定应力法	×	×	×	3 个温度应力等级	每种温度应力等级下 4 个	×	×	否	××

B.5 寿命评估

开展加速贮存试验的 4 种组件，其中 3 种出现性能参数有规律退化情况，经试验数据分析和加速因子评估，中位寿命均在 14 年以上，并给出了最高温下的加速因子评估值，见表 B-5。

表 B-5　某弹上设备组件贮存期评估值汇总表

序号	元器件名称	型号规格	激活能 E_a/eV	温度	中位寿命	加速因子	备注
1	旋转变压器	×	×	25 ℃寿命(年)	×	×	
				21 ℃寿命(年)	×	×	
2	射频电缆组件	×	×	25 ℃寿命(年)	×	×	
				21 ℃寿命(年)	×	×	
3	力矩电机	×	×	25 ℃寿命(年)	×	×	
				21 ℃寿命(年)	×	×	
4	速调管	×	×	25 ℃寿命(年)	×	×	
				21 ℃寿命(年)	×	×	

B.6　延寿方案制定

结合组件加速贮存结果，对开展 14 年贮存期评估某弹上设备中的旋转变压器、力矩电机和速调管，制定如下更换（延寿）方案，见表 B-6。

表 B-6　某弹上设备延寿方案

序号	产品名称及规格	单机用量	厂家	批次	维修措施	其他措施	备注
1	旋转变压器	3	××	××	贮存满 14 年时更换为新批次产品	相应更换安装卡箍	
2	力矩电机	1	××	××	贮存满 14 年时更换为新批次产品	相应更换安装螺钉	
3	速调管	2	××	××	贮存满 14 年时更换为新批次产品	相应更换安装螺钉	

附录 C 弹上设备加速贮存试验方法应用案例

C.1 预实验试验方法

C.1.1 应力短时极限确认试验

抽取1~2件产品进行应力短时极限确认试验，试验流程如图 C-1所示。

步骤如下：

1）参照产品任务书中规定的最高贮存应力水平，增加一定应力水平作为初始试验应力水平，按照由低到高先疏后密的原则，确定步进应力值，见表 C-1。

2）进行试验样品测试，并进行外观检查，拍照留存，合格的样品进行后续试验。

3）将试验件放入试验箱内，采用步进应力的方法，依次进行表 C-1中 S_1 ~ S_4 的步进应力试验。

4）每个应力阶段应在到达指定应力水平后保持一段时间，然后冷却至室温恢复，进行参数测试及外观检查。

5）若样品参数测试或外观检查不合格时，应对样品进行分析：当样品外观检查及参数测试不合格，且分析后确定故障与该应力无关时，应采用备件从该应力水平处重新进行上述试验；当确定样品故障仅与该应力相关，则将此时的应力水平降低，重复5）试验步骤进行验证。若验证测试合格，将此时应力水平作为应力短时极限 S_M，否则降低应力水平继续进行验证。

6）若产品功能性能正常而且参数未发生明显漂移，则重复上述试验步骤，直至找出应力短时极限 S_M 或应力到达预定最高应力水

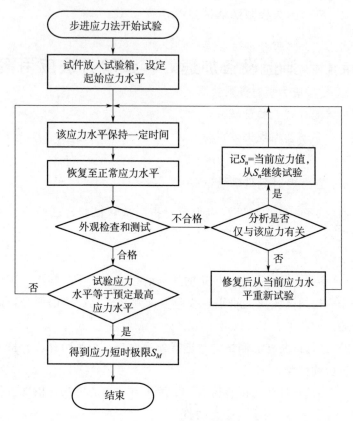

图 C-1　试验流程图

平；若样品到达预定最高应力水平，外观检查及参数测试仍合格，则将预定最高应力水平作为应力短时极限 S_M。

表 C-1　步进应力值

序号	产品名称	型号规格	规范最高贮存应力水平	S_1	S_2	S_3	S_4
1	产品 1						
2	产品 2						
3	产品 3						
4	···						

C.1.2 应力耐久极限确认试验

应力耐久极限验证试验采用应力贮存循环的试验方法，对每种元器件抽取另 1 件进行，试验流程如下。

1）完成应力短时极限获取试验后，抽取另 1 只样品，进行应力耐久极限的有效性验证试验，确定产品应力耐久极限，保证产品在极限应力下不会出现失效机理的变化。最高极限应力为应力短时极限 S_M（可视情况适当调整）。

2）在试验开始前应进行试验前检测，在每个循环结束之后降至常温进行检测，检测项目为参数测试及外观检查。

3）在测试完成后，对样品开展质量分析。

4）若产品外观检查、参数测试及质量分析均正常，则将应力耐久极限 S_M 定为 S_L。

5）若产品检测不正常，则将降低最高应力的 10%，采用备件继续进行试验，直到找出产品的应力耐久极限。

C.2 加速贮存正式试验

C.2.1 确定试验方法

根据试验时施加应力的方式，目前主要有三种试验方法：恒定应力加速试验、步进应力加速试验和序进应力加速试验。

（1）恒定应力加速试验

简称恒加退化试验。选定一组加速应力水平（S_1，S_2，…，S_q），它们均高于正常应力水平 S_0，然后将全部样本分为 q 组，每组样本都在某加速应力水平下进行退化试验，记录退化数据，直至预定的试验截止时间。

这是目前最常用、最成熟的方法，试验因素单一，数据容易处理，外推准确性高，但试验时间长，试品数量多，试验费用较高。

（2）步进应力加速试验

试验过程中，应力水平随时间分阶段逐步提高，又简称步加退化试验。选定一组加速应力水平（S_1，S_2，…，S_q），它们均高于正常应力水平 S_0，试验开始时将全部样本置于 S_1 下进行退化试验，直到规定的试验时间 t_1，然后将应力提高到 S_2，继续进行性能退化试验，如此继续，直至预定的试验截止时间。一个样本可能会遭遇若干个加速应力水平的考验。

步进应力加速试验参试样本较少，试验周期短，节省试验成本，效率高，但预计精度的风险也较高。步进应力示意图如图 C-2 所示。

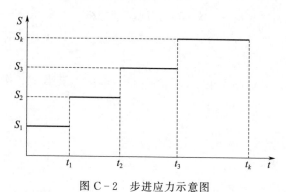

图 C-2　步进应力示意图

（3）序进应力加速试验

简称序加退化试验。加速应力水平随时间的增加而连续上升，一般都采用直线上升的方式。序进应力试验的特点和步进应力试验类似，但实际中采用较少。

C.2.2　确定试验应力

可能影响弹上机电/电子产品贮存寿命的环境应力主要有温度应力、湿度应力、化学应力和机械应力等，应根据产品的贮存任务剖面选择影响较大的一种或多种试验应力。

在选择加速应力（或加速变量）时，要考虑应力的种类、应力的影响和失效机理、几种应力组合随时间而变化或随次序而变化的效果与历史现象，并要考虑是否有成熟的物理—化学模型作为基础。例如，选择温度作为加速变量，其加速寿命方程为阿伦尼斯模型，它把材料劣化的时间和温度这 2 个变量联系在一起，可用来计算加速老化参数。选择电应力作为加速变量，其加速寿命方程为逆幂率模型，它将退化时间和电应力结合起来。如选择多种应力联合作为加速变量，可将艾林模型作为其加速寿命方程。

C. 2. 3　确定应力等级

选择应力试验的应力等级，原则如下：

1）理想的最低应力水平在试验期内应能对产品参数产生足够的退化作用；为保证试验的准确性，最高应力和最低应力之间应有较大的间隔。其中一个应力水平应接近或等于该产品技术标准中规定的额定值。最高应力水平不得大于该产品的结构材料，制造工艺所能承受的极限应力，以免带进新的失效机理。最高应力水平通过加速贮存预实验来确定。

2）通过加速试验推导正常应力下的寿命值，通常要进行多个应力水平的试验。应力水平的次数太多则耗时、耗经费；次数太少，则结果不准确。根据标准要求及加速贮存寿命试验的经验，应力量级数一般为 4～5 个，应力步长随温度升高而下降。

C. 2. 4　确定测试项目、测试节点和测试要求

C. 2. 4. 1　测试项目

根据产品特性、贮存薄弱环节等分析，参照技术条件要求，选取反映产品变化最敏感的性能参数作为测试项目。

C. 2. 4. 2　测试节点

确定测试节点原则如下：

1）在不过多增加检查和测试工作量的情况下，能比较清楚地了

解产品的失效分布情况，不要使失效过于集中在一两个测试周期内。

2) 根据相关标准和型号经验，当加速因子固定时，每个应力量级的试验一般不少于 3 个测试周期。当加速因子不固定时，每个应力量级的试验一般不少于 11 个测试周期。具体试验中，可根据产品性能退化情况、每个量级试验时间等实际情况稍作调整。

C.2.4.3　测试要求

测试要求如下：

1) 样品测试前，应在试验室环境下存放，使其恢复至常温。

2) 测试方法及参数均依据产品详细规范规定实施。

3) 当试验件参数出现较为明显的变化趋势时，应根据实际情况缩短测试间隔，调整试验时间。

4) 当试验件出现失效时，应进行失效分析。若失效机理与自然贮存不一致时，应暂停试验，查找原因，以确定下一步工作。

C.2.5　确定失效时间

（1）确定有失效数据的失效时间

依据 GB 2689.1—81《恒定应力寿命试验和加速寿命试验方法总则》方法 6.2，确定失效时间。

用定时方法测试时，若某测试间隔 (t_{k-1}, t_k) 中测得的失效数为 r_k，则该第 i 个试验水平中，第 k 个测试间隔内的第 j 个产品的失效时间 t_{ij} 应分别确定为

$$t_{ij} = t_{k-1} + j\,\frac{t_k - t_{k-1}}{r_k + 1}, \quad j = 1, 2, \cdots, r_k \qquad (C-1)$$

式中，t_{ij} 为失效时间，t_k、t_{k-1} 为相邻的两个测试时刻，r_k 为失效数。

（2）确定无失效数据的失效时间

若在当前应力下试验件无失效，只是存在参数退化，则根据"退化量—时间"模型推算得到的"伪失效寿命"时间作为失效时间。

附录 D　贮存可靠性相关标准清单

序号	标准编号	标准名称
1	GB 4798.1—2005	《电工电子产品应用环境条件　第一部分:贮存》
2	HG/T 3087—2001	《静密封橡胶零件贮存期快速测定法》
3	GB/T 2689.1—81	《恒定应力寿命试验和加速寿命试验方法总则》
4	GB/T 2689.2—81	《寿命试验和加速寿命试验的图估计法（用于威布尔分布）》
5	GB/T 2689.3—81	《寿命试验和加速寿命试验的简单线性无偏估计法（用于威布尔分布）》
6	GB/T 2689.4—81	《寿命试验和加速寿命试验的最好线性无偏估计法（用于威布尔分布）》
7	GB/T 3511—2018	《硫化橡胶或热塑性橡胶　耐候性》
8	GB/T 3681—2011	《塑料　自然日光气候老化、玻璃过滤后日光气候老化和菲涅耳镜加速日光气候老化的暴露试验方法》
9	GB/T 14165—2008	《金属和合金　大气腐蚀试验　现场试验的一般要求》
10	GB/T 4087—2009	《数据的统计处理和解释　二项分布可靠度单侧置信下限》
11	GB/T 4882—2001	《数据的统计处理和解释　正态性检验》
12	GB/T 7141—2008	《塑料热老化试验方法》
13	GB/T 7759—1996	《硫化橡胶、热塑性橡胶　常温、高温和低温下压缩永久变形测定》
14	GB/T 18252—2020	《塑料管道系统　用外推法确定热塑性塑料材料以管材形式的长期静液压强度》
15	GJB 92.1—86	《热空气老化法测定硫化橡胶贮存性能导则　第一部分:试验规程》

续表

序号	标准编号	标准名称
16	GJB 92.2—86	《热空气老化法测定硫化橡胶贮存性能导则 第二部分:统计方法》
17	GJB 145A—93	《防护包装规范》
18	GJB 150.10A—2009	《军用装备实验室环境试验方法 第10部分:霉菌试验》
19	GJB 450A—2004	《装备可靠性工作通用要求》
20	GJB 451B—2021	《装备通用质量特性术语》
21	GJB 736.8—90	《火工品试验方法 71℃试验法》
22	GJB 736.13—91	《火工品试验方法 加速寿命试验 恒定温度应力试验法》
23	GJB 736.14—91	《火工品试验方法 长期贮存寿命测定》
24	GJB 770B—2005	《火药试验方法》(方法506.1:预估安全贮存寿命热老化法)
25	GJB 806.8—90	《地地战略导弹通用规范 标志 包装 贮存 转载 运输》
26	GJB 813—90	《可靠性模型的建立和可靠性预计》
27	GJB 841—90	《故障报告、分析和纠正措施系统》
28	GJB 899A—2009	《可靠性鉴定和验收试验》
29	GJB 1032A—2020	《电子产品环境应力筛选方法》
30	GJB 1909A—2009	《装备可靠性维修性保障性要求论证》
31	GJB 2001A—2019	《火工品包装、运输、贮存安全要求》
32	GJB 2017—94	《专用包装容器设计准则》
33	GJB 2515—95	《弹药贮存可靠性要求》
34	GJB 2770—96	《军用物资贮存环境条件》
35	GJB 2902A—2012	《导弹弹衣通用规范》
36	GJB 2934—97	《弹药贮存质量监控方法》
37	GJB 3404—98	《电子元器件选用管理要求》
38	GJB 3669—99	《常规兵器贮存试验规程》
39	GJB 5103—2004	《弹药元件加速寿命试验方法》
40	GJB/Z 23—91	《可靠性和维修性工程报告编写一般要求》

续表

序号	标准编号	标准名称
41	GJB/Z 108A—2006	《电子设备非工作状态可靠性预计手册》
42	GJB/Z 299C—2006	《电子设备可靠性预计手册》
43	GJB/Z 1391—2006	《故障模式、影响及危害性分析指南》
44	QJ 2167—91	《战略导弹控制系统贮存试验规范》
45	QJ 2216A—2012	《复合固体推进剂贮存运输安全技术规范》
46	QJ 2338B—2018	《固体火箭发动机贮存试验方法》
47	QJ 2407—92	《电子元器件寿命和加速寿命试验数据处理方法》（用于对数正态分布）
48	QJ 2794—96	《地(舰)空导弹贮存试验规程》
49	QJ 3057—98	《航天用电气、电子和机电(EEE)元器件保证要求》
50	QJ 3153—2002	《导弹贮存可靠性设计技术指南》
51	QJ 20233—2012	《战术导弹弹上电子组件加速贮存寿命试验方法》
52	QJ/Z 164.1—86	《高分子材料热老化试验方法　老化试验导则》
53	QJ/Z 164.2—86	《高分子材料热老化试验方法　数据处理规范》

参 考 文 献

[1] 孟涛，张仕念，等.导弹贮存延寿技术概论［M］.北京：中国宇航出版社，2013.

[2] 殷鹤龄，孔繁柯，等.可靠性维修性保障性术语集［M］.北京：国防工业出版社，2002.

[3] GJB 450A—2004《装备可靠性工作通用要求》［S］.

[4] GJB 451A—2005《可靠性维修性保障性术语》［S］.

[5] GJB 736.8—90《火工品试验方法　71 ℃试验法》［S］.

[6] GJB 736.13—91《火工品试验方法　加速寿命试验　恒定温度应力试验法》［S］.

[7] GJB 736.14—91《火工品试验方法　长期贮存寿命测定》［S］.

[8] GJB 2515—95《弹药贮存可靠性要求》［S］.

[9] GJB 3669—99《常规兵器贮存试验规程》［S］.

[10] QJ 2167—91《战略导弹控制系统贮存试验规范》［S］.

[11] QJ 2216A—2012《复合固体推进剂贮存运输安全技术规范》［S］.

[12] QJ 2338B—2018《固体火箭发动机贮存试验方法》［S］.

[13] QJ 2407—92《电子元器件寿命和加速寿命试验数据处理方法（用于对数正态分布）》［S］.

[14] QJ 2794—96《地（舰）空导弹贮存试验规程》［S］.

[15] QJ 3153—2002《导弹贮存可靠性设计技术指南》［S］.

[16] QJ 20233—2012《战术导弹弹上电子组件加速贮存寿命试验方法》［S］.